復刊

教本・講義の対照による 現代微積分

―ストークスの定理を目指して―

山﨑 圭次郎 著

現代数学社

序

本書は，雑誌「現代数学」に10回にわたって連載したものに基づいている．大学初年級から中年級へかけての「解析」は，いま過渡期にあり，そのカリキュラムはまだ定着していない．本書では，旧来の「微積分」に「ルベーグ積分」と「ベクトル解析」の基礎を加え，「複素関数論」の入口に及ぶ範囲で，最少限の骨組を現代的に述べる．解析は，その歴史に由来する‘多様性’に特徴があるが，時間に追われるカリキュラムの現状を考慮し，本書では一本の筋を通して短縮することを心がけた．初講と最終講のまえがきを参照されたい．

数学を学ぶ際に必要なのは

1)　計算　　　2)　論理　　　3)　概念

の3側面であるが，1) に力を注ぐ書物は多い．そこで本書では 2)，3) に力点をおきたい．すべての人が厳密な論証に通じる必要はないが，少なくとも，‘証明の書いてある’テキストを傍において，数学のもつ論理的かつ体系的な性格をたえず意識してほしい．気が向けば読んでほしいのは勿論である．実をいえば，多変数解析の核心に至るまで証明を完全に与えてある書物は意外に少ない．他方，数学は論理だけで（記述はできるが）発展するものではない．現代数学は概念の機能的認識を原動力とする．このことの解説は何より必要であろう．そして，旧来の記法や扱い方との関係も明らかにされることが望まれる．しかし，それは論理的展開そのものに無用の混乱を与えない形で行ないたい．

以上の理由で，本文は左右のページを別組とする‘対称形式’をとることにした．左ページでは，教本式に定義・定理・証明を並べ，これだけで論理的骨組が読みとれるように努める．ただし証明の細部では，特別な考えを要しない段階で記号 √ を付し，読者にチェックを委ねたところもある．また，記号 ➝ は右側を参照してほしい個所を示す．なお若干の**問**を配置して，巻末に略解を加えた．これに対し，右ページは左の方を横目で見ながらの講義あるいは講釈風の記事である．ここでは左側への解説，とくに概念的理解を進めることを目標にしている．ただし，左側への予備的事項にあてた部分もある．

なお，各講の分量は，教室での90分×2〜3回を念頭においた．しかし，実際の教室では，状況に応じて適宜に証明の細部を略し，練習問題や‘解析らしい’話題を追加する必要があろう．

1972年2月

山﨑　圭次郎

復刊に当たって

華やかな舞台には，それを支える裏方の場がある．美味美酒に酔う食卓も，仕入れに始まる調理場に支えられている．数学においても，このような構図に変わりはない．このことを‘教本と講義の対照’という形式で表現したい，というのが本書執筆の動機であった．

具体的な内容は，‘旧来の’微積分と，その自然な延長に対する‘現代的な’表現である．その際，定式化の基調となるのは‘位相’と‘線形性’であるが，これらは，他の分野でも常識であろう．30数年を経た今日でも，どうやら通用するのではなかろうか．

今回の復刊を機に，若干の字句と脚注での引用文献について，最少限度の変更をさせていただいた．

2006年6月

山﨑　圭次郎

目　　次

第 1 講　ノルムと位相

1.1　実数の基本性質

実数の全体 $\boldsymbol{R}$ には，加法・乗法と順序関係が定められている．これらについての代数的一般法則は既知としよう*．そのうち，絶対値に関する次の法則を特記しておこう．

(1)　$|a| \geqq 0$

(2)　$|a|=0 \iff a=0$

(3)　$|ab|=|a||b|$

(4)　$|a+b| \leqq |a|+|b|$

次の集合は**有限区間**と総称される．

$[a, b]=\{x \in \boldsymbol{R};\ a \leqq x \leqq b\}$

$]a, b[=\{x \in \boldsymbol{R};\ a < x < b\}$

$[a, b[=\{x \in \boldsymbol{R};\ a \leqq x < b\}$

$]a, b]=\{x \in \boldsymbol{R};\ a < x \leqq b\}$

---

* たとえば「山﨑圭次郎：基礎代数（岩波書店）第 1 章」を参照．

P 8 へ

大体の方針は，はじめから一変数を含む多変数をとりあげ，微積分の基本定理ともいうべきStokesの定理あたりを頂点として，解析の一山脈を見定めるようにしたい，ということである．ただし，一実変数に関する議論の細部は省略する．また，全体として大筋を通し，別系統の話題は割愛することにしたい．

数学的良心にあふれた書物(講義)の枕にくるのが，この‘実数の基本性質’である．ところで，この‘良心’のあり方はいろいろで

実数論型　と　理念型

に大別される．

前者は，実数の範囲内で体系的にやるわけだが，それにも2種類ある．

自然数 ⟶ 整数 ⟶ 有理数 ⟶ 実数

という順序で必然性を認識させつつ進む‘発生的本格派’と，はじめから実数全体を公理的に規定してしまって，その中に有理数，整数，自然数が埋まっているというように逆向する‘天下り的本格派’である．あとの方がページ数(時間数)が少なくて済むという利点がある．しかし，実数などなくても自然数は日常生活に生きているのだから，現実遊離の感も否めない．そうはいっても，実際には，この両者とも完全に遂行されることは稀で，発生的と見せかけ中間省略法で天下りに走る場合が，筆者を含めて断然多い．

これに対して理念型は，実数の範囲を超越した概念認識を重んじる．‘実数

P9へ

記号 $-\infty$, $+\infty$ を $\boldsymbol{R}$ に追加したものを $\bar{\boldsymbol{R}}$ と書き，順序関係を $\bar{\boldsymbol{R}}$ に延長する．その意味で上と同様に定められる次の集合は，**無限区間**と総称される．

$$[a, +\infty[,\quad]a, +\infty[,\quad]-\infty, b],\quad]-\infty, b[,\quad]-\infty, +\infty[$$

実数の集合 S が $]-\infty, b]$ の形の区間に含まれるとき，**上に有界**であるといい，b を S の**上界**とよぶ．また，$[a, +\infty[$ の形の区間に含まれるとき，**下に有界**であるといい，a を S の**下界**(かかい)とよぶ．上にも下にも有界のとき，**有界**であるという．

集合 S に対して，最小の上界があるとき，それを S の**上限**といい $\sup S$ と書く．また，最大の下界をSの**下限**といい $\inf S$ と書く．基本的なのは次の性質である．

上に有界な実数の集合は上限をもつ．
下に有界な実数の集合は下限をもつ．

注意　$\pm\infty$ を許せば，どんな実数の集合も上限と下限をもつ．

実数のいろいろな性質は，すべて上に基づいて証明される．ここでは，自然数と有理数の分布状況だけを見る．

定理 1　自然数全体は上に有界でない．

〈証明〉　自然数全体 $\boldsymbol{N}$ が上に有界とすれば，上限 s が存在する．$s-1$ は s より小さく，もはや上界でないから，

$$s-1<n$$

となる自然数 n がある．ゆえに

P10へ

の連続性’といわれるものには，いろいろな定式化があるが，それらは

コンパクト性，　完備性，　連結性

などの現われであり，位相的概念としては別物だという把握の仕方である．これがもっとも現代的なわけだが，キッチリやると大袈裟になるという不利がある．実数論型は，済んでしまえば――たとえ専門家でも――おさらばできるようなところがあるが，理念型はいつまでも付き合わされるという違いもある．それはいわば現代数学を先取りしているわけだから．

というような次第で，解析のとっつきはあまりよくない．そこでいろいろと口あたりの良さが工夫されることになる．警戒せよ！　調子の良さに惚れ込んでは本当の理解が生まれない．‘良薬口に苦し’ただし逆は真ならず．

さて本論にはいろう．開区間を $]a, b[$ と書くのは Bourbaki のまねである．伝統的な記法 (a, b) は閉区間の記法 $[a, b]$ と比べてあまりに異質でおかしい．また，記法（，）は座標などの順序対を示すのに使われるから，というわけ．

実数の全体 $\boldsymbol{R}$ に二つの記号 $\pm\infty$ を追加したのは，便宜的なことだが，現代的な視点のひとつ．いわゆる‘コンパクト化’であるが，その仕方は一通りではない．目的に沿う仕方が必要である．左の注意を見られたい．複素数の場合などは，ひとつの記号 ∞ を追加するのが好都合となろう．

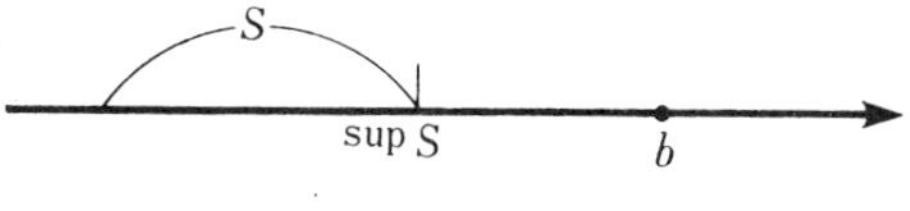

実数の集合 S が‘上に有界’というのは，‘上界をもつ’というのと同じだが，b が上界だということをいいかえると次の通り．

$$x \in S \quad \Rightarrow \quad x \leqslant b$$

有限区間はすべて（上にも下にも）有界であるが，無限区間は有界でない．証明できますか？

上に有界な集合がいつでも最大数をもつとは限らない．

P11へ

$$s<n+1\in \boldsymbol{N}.$$

これは s が上界であることに反する.　〈終〉

> **系**　任意の正数 ε に対し，$1/n<\varepsilon$ となる自然数 n が存在する.

問1　定理から系を導け.

> **定理2**　任意の開区間 $]a,b[$ は有理数を含む．ただし $a<b$ とする.

〈証明〉 (i)　$1/n<b-a$

となる自然数 n をとる．次に

(ii)　$na<m$

となる整数 m (存在する) のうち最小のものをとれば，$m-1\leqslant na<m$. ゆえに

(iii)　$m/n-1/n\leqslant a<m/n$.

(i), (iii) より　$a<m/n<b$.　〈終〉

1.2 ノ　ル　ム

s 次元の実数ベクトル

$$a=(\alpha_1, \cdots\cdots, \alpha_s)$$

の全体を $\boldsymbol{R}^s$ と書く．$\boldsymbol{R}^s$ は加法・スカラー乗法をもち，(s 次元) **数ベクトル空間**とよばれる．任意の $a\in\boldsymbol{R}^s$ に対し，その**ノルム**とよばれる実数をたとえば次の3通り考える：

$$\|a\|=\begin{cases}|\alpha_1|+\cdots\cdots+|\alpha_s|\\ \sqrt{\alpha_1{}^2+\cdots\cdots+\alpha_s{}^2}\\ \sup\{|\alpha_1|, \cdots\cdots, |\alpha_s|\}\end{cases}$$

P12へ

$$S =]a, b[$$

は上界 b をもつが，いくらでも b に近い数が S にははいっているから，最大数はない．しかし，

$$S \text{ の上界全体} = [b, +\infty[$$

となり，この中には最小数 b がある．これが S の上限である．はじめの集合 S 自身が最大数をもっている場合に，それが上限でもあることは明らかであろう．こういうわけで，‘上限’の概念は‘最大数’の概念の拡張である．一般には，最大数の代用品として使おうというのである．

なお，整数のみから成る集合においては，上(下)に有界のとき，常に最大(小)数がある．これは明らかであろう．もし証明したいならば，まず整数上(下)界の存在に注意して，数学的帰納法の原理に立ち戻ることになる．

実数の基本性質としてあげるべきものはいろいろあるが，冒頭にまとめて出すのは遠慮しよう．左の2定理は，連続性の考察が数列のようなバラバラなもので統制できることの根拠となるだろう．

いくつかの変数 $x_1, \cdots, x_s$ をひとまとめにして，ひとつの変数の如く扱うとき，‘1変数の解析’の多くの部分が，‘多変数の解析’に拡張される．そのために数ベクトルという用語を使うのである．

まず，1変数の場合の‘絶対値’の概念を拡張したいのであるが，その自然な仕方は一通りではない．左にあげたものの他，任意の $p \geqq 1$ について $\| \ \|_p$ と書かれるものがある．どんなものかは想像されたい．ところで $\boldsymbol{R}^s$ のような‘有限次元’の空間では，これらにあまり本質的な差異がない．次の項で，これらのノルムが同じ‘位相’を定めることを見るだろう．そういうわけで，以下原則としてもっとも計算の楽な $\| \ \|_\infty$ を使おうというのである．

P13へ

いずれの場合も，次の諸性質がある．

(1) $\|a\| \geqslant 0$

(2) $\|a\|=0 \iff a=0$

(3) $\|\lambda a\|=|\lambda|\|a\| \quad (\lambda \in \boldsymbol{R})$

(4) $\|a+b\| \leqslant \|a\|+\|b\|$

問2 第1，第3の場合について証明せよ*．

上の3通りを使いわけたいときは，上から順に $\|a\|_1$, $\|a\|_2$, $\|a\|_\infty$ と書く．とくに，$\|\ \|_2$ はユークリッドのノルムとよばれ，$\|\ \|_\infty$ は**一様ノルム**または上限ノルムとよばれる．$s=1$ のとき，全部一致して絶対値に等しい．

集合 X の上の実数値関数全体 $\boldsymbol{R}^X$ では，加法・スカラー乗法が次のように定められる：

$$\begin{aligned}(f+g)(x)&=f(x)+g(x)\\(\lambda f)(x)&=\lambda f(x)\end{aligned}\qquad (x\in X)$$

とくに，有界関数――関数値全体が有界な関数――の全体 $\mathscr{B}(X)$ に加法・スカラー乗法がひき起こされる．✓ 任意の $f\in\mathscr{B}(X)$ に対し，その一様ノルムが

$$\|f\|_\infty=\sup_{x\in X}|f(x)|$$

によって定められ，上記 (1)-(4) に相当する性質が成り立つ．✓

一般に，(実数をスカラーとする) 線形空間において，その各元 a に性質 (1)-(4) を満足する実数 $\|a\|$ が対応しているとき，これを**ノルム空間**という．

---

* 以下原則として第3の場合を考える．

P14へ

数ベクトル空間 $\boldsymbol{R}^s$ は左に述べた $\boldsymbol{R}^X$ の特別な場合と考えられる．実際，有限集合

$$X=\{1,\ \cdots\cdots,\ s\}$$

をとれば，X 上の実数値関数 f は s 個の関数値

$$f(1),\ \cdots\cdots,\ f(s)$$

で定まるから，これらを成分とする数ベクトルを f と同一視することができる．しかも，数ベクトルとしての加法・スカラー乗法は成分ごとに定義されているから，左に述べた関数値による定義の特別な場合にあたるわけである．

さて，一般の $\boldsymbol{R}^X$ においても一様ノルムを定義しようとすれば，$f\in\boldsymbol{R}^X$ の関数値の絶対値の集合 $\{|f(x)|;\ x\in X\}$ に対し，その上限——それを左のように書く——をとるのが自然だが，それが $+\infty$ にならないように関数を $\mathscr{B}(X)$ に制限するわけである．X が有限集合のときは，$\mathscr{B}(X)=\boldsymbol{R}^X$ となるので問題ない．そして，ノルムの性質 (1)—(4) については，$\boldsymbol{R}^s$ の場合の考え方がそのまま通用する．

なお，こういう一般の関数についてノルム $\|\ \ \|_1$, $\|\ \ \|_2$ などを考えるためには，積分の概念が必要である．たとえば $X=[0,1]$ であって f がその上の連続関数の場合ならば，定積分によって

$$\|f\|_1=\int_0^1|f(x)|\,dx$$

と定められる．しかし，このように X が無限集合になった場合は，有限の場合と本質的な違いが生じる．実際，自然数 $n>0$ ごとに，グラフが右図のようになる関数 f_n を考えてみると，$\|f_n\|_1$ はどんどん小さくなるのに対し，$\|f_n\|_\infty=1$ （一定）である．

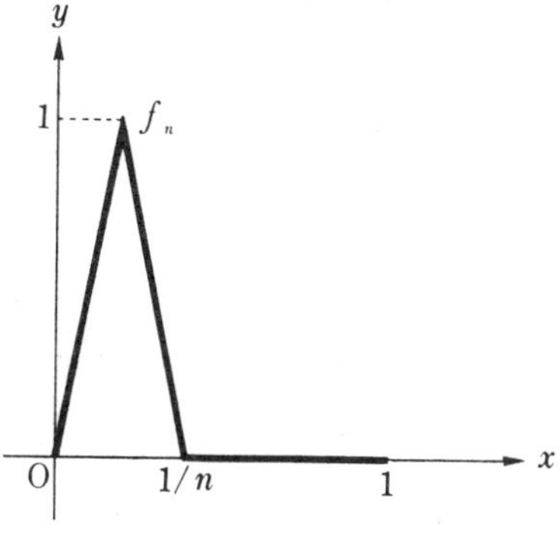

P15へ

1.3　近　　傍

$\boldsymbol{R}^s$ を幾何学的に扱うときには，その元を点とよぶ．2点 a, b の間の‘距離’を

$$\|a-b\|$$

によって定める．この距離概念に注目した集合 $\boldsymbol{R}^s$ を（s 次元）**数空間**とよぶ．特に，$\boldsymbol{R}^1$ は**数直線**，$\boldsymbol{R}^2$ は**数平面**ともよばれる．ノルム $\|\ \ \|$ はどれを考えてもよいが，とくに $\|\ \ \|_2$ で定められた数空間はユークリッド空間とよばれる．以下 $\boldsymbol{R}^s$ を固定して E と書く．E は一般のノルム空間であってもよい．

E の1点 a と正数 ε に対し，集合

$$\{x\in E\,;\ \|x-a\|<\varepsilon\}$$
$$\{x\in E\,;\ \|x-a\|\leqq\varepsilon\}$$

を，それぞれ a を中心とする半径 ε の**開球**，および**閉球**とよぶ．特に前者は $B_\varepsilon(a)$ で表わし，a の ε **近傍**ともよばれる．

E における1点 a の**近傍**とは，

$$\text{ある}\ \varepsilon>0\ \text{について}\ B_\varepsilon(a)\subset U$$

となる部分集合 $U\subset E$ のことである．

注意　$E=\boldsymbol{R}^s$ における3種類のノルム $\|\ \ \|_1$, $\|\ \ \|_2$, $\|\ \ \|_\infty$ は同じ近傍概念を定める．→

さて，一般に次の性質がある．

(1)　a の近傍は a を含む．

(2)　a の近傍を含む集合は a の近傍．

(3)　a の二つの近傍の交わりは a の近傍．

(4)　a の近傍 U に対し，a のある近傍 V をとれば，

P16へ

例として，数平面 $\boldsymbol{R}^2$ をとり，原点 (0, 0) から距離 ε (一定) の点の軌跡を描いてみよう．

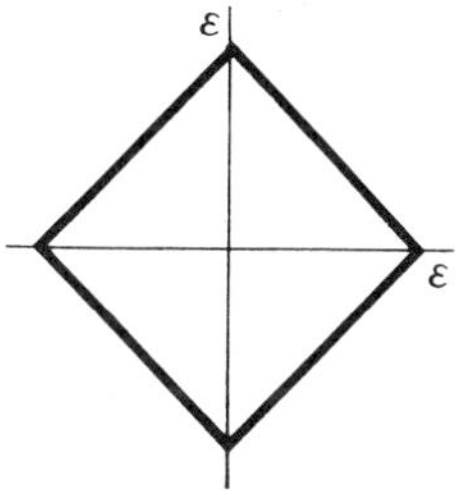

(‖　‖₁ の場合)

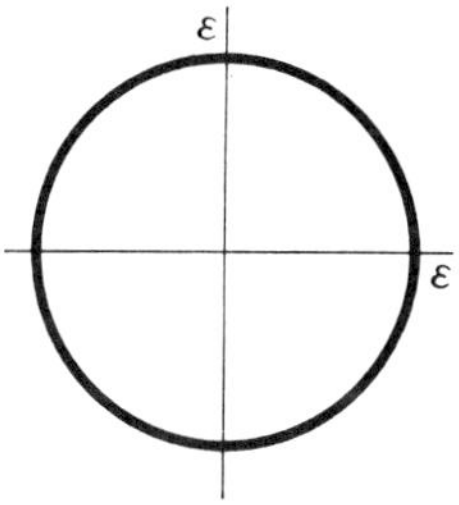

(‖　‖₂ の場合)

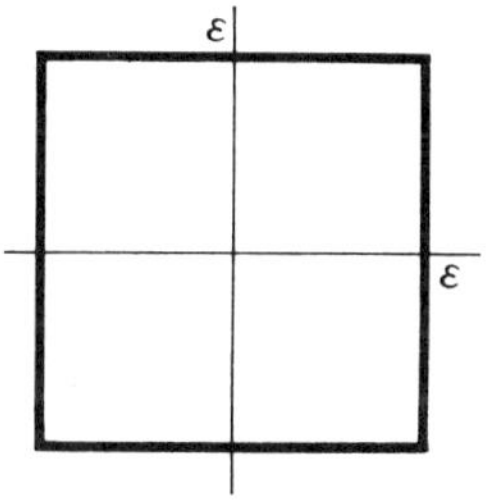

(‖　‖∞ の場合)

これらのうち，$\| \ \|_2$ の場合がもっともなじみ深いであろうが，他の場合も考えようによってはそれほど奇妙ではない．たとえば東西と南北の方向にだけ道路の通じた市街地の中央に立って，そこから同じ道のりで到達できる地点をつなげれば，$\| \ \|_1$ の場合のようになるであろう．$\| \ \|_\infty$ についてはどうか？

いま2点 a, b 間の距離を $d(a, b)$ で表わす．そしてわれわれが距離というものについて抱く感覚を抽象して行くとき，たとえば

(1)　$d(a, b) \geqslant 0$

(2)　$d(a, b) = 0 \iff a = b$

(3)　$d(a, b) = d(b, a)$

(4)　$d(a, b) \leqslant d(a, c) + d(c, b)$　　(三角不等式)

という条件は要請せざるを得ないだろう．ところで，これらはノルムの条件から直ちに導かれるのである．証明してみられたい．そういうわけで，どんなノルムを出発点としてもあまり不都合はない．ただ，開球・閉球というような言葉に抵抗を感じる人は，$\| \ \|_2$ だけを使えばよいのである．

さて，ε 近傍 (＝半径 ε の開球) というのは，距離あるいはもっとさかのぼってノルムに密着した概念であり，‘尺度’に関係している．したがって，そ

P17へ

U は V の任意の点の近傍である．

(5)　異なる2点は，互いに交わらないそれぞれの近傍をもつ．

〈証明〉　(1), (2), (3) は定義から直ちに認められよう．$\checkmark$　(4) を示す．$B_\varepsilon(a)\subset U$ であるとして $V=B_\varepsilon(a)$ とおく．$b\in B_\varepsilon(a)$ について $\delta=\varepsilon-\|b-a\|>0$ であり，$B_\delta(b)\subset B_\varepsilon(a)$ が直ちに認められる．$\checkmark$　よって，U は任意の $b\in V$ の近傍である．(5) を示す．$a\neq b$ ならば $\varepsilon=\|a-b\|/2>0$ であるから，$B_\varepsilon(a)$ と $B_\varepsilon(b)$ を考える．互いに交わらないことは直ちに認められよう．$\checkmark$

注意　一般に，これらの性質を満足する近傍概念の定められた集合を**位相空間**とよぶ．たとえば，集合 $\bar{\boldsymbol{R}}$ において，$a\in\bar{\boldsymbol{R}}$ の近傍を次のように定めればよい：$a\in\boldsymbol{R}$ のときは，a のある ε 近傍を含む $\bar{\boldsymbol{R}}$ の部分集合．$a=+\infty$ のときは，$]x,+\infty]$ の形の集合を含む $\bar{\boldsymbol{R}}$ の部分集合．$a=-\infty$ のときは，$[-\infty,x[$ の形の集合を含むもの．ただし $\pm\infty$ を含む上記区間の意味は明らかであろう．

1.4　開集合・閉集合

ノルム空間 E を固定する．

注意　以下の考察は，任意の位相空間に対して通用する．特に $E=\bar{\boldsymbol{R}}$ であってよい．

a を E の1点，S を E の部分集合とする．S が a の近傍であるとき，a を S の**内点**とよび，内点全体を S° で表わす．$S^\circ=S$ であるとき，S は**開集合**であるという．

P18へ

の‘形状’は確かに気になるところである．しかし，それを用いて定義された（ε 抜きの）近傍という概念は，もう一段階抽象が進んでいるため，‘形状’が問題にならなくなる．たとえば上にあげた三つの図形の内部を考えれば，どのノルムで考えても，すべて原点の近傍である．このことは，ε を適宜に伸縮して，三つの図形が互いに他を包むようにできることからわかる．もう少し正確にいおう．

任意の $a=(\alpha_1, \cdots, \alpha_s)\in\boldsymbol{R}^s$ について，明らかに

$$s\|a\|_\infty \geqq \|a\|_1 \geqq \|a\|_2 \geqq \|a\|_\infty$$

が成り立つ．したがって，１点の ε 近傍をノルム $\|\ \|_1, \|\ \|_2, \|\ \|_\infty$ で定義したものをそれぞれ $B_\varepsilon^{(1)}, B_\varepsilon^{(2)}, B_\varepsilon^{(\infty)}$ で表わせば

$$B_{\varepsilon/s}^{(\infty)} \subset B_\varepsilon^{(1)} \subset B_\varepsilon^{(2)} \subset B_\varepsilon^{(\infty)}$$

となる．この包含関係から，近傍概念がどのノルムを使っても同じになることが見とれるであろう．

（$-\infty$ に近い）⟵⟶（$+\infty$ に近い）

（十分小さい） $\boldsymbol{R}$ （十分大きい）

位相空間 $\bar{\boldsymbol{R}}$ における近傍は $\boldsymbol{R}$ における近傍と密接に関係している．$a\in\boldsymbol{R}$ に対して，a の $\boldsymbol{R}$ における近傍は，a の $\bar{\boldsymbol{R}}$ における近傍と $\boldsymbol{R}$ との交わり（$\pm\infty$ をはずしたもの）に他ならない．

ノルム空間をひとつ固定して，その中で考えるというわけだが，当分はたとえば数空間 $\boldsymbol{R}^s$ で十分である．それなら数空間でやればよいだろう，という論もある．座標系に密着した問題なら，確かにその方がわかり易い．たとえば，不等式

$$a_i < x_i < b_i \qquad (1\leqq i\leqq s)$$

で定められる点 $(x_1, \cdots, x_s)$ の集合 $A\subset\boldsymbol{R}^s$ は開集合である．（**開直方体**という．）このことを示すのに，任意の $(x_1, \cdots, x_s)\in A$ をとり，

P19へ

問3　1点の ε 近傍(開球)は開集合である.

S° は S に含まれる最大開集合である.

〈証明〉　まず S° は開集合である．実際，$x \in S^\circ$ に対し，S が x の近傍だから，x のある近傍 V があってその点はすべて S の内点，すなわち $V \subset S^\circ$．これから $x \in (S^\circ)^\circ$．次に $S^\circ \subset S$ は明らかだが，任意の開集合 $O \subset S$ に対し，$x \in O$ は O の内点ゆえ S の内点でもあり $x \in S^\circ$　$\therefore O \subset S^\circ$.　〈終〉

注意　これより,「S が a の近傍」$\Longleftrightarrow$「a を含み S に含まれる開集合がある」

S が a の任意の近傍と交わるとき，a を S の**触点**とよぶ．触点全体を S の**閉包**といい，$\bar{S}$ で表わす．$\bar{S}=S$ であるとき，S は**閉集合**であるという.

問4　1点を中心とする閉球は閉集合.

$\bar{S}$ は S を含む最小閉集合である.

〈証明〉　S° のときと同様に直接考えてもよい(**問5**)．しかし，内点と触点の定義から

$$(\bar{S})^c = (S^c)^\circ$$

が直ちに認められよう*．そこで下に述べる開集合と閉集合の双対的関係が使える.　〈終〉

問6　$\bar{S}-S^\circ$ は閉集合である**．(これを ∂S と書き，S の**境界**とよぶ.)

開(閉)集合の補集合は閉(開)集合である.

---

*　S^c は E おける S の補集合を表わす.

** 一般に，$X-Y$ は $\{x \in X ; x \notin Y\}$ を表わす.

P20へ

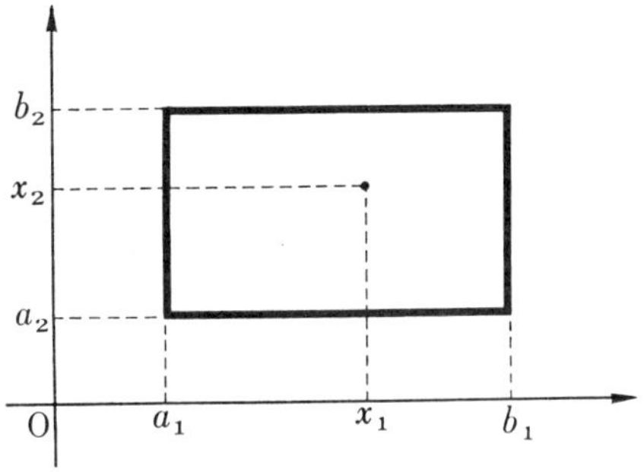

$$x_i-a_i,\quad b_i-x_i \qquad (1\leqq i\leqq s)$$

の最小値を ε として，ノルム $\|\ \|_\infty$ による ε 近傍を考えれば A に含まれるのを知る．上記の不等式で $<$ を $\leqq$ でおきかえれば，閉集合が得られる．(**閉直方体**という.)

ところで，もっと幾何学的な（座標系に依存しない）問題となると，4次元以上ではそれ程わかり易くはない．与えられた問題が空間の特殊構造にあまり関係がなく，ノルムという尺度だけが効いてくる場合ならば，そのノルムそのものに注目した方が，考えにまぎれがない．抽象化ではあるが．それは問題の単純化に他ならないからである．こういう考えをもっと進めれば，更に抽象化して位相空間をはじめから扱う方が望ましいことになる．ただ，解析の主要な舞台はノルム空間であるから，原則的にはノルム空間で話を進める．しかし，大抵の議論は位相空間に対して通用するという認識は有用である．‘位相’の考察は，解析以外の数学の分野にも拡がっているのだから．

なお，$\boldsymbol{R}$ は $\bar{\boldsymbol{R}}$ における開集合であり，$\pm\infty$ はその触点であることに注意しよう．したがって $\bar{\boldsymbol{R}}$ は $\boldsymbol{R}$ の閉包である．

さて，左の注意は，近傍概念が逆に開集合によって規定されることを示している．この意味で，‘位相空間’の概念を開集合を基にして定義する方法もある．したがって補集合にうつれば，閉集合を基にすることもできるのである．

開集合については次の2性質が基本的である．

(1) 開集合の系 $(O_i)_{i\in I}$ の合併は開集合である．

P21へ

〈証明〉 $(S^c)^c=S$ であるから，次の2命題の同等を示せばよい．

(i) S は開集合．

(ii) S^c は閉集合．

これらはそれぞれ次と同等である．✓

(i′) $a\in S \Rightarrow a$ のある近傍 U について $U\subset S$．

(ii′) a の任意の近傍 U について $U\not\subset S \Rightarrow a\notin S$．

そして，一方は他方の対偶である．〈終〉

1.5 極　　限

前項にひき続き，ノルム空間 E を固定する．いま別にノルム空間 F の中に，部分集合 X とその触点 a が与えられたとする．写像

$$f: X \longrightarrow E$$

と点 $b\in E$ について，命題

「b の任意の近傍 V に対し，a のある近傍 U をとれば，$x\in U\cap X \Rightarrow f(x)\in V$」

が成り立つとき，b を a における f の**極限**とよび，

$$\lim_{x\to a} f(x)$$

と書き表わす．

与えられた a, f に対し，極限 b は存在する限り一意的である．また，f の定義域 X が制限されても，a が触点になっている限り，同じ極限をもつ．とくに，極限は a の近傍内での f の値だけに依存する．✓

P22へ

(2)　開集合の有限系 $(O_i)_{1\leqq i\leqq n}$ の交わりは開集合である.

実際，任意の $a\in O=\bigcup_{i\in I}O_i$ はある O_i に属し，O_i が a の近傍であるから，O も a の近傍となる．かくて O は開集合である．また，$a\in O=\bigcap_{i=1}^{n}O_i$ はすべての O_i に属し，O_i が a の近傍であるから，それらの交わり O も a の近傍である（帰納法で $n=2$ の場合に帰着)．かくて O は開集合である.

閉集合については，補集合を考えて，上の2性質から直ちに次の性質が導かれる.

(1′)　閉集合の系 $(C_i)_{i\in I}$ の交わりは閉集合である.

(2′)　閉集合の有限系 $(C_i)_{1\leqq i\leqq n}$ の合併は閉集合である.

左に述べた極限の定義は，ノルムを使って‘ε-δ 式’にいえば

「任意の $\varepsilon>0$ に対し，ある $\delta>0$ をとれば

$$\|x-a\|<\delta,\quad x\in X \ \Rightarrow\ \|f(x)-b\|<\varepsilon」$$

となる．ただし，はじめのノルムは F で，あとのは E で考える.

極限は近傍概念のみに依存するから，同じ近傍概念を定めるノルムならば，どれを使ってもよい．たとえば $E=\boldsymbol{R}^s$ のとき，

$$f(x)=(f_1(x),\ \cdots\cdots,\ f_s(x)),\qquad b=(b_1,\ \cdots\cdots,\ b_s)$$

と成分表示すれば，次の同等性がノルム $\|\ \ \|_\infty$ を使ってすぐわかる：

$$\lim_{x\to a}f(x)=b\iff\lim_{x\to a}f_i(x)=b_i\qquad(1\leqq i\leqq s)$$

なお，極限の定義において，書物によっては，f の定義域から常に a をはずすことにしているものもある．しかし，その流儀では，合成写像の極限公式に関して付帯条件が必要となり，その適用に注意を要する場合もある——たとえば合成関数の微分法の考察—— ことに注意しておこう．$t\neq\alpha$ $\varphi(t)=a$ となり得るからである.

次に，左の注意で述べたように，$\overline{\boldsymbol{R}}$ が登場する場合を詳しく述べておこう.

P23へ

> f の像* が $S\subset E$ に含まれるとき，
> $$\lim_{x\to a} f(x)\in\bar{S}.$$

〈証明〉 $b=\lim_{x\to a} f(x)$ の任意の近傍 V に対し，a のある近傍 U をとって $x\in U\cap X \Rightarrow f(x)\in V$ とする．$a\in \bar{X}$ ゆえ $U\cap X\neq\phi$. よって $f(X)\cap V\neq\phi$ $\therefore$ $S\cap V\neq \phi$ $\therefore$ $b\in\bar{S}$. 〈終〉

問7　$E=\boldsymbol{R}$ のとき，$f(x)\leqq c(x\in X)$ ならば $\lim_{x\to a} f(x)\leqq c$. 不等号の向きは逆でもよい．

更に別のノルム空間の部分集合 T とその触点 α が与えられたとき，写像 $\varphi: T\to X$ について

> $$\lim_{t\to\alpha}\varphi(t)=a, \qquad \lim_{x\to a} f(x)=b$$
> ならば　$$\lim_{t\to\alpha}(f\circ\varphi)(t)=b.$$

問8　これを証明せよ．

注意　以上述べたことは，ノルム空間の代りに任意の位相空間で通用する．とくに $E=\bar{\boldsymbol{R}}$, $b=\pm\infty$ の場合を考えれば，$\pm\infty$ への‘発散’が扱われることになる．また，$F=\bar{\boldsymbol{R}}$, $X=\boldsymbol{N}$ (自然数全体)，$a=+\infty$ の場合を考えれば，写像 $f:\boldsymbol{N}\to E$ は E における点列を意味し，点列の極限の考察が上述に含まれる．これについては改めて述べる．

E における点列 (b_n) と1点 b について

「b の任意の近傍 V に対し，ある自然数 n_0 をとれば，
$n_0\leqq n \Rightarrow b_n\in V$」

が成り立つとき，(b_n) は b に収束するという．そして b を (b_n) の極限とよび

* 集合　$f(x)=\{f(x)\,;\,x\in X\}$ のことである．

P24へ

$+\infty$ の近傍は $]\beta, +\infty]$ の形の集合を含むので

(1) $$\lim_{x \to a} f(x) = +\infty$$

は，次の命題の成立を意味する：

「任意の実数 β に対し，a のある近傍 U をとれば，

$$x \in U \cap X \Rightarrow \beta < f(x)」$$

このとき，$+\infty$ に発散するともいう．$-\infty$ への発散も同様である．

また，$F = \overline{\boldsymbol{R}}$, $a = +\infty$ の場合には

(2) $$\lim_{x \to +\infty} f(x) = b$$

は次の命題の成立を意味する：

「b の任意の近傍 V に対し，ある実数 α をとれば，

$$x > \alpha,\ x \in X \Rightarrow f(x) \in V」$$

$a = -\infty$ のときも同様である．更に (1), (2) をあわせた形も考えられる．なお，(2) の場合で $X = \boldsymbol{N}$ (自然数全体) ならば，α として自然数をとれるので，点列の極限に他ならない．

上において，点列の極限が写像の極限の特別な場合であることを述べた．ところで，逆に，写像の極限の考察を点列の極限の考察に帰着させることもできる．ただし f の定義域はノルム空間——$\overline{\boldsymbol{R}}$ でもよい——に含まれるとしよう．

定理　写像 $f: X \to E$ が点 $a \in \overline{X}$ において極限をもつためには，a に収束する任意の X の点列 (x_n) について，E の点列 $(f(x_n))$ が収束することが必要十分である．またそのときこの点列の極限は一定で，

$$\lim_{n \to \infty} f(x_n) = \lim_{x \to a} f(x).$$

〈証明〉 $\lim_{x \to a} f(x) = b$ とすれば，点列 (x_n) を写像 $\varphi: \boldsymbol{N} \to X$ とみなして f との合成の極限を考え，点列 $(f(x_n))$ が b に収束することを知る．逆に，a に収束する点列 (x_n) について $(f(x_n))$ が収束するとしよう．この極限は点列 (x_n) のとり方によらない．実際，別の点列 (x_n') に対して点列

$$x_1,\ x_1',\ x_2,\ x_2',\ \cdots\cdots$$

P25へ

$$\lim_{n\to\infty} b_n$$

と書き表わす．与えられた (b_n) に対し，極限 b は存在する限り一意的である．また，部分点列も同じ極限をもつ．⇀

問9 $\|b_n - b\| < 1/n \Rightarrow \lim_{n\to\infty} b_n = b$

> $b_n \in S$ の極限は S の触点である．逆に，S の触点は S の点列の極限である．

〈証明〉 前半は写像の極限と同様（実は特別な場合）．いま $b \in \bar{S}$ とし，b の $1/n$ 近傍から S の点 b_n をとる．そのとき，上の問より (b_n) は b に収束する． 〈終〉

1.6 連続写像

ノルム空間 E の部分集合 S を固定する．**S における開集合**とは，E の開集合と S の交わりとして表わされる集合のことである．**S における閉集合**も同様．

注意 任意の位相空間 E について考えられる．上の仕方で S も位相空間となるが，更にその部分集合 $T \subset S$ における開(閉)集合は，E から考えても S から考えても一致する．

X, Y をそれぞれあるノルム空間の部分集合とするとき，写像

$$f:\ X \longrightarrow Y$$

に関する次の3条件は同等である．

(1) 任意の $a \in X$ について

$$\lim_{x\to a} f(x) = f(a)$$

P26へ

を考えれば，これも a に収束するので

$$f(x_1),\ f(x_1'),\ f(x_2),\ f(x_2'),\ \cdots\cdots$$

も収束する筈である．したがって $(f(x_n))$, $(f(x_n'))$ がその部分点列として同じ極限をもつことになる．この極限を b とする．さて，仮に $\lim_{x\to a} f(x)=b$ が成り立たないとしてみよう．すなわち命題

「b のある近傍 V をとれば，a の任意の近傍 U に対して，
ある $x\in U\cap X$ をとれば，$f(x)\notin V$」

が成り立つとするわけである（この項で最初にあげた命題の否定）．この命題における任意の近傍 U として，$1/n$ 近傍を採用し，対応して存在する x を x_n と書けば，

$$\|x_n-a\|<1/n,\quad x_n\in X,\quad f(x_n)\notin V$$

となる．このとき (x_n) は a に収束する X の点列であるが，$(f(x_n))$ が b に収束しない．これは矛盾である．よって $\lim_{x\to a} f(x)=b$ が成り立つ．　〈終〉

開集合・閉集合の概念は，どんな空間で考えているかということに依存している相対的なものである．写像の連続性などを考察するとき，その定義域が空間全体とは限らないから，部分集合 S における‘相対位相’について一言まえおきが必要になるというわけ．

もっとさかのぼれば，まず点 $a\in S$ の‘**S における近傍**’とは何かを定めなければならない．それは空間 E における近傍と S との交わりのことである．空間全体での近傍が S 上につける‘跡’である．この定義から，S における近傍が性質(1.3.1―5)を満足することはほとんど明らかであろう．そして，S 自身が位相空間になるのである．さて，位相空間 S――**部分空間**という――で開(閉)集合を考えれば，それがちょうど左に

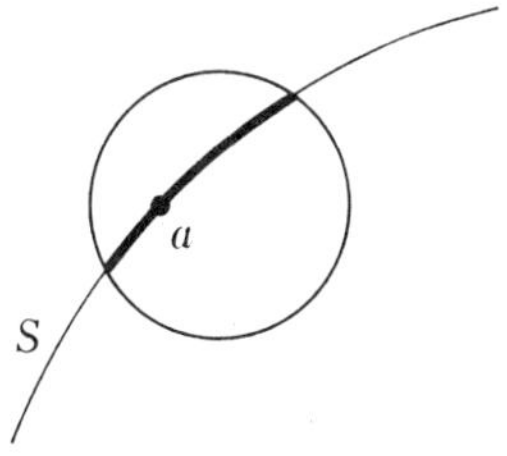

P27へ

(2)　Y における任意の開集合 O に対して，逆像* $f^{-1}(O)$ は X における開集合である．

(3)　Y における任意の閉集合 C に対して，逆像 $f^{-1}(C)$ は X における閉集合である．

〈証明〉　開(閉)集合 T の補集合 T^c は閉(開)集合であり，一般に $f^{-1}(T^c)=f^{-1}(T)^c$ であるから，(2) $\Longleftrightarrow$ (3) は直ちにわかる．

(1) $\Rightarrow$ (2) 開集合 O に対し，任意の $a\in f^{-1}(O)$ をとれば，O が $f(a)$ の近傍ゆえ，a のある近傍 U について $f(U)\subset O$ となる．$\therefore$　$U\subset f^{-1}(O)$ すなわち a は $f^{-1}(O)$ の内点である．よって $f^{-1}(O)$ は開集合である．

(2) $\Rightarrow$ (1)　任意の $a\in X, f(a)$ の近傍 V をとる．開集合 V° が $f(a)$ を含むから，開集合 $U=f^{-1}(V^\circ)$ は a の近傍であり，$f(U)\subset V^\circ\subset V$　$\therefore$　$\lim_{x\to a} f(x)=f(a)$.

〈終〉

これらの条件が成り立つとき，f は**連続**であるといわれる．

定値写像，恒等写像は連続である．

連続写像の合成は連続である．

問10　これらを証明せよ．→

とくに重要な例として，加法と乗法

$$\boldsymbol{R}^2 \longrightarrow \boldsymbol{R}, \qquad (x, y) \longmapsto x+y,\ xy$$

および，逆数をとる写像

$$\boldsymbol{R}-\{0\} \longrightarrow \boldsymbol{R}, \qquad x \longmapsto 1/x$$

---

* $f^{-1}(O)=\{x\in X\ ;\ f(x)\in O\}$

P28へ

述べた‘Sにおける開(閉)集合’に他ならない.

連続性の条件 (1) について一言. f の定義域 X に属する点 a における極限が存在すれば, それは $f(a)$ でなければならない. ただし, $\lim_{x\to a}$ を考えるときに常に a を定義域からはずす流儀では, (1) の形に書く必要がある.

条件 (2), (3) は, 連続写像と Y の開(閉)集合から X の開(閉)集合が供給されることを示している. たとえば, 数直線 $\boldsymbol{R}=Y$ における開集合 $]c,+\infty[$, 閉集合 $[c,+\infty[$ の連続実数値関数 f による逆像

$$\{x\in X;\ f(x)>c\},\qquad \{x\in X;\ f(x)\geqslant c\}$$

はそれぞれ X における開集合および閉集合である.

定値写像とは, 一定値 $b\in Y$ があって

$$f(x)=b\qquad (x\in X)$$

であるような写像 f のことである. このとき条件 (1) が明らかであろう. 条件 (2), (3) についていえば, Y の任意の部分集合の逆像が X 全体または空集合となる. これらは勿論開集合かつ閉集合である.

恒等写像とは,

$$f(x)=x\qquad (x\in X)$$

であるような写像 f のことである. このときも連続性は明らかであろう.

連続写像 $\varphi\colon T\to X$, $f\colon X\to Y$ の合成 $f\circ\varphi\colon T\to Y$ については, 合成写像の極限公式から (1) が示される. また, Y の部分集合 S について

$$(f\circ\varphi)^{-1}(S)=\varphi^{-1}(f^{-1}(S))$$

であるから, 条件 (2), (3) を見る方がもっと簡単であろう.

加法 $f(x,y)=x+y$ については, 任意の $\varepsilon>0$ に対して

$$|x-a|<\varepsilon/2,\ |y-b|<\varepsilon/2 \Rightarrow |f(x,y)-f(a,b)|<\varepsilon$$

となることから連続性を知る. 乗法 $g(x,y)=xy$ については,

$$|g(x,y)-g(a,b)|\leqslant|x-a||y-b|+|a||y-b|+|x-a||b|$$

の成り立つことに注意して, 少し工夫すれば連続性が知られる.

関数 $h(x)=1/x$ については, $c\neq 0$ を固定して,

P29へ

がある．⇀　このことから，次の極限公式を得る．

> X 上の実数値関数 f, g について，
>
> $$\lim_{x\to a} f(x)=b, \qquad \lim_{x\to a} g(x)=c$$
>
> ならば，
>
> $$\lim_{x\to a}(f+g)(x)=b+c, \quad \lim_{x\to a}(fg)(x)=bc.$$
>
> また，$c\neq 0$ のとき，a の近傍で $g(x)\neq 0$ であり，
>
> $$\lim_{x\to a}(f/g)(x)=b/c.$$

なお，一般のノルム空間上の実数値関数

$$x \longmapsto \|x\|$$

は連続である．⇀

P30へ

$$|h(x)-h(c)|=|x-c|/|x||c|$$

の成り立つことに注意し，$|x-c|$ がある程度小さければ $1/|x|$ が有界（たとえば $<2/|c|$）になることを利用して，少し工夫すればよい．

ノルムの連続性は次の不等式から直ちにわかるであろう．

$$\Big|\|x\|-\|a\|\Big| \leqslant \|x-a\|.$$

最後に左の極限公式であるが，写像

$$x \longmapsto (f(x),\ g(x))$$

と連続写像である 加法・乗法とを合成して，合成写像の極限公式を適用すればよいのである．ただし，f/g は f と $1/g$ の積と考え，まず $1/g$ を片付けるのがよいであろう．

P31へ

第 2 講　連結・コンパクト

2.1 連　結

ノルム空間の部分集合 S をとる．

注意　以下，連結性の定義に際しては，S を任意の位相空間としてよい．

S における空でない開集合 U, V が，条件

(1)　$U \cup V = S, \qquad U \cap V = \phi$

を満足するようにとれるとき，S は連結でないといい，そうでないとき S は**連結**であるという．

とくに１次元の場合に連結集合を決定する．

> **定理**　数直線の部分集合 S について，
>
> 連結である $\iff$ 区間である．

〈証明〉　まず S が区間であるためには

(2)　$x, y \in S,\ x \leqq y \quad \Rightarrow \quad [x, y] \subset S$

の成立が必要十分であることに注意する．

P32へ

前講は，ノルムを基礎にして，位相の概念を導入した．今回は，重要な位相的性質である‘連結’と‘コンパクト’をとりあげ，線形構造やノルムとの関連を調べる．そのためには，まず1次元の場合すなわち数直線の順序構造との関係を明らかにしなければならない．それは‘実数の基本性質’である．

なお，‘完備’の概念については，のちの機会にとりあげよう．

いきなり「ノルム空間の部分集合……」という書き出しだが，概念の理解のためには，「平面上の集合…」と読めば十分である．一般的推論において，2次元という特殊性に依存しないようであれば，実は任意のノルム空間でよかったということになる．更にノルムも使わなくて済めば，一般の位相空間であってもよかったと悟れる筈．左では論理的順序としてまず直線上の連結性を特徴づけているが，概念的理解のためには，はじめから「直線上の集合…」と読むのは感心しない．1次元はあまりにも特殊だからである．その特殊性の現われが左の定理．

さて，‘連結である’という言葉には，少々奇妙なひびきがあるかもしれない．日常語としては，‘連結している’とでもいう方がふつうであろうが，数学用語として定着してしまったようだ．

はじめに，簡単のため S を開集合としよう．そのとき，S が連結であるというのは，S が二つの開集合に分離しないということである．ただうるさくいえば，空集合も開集合だから，‘空でない’という但し書きが必要．

P33へ

必要性は明白．(2) が成り立つとして，S の下限，上限を a, b とすれば，S が

$$]a,b[,\quad]a,b],\quad [a,b[,\quad [a,b]$$

の何れかと一致する．✓

さて，S が区間であって連結でないとする．(1) を満足する開集合 $U, V \neq \phi$ があるから，$a \in U$, $b \in V$ をとって，これらを両端とする閉区間 I を考える．$a<b$ としてよい．集合 $U \cap I$ の上限 c は I の触点ゆえ I に，したがって S に属する．ここで $c \in U$, $c \in V$ の二つの場合に分け，いずれも矛盾に導かれる．✓

次に S が区間でないとする．(2) が否定されるから，ある実数 x, y, z をとれば

$$x<z<y,\quad x, y \in S,\quad z \notin S.$$

このとき，S における開集合

$$U=]-\infty, z[\ \cap S,\quad V=]z, +\infty[\ \cap S$$

は空でなく (1) を満足する．よって S は連結でない．

〈終〉

問 1　連結集合系 (S_λ) が共通点をもつとき，合併集合 $\bigcup_\lambda S_\lambda$ も連結である．

一般には，連結性が‘連続弧’(次項参照)を用いて判定されることが多い．ここでは，特別な例をあげよう．

ノルム空間 E の2点 a, b に対し，集合

$$\{\lambda a+\mu b\,;\ \lambda, \mu \geqq 0,\ \lambda+\mu=1\}$$

を，a, b を両端とする**線分**という．

いま，E の部分集合 S に対し，その任意の2点を両端とする線分が S に含まれるならば，S は**凸**であるという．もう少し一般に，S のある点 a をとるとき，a

P34へ

勿論どんな場合でも，（2点以上含めば）二つに分けることができるが，連結とは，その二つの部分が両方共開集合であるようにはできないということである．連結集合を右の図のように二つに分けようとすれば，その分け目のところにある点（境界点）が問題になる．その点をどちら側に入れても，入れた方が開集合にならない．

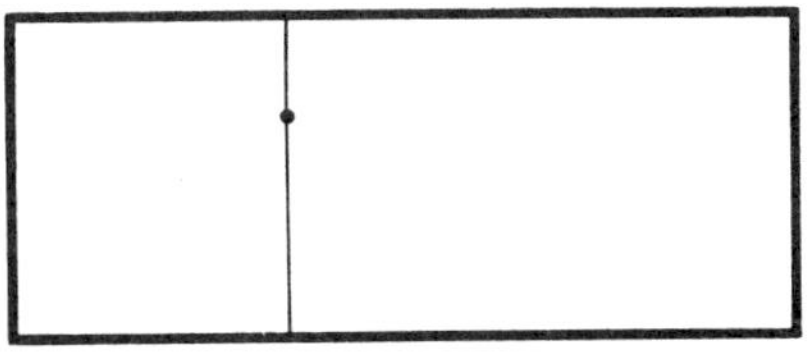

ところで，連結性というのはその集合の内的な性質である．内部で分裂しているかどうかは，外部の事情とは無関係である．内政問題に干渉するなというわけ．だから，集合 S 自身が全空間の中で開集合であったり閉集合であったりすることとは無関係に，S の中で連結性が定義されなくてはならない．というわけで，一般には左に書いてある通り，S の連結性が‘S における’開集合二つに分離しないこととして定義される．

しかしながら，前講に述べたように，S における開集合は全空間での開集合と S との共通部分として与えられる．だから，あえて外部から介入していえば，S が連結とは，全空間での開集合 U, V で

$$U \cap S \neq \phi, \qquad V \cap S \neq \phi$$
$$U \cup V \supset S, \qquad U \cap V \cap S = \phi$$

となるものが存在しないということである．

以上，連結性の定義に‘開集合’を用いてきたが，‘閉集合’をとっても全く同じ概念が得られる．実際，$S=U \cup V, U \cap V = \phi$ という条件は，U, V の一方が他方の（S における）補集合であることを意味する．したがって U, V が共に開集合であることと，共に閉集合であることとは同等だからである．問題をひとつ．

問2　S が連結であるためには，次のような部分集合 T の存在しないことが必要十分である．

「$S \neq T \neq \phi$,　　T は開集合であると同時に閉集合」

P35へ

と S の任意の点を両端とする線分が S に含まれるならば，S は（a に関して）**星形**であるという．そして星形集合は連結である．これは，次項で一般化して示される．

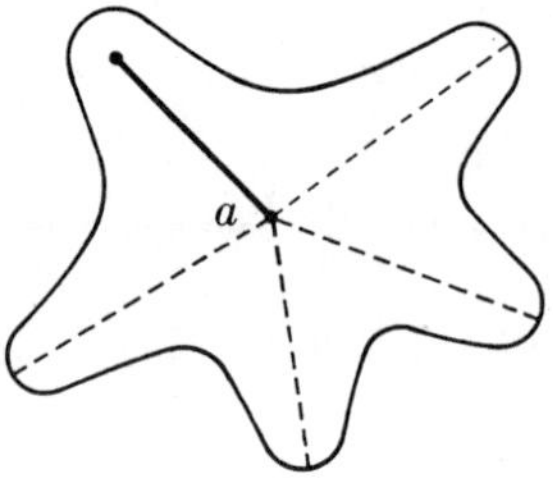

問3　数空間 $\boldsymbol{R}^s$ における直方体——s 個の区間の直積——は凸，したがって連結である．

2.2　連結集合と連続写像

> **定理**　連続写像 f による連結集合 S の像 $f(S)$ は連結である．

〈証明〉 $f(S)$ が連結でないとして，

$$U\cup V=f(S),\quad U\cap V=\phi$$

となる $f(S)$ における開集合 $U, V\neq\phi$ をとる．そのとき，逆像 $f^{-1}(U), f^{-1}(V)$ は S における空でない開集合であって

$$f^{-1}(U)\cup f^{-1}(V)=S,\quad f^{-1}(U)\cap f^{-1}(V)=\phi.$$

これは S の連結性に反する．〈終〉

> **系**　f を連結集合 S 上の連続実数値関数とする．任意の $a, b\in S$ と $f(a), f(b)$ の中間値 λ に対し，$f(c)=\lambda$ となる $c\in S$ が存在する．

P36へ

ここで，連結性についてよくでてくる使い方をあげておこう．

連結集合 S の点 x に関する命題 $P(x)$ があり，3条件

1) $P(x)$ の成り立つ $x \in S$ がある．

2) $P(x)$ の成り立つ点のある近傍では $P(x)$ が成り立つ．

3) $P(x)$ の成り立たない点のある近傍では $P(x)$ が成り立たない．

が満足されるとしよう．そのとき $P(x)$ は実は S 全体で成り立つ．

実際，$P(x)$ の成り立つ点 $x \in S$ の全体 U と成り立たない点 $x \in S$ の全体 V は，共に開集合で $U \cup V = S$, $U \cap V = \phi$ となる．ところで $U \neq \phi$ あるから，もし $V \neq \phi$ ならば S の連結性に反する．よって $V = \phi$，ゆえに $S = U$.

連結 (connected) と連続 (continuous) は似た言葉だが，数学では使い方が違う．

連結集合，　連続写像

というのが，この項の主題だが，

連結写像，　連続集合

というのを，筆者はきいたことがない．

数直線上で連結集合が区間に他ならないことはすでに示した．このことを想い起こして，左の定理における写像の値域を数直線とすれば，系が得られる．更に定義域まで数直線にすれば，特別な場合として次のいわゆる‘**中間値の定理**’となる．

区間 $[a,b]$ 上の連続実数値関数 f に対し，$f(a)$，$f(b)$ の任意の中間値 λ をとれば，$f(c)=\lambda$ となる $c \in [a,b]$ が存在する．

ことがらの本質は，関数の‘連続性’が値域の‘連結性’に反映しているこ

P37へ

〈証明〉　定理と前項の定理から．✓　〈終〉

問4　区間 I で定義された連続実数値関数 f のグラフは連結である．

有限閉区間 I で定義された連続写像

$$f: I \longrightarrow S$$

を，S における（連続）**弧**とよぶ．像 $f(I)$ 自身も弧とよばれることがあり，これは定理により連結である．

とくに，ノルム空間において，a, b を両端とする線分は関数

$$f(t)=a+t(b-a) \qquad (0\leqq t\leqq 1)$$

で表わされ，弧である．✓

一般に，$I=[\alpha, \beta]$ とするとき，$f(\alpha), f(\beta)$ を弧 f の始点，終点とよぶ．いま，集合 S の任意の2点に対し，それらを始点と終点にする弧が S において存在するとき，S は**弧状連結**であるという．

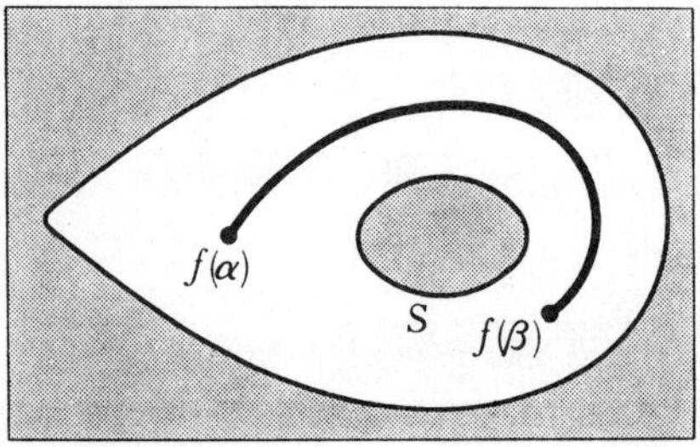

問5　数空間 $\boldsymbol{R}^s(s\geqq 2)$ における球面 $\{(x_1, \cdots, x_s)\,;\, x_1^2+\cdots+x_s^2=r^2\}$ $(r>0)$ は弧状連結である．

連結性との関係は，

弧状連結　⇒　連結

〈証明〉　S が連結でないとして，

P38へ

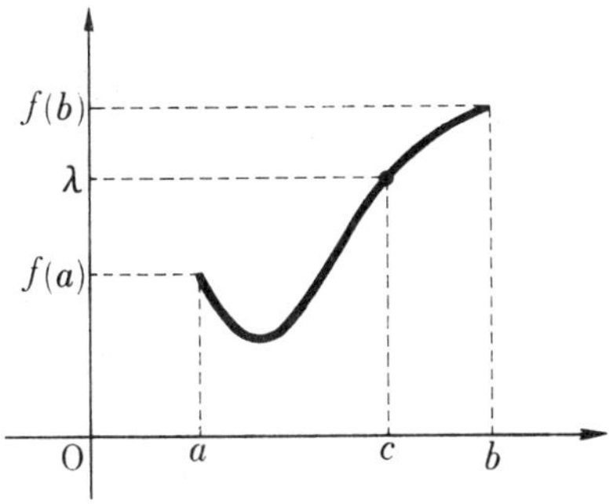

とにある．言葉の定義をいい加減にして，語感に頼って連結と連続をごっちゃにすると，アタリマエということになる．しかし，関数——一般には写像——の連続性は，その値域——もっと正確にいうとグラフ——の連結性で定義されたわけじゃない．アタリマエではない．実際，逆にグラフの方が連結であっても，関数は連続でないことがある．

例 $f(x)=\sin\dfrac{1}{x}\quad(0<x\leqq 1),\qquad f(0)=0.$

区間 [0, 1] 上でグラフは連結だが，$x=0$ で関数は不連続．

さて，連結性についての前項の定義は，その使われ方を見てもわかるように，機能性に富んでいる．しかし，具体的に与えられた集合の連結性の判定は，一般にはあまり楽でない．そのため，連結性に対するひとつの十分条件として，‘弧状連結性’が有用である．これは粗雑にいって，区間の連続像でつなげるということだから，‘連続性’との関係はより密接である．ただし，これは一般には必要条件でない．それにもかかわらず有用なのは，たとえばノルム空間の開集合——一般には局所弧状連結ならよい——に対して，

弧状連結 $\Longleftrightarrow$ 連結

が成り立つためである．

〈証明〉 開集合 S の1点 $\boldsymbol{a}$ をとり，$\boldsymbol{a}$ を始点とする S 内の弧の終点となりうる点 $\boldsymbol{x}\in S$ の全体を U, S におけるその補集合を V とおく．そのとき，U, V は共に開集合となる．(次図参照.) ✓

P39へ

$$U \cup V = S, \qquad U \cap V = \phi$$

となる S の開集合 $U, V \neq \phi$ をとる．U, V 内にそれぞれ始点，終点をもつ弧 C があるとすれば，

$$U' = U \cap C, \qquad V' = V \cap C$$

は C における空でない開集合であって

$$U' \cup V' = C, \qquad U' \cap V' = \phi.$$

これは C が連結でないことを示し矛盾．よって S は弧状連結でない．〈終〉

2.3 コンパクト

S における開集合系 $(U_\lambda)_{\lambda \in \Lambda}$ で条件

$$\bigcup_{\lambda \in \Lambda} U_\lambda = S$$

を満足するもの——S の開被覆——に対し，必ず有限個の $U_{\lambda_1}, \cdots, U_{\lambda_n}$ をえらんで

$$U_{\lambda_1} \cup \cdots\cdots \cup U_{\lambda_n} = S$$

となるようにすることができるとする．このとき，S は**コンパクト**であるという．

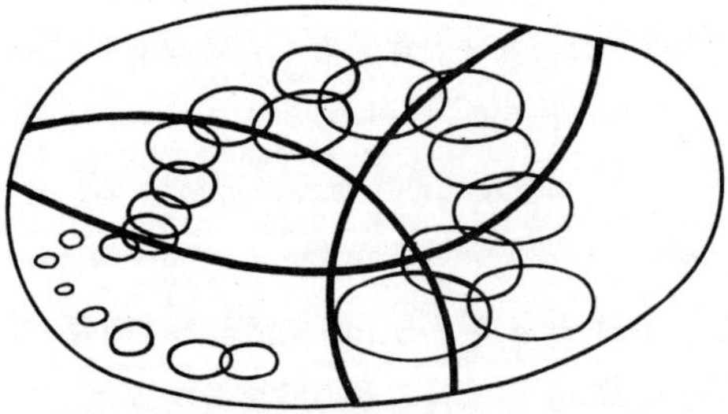

図 6　有限個のコンパクト集合の合併はコンパクトである．

P40へ

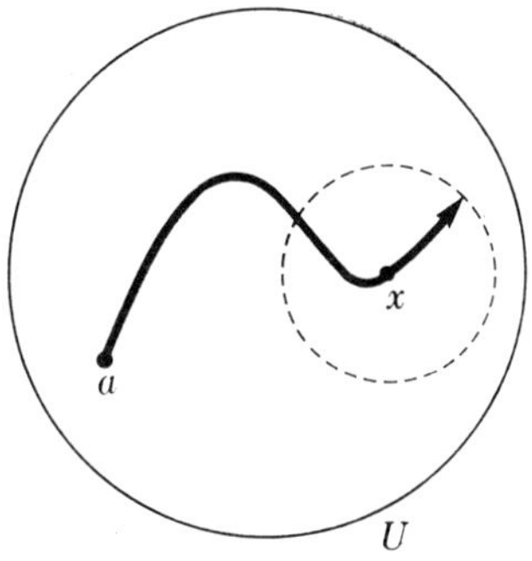

よって，S が連結なら，$V=\phi$ でなければならない．すなわち，$S=U$．これは S が弧状連結であることを意味する．

コンパクト (compact) の概念は，数学のほとんどあらゆる部門で極めて重要である．ただ，その定義の仕方は一定していない．少し旧式なもの (Bolzano-Weierstrass) をあげてみよう．

点列 (a_n) が与えられたとき，点 x がその‘集積点’であるとは，x の任意の近傍 U に対して

$$a_n \in U$$

となる n が無数に存在することである．そして，集合 S における任意の点列が必ず S 内に集積点をもつとき，S は**点列コンパクト**であるといわれる．

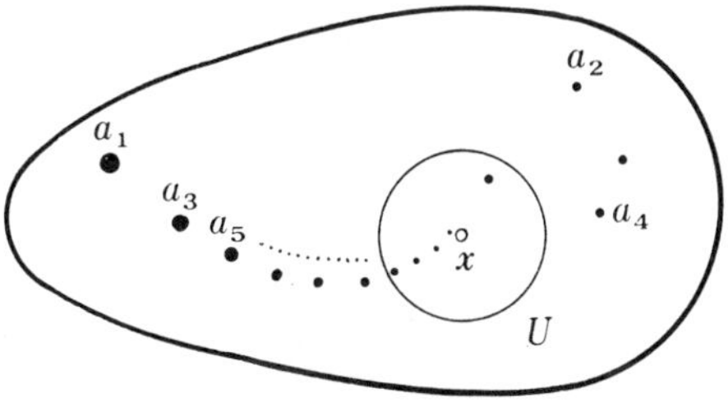

この定義を左にあげたコンパクトの定義と比べるとき，形式上は似ても似つ

P41へ

とくに数直線上で，

> 有限閉区間はコンパクトである．

〈証明〉 $S=[a,b]$ の開被覆 $(U_\lambda)_{\lambda\in\Lambda}$ をとる．いまこのうちの有限個で $[a,x]$ が覆われるような $x\in S$ の全体を考え，その上限を c とする．更に $c\in U_{\lambda_0}$ となる $\lambda_0\in\Lambda$ をとる．$a<c$ ならば $a<c'<c$ となるある c' をとれば，$[c',c]\subset U_{\lambda_0}$．$a=c$ ならば $c'=c$ としよう．

$$[a,c']\subset U_{\lambda_1}\cup\cdots\cdots\cup U_{\lambda_n}$$

となる有限個の $\lambda_1,\cdots,\lambda_n\in\Lambda$ があり，

$$[a,c]\subset U_{\lambda_0}\cup U_{\lambda_1}\cup\cdots\cdots\cup U_{\lambda_n}.$$

いま $c<b$ ならば，$c<c''\leqq b$ となるある c'' をとれば，$[c,c'']\subset U_{\lambda_0}$．よって

$$[a,c'']\subset U_{\lambda_0}\cup U_{\lambda_1}\cup\cdots\cdots\cup U_{\lambda_n}.$$

これは c の定義に反する．よって $c=b$．　〈終〉

注意　$\bar{\boldsymbol{R}}=\boldsymbol{R}\cup\{-\infty,+\infty\}$ はコンパクト．

上の事実を精密化し，数空間へ一般化する．

> **定理**　数空間の部分集合 S について
>
> コンパクトである　$\Longleftrightarrow$　有界閉集合である．

〈証明〉 まずコンパクト集合 S が有界かつ閉であることを示す．

$$U_n=\{x\in S\,;\,\|x\|<n\}\qquad(n=1,2,\cdots)$$

は S の開被覆であるから，有限個したがってひとつの U_n が S と一致する．よって S は有界である．また任意の $a\notin S$ に対し，

$$V_n=\{x\in S\,;\,\|x-a\|>1/n\}\qquad(n=1,2,\cdots)$$

P42へ

かない．しかし論理的には，ノルム空間で実は同等である．一般には

コンパクト ⇒ 点列コンパクト

〈証明〉 対偶を示そう．集合 S における点列 (a_n) が S 内に集積点をもたないとする．任意の $x \in S$ に対してある開近傍 $U(x)$ をとれば，$a_n \in U(x)$ となる n が有限個である．さて $(U(x))_{x\in S}$ は S の開被覆であるが，そのうちの有限個の合併

$$U(x_1) \cup \cdots\cdots \cup U(x_m)$$

に属する a_n の添数 n は有限個しかない．しかし，すべての（無限個の）n について $a_n \in S$ であるから，上記の有限合併が S に等しいことはあり得ない．これは S がコンパクトでないことを示す． 〈終〉

ノルム空間で上の命題の逆も成り立つが，その証明はもうちょっと面倒である*．しかし，ともかくこのようにして，‘コンパクト’と‘点列コンパクト’は論理的に結びつけられる．

ところで，概念の定義形式というものは，論理的に同等であればどうでもよいというわけのものでもない．直観性を重んじて，点列コンパクトの方をとるべきだという人もある．ただ，何が直観的であるかは，その人の体験や習慣に依存する．新鮮な頭脳にとっては果してどうなのか？ また，一般的にいって，定義形式は観賞のためよりも活用のためであるべきだろう．口あたりの良さよりも機能性に注目したい．それが結局カッコヨサにもつながる．

なお，最近の傾向として，コンパクト性を‘proper map**’との関係で規定するカテゴリー論的仕方もある．

さて，左に述べた形式でいえば，コンパクト概念の本質は

無限性を有限性に帰着させる

原理の成立にある．たとえどんなに沢山の開集合で S を覆っておいても，実

* 一般には距離空間でよい．たとえば「山崎圭次郎：解析学概論II，（共立出版）30頁」参照．
** たとえば「Bourbaki : Topologie générale Chap. 1（新版）」

P43へ

は S の開被覆であるから，有限個したがってひとつの V_n が S と一致する．このとき，a の $1/n$ 近傍が S と交わらないから，a は S の触点でない．これは S が閉集合であることを意味する．

次に，逆に $\boldsymbol{R}^s$ の有界閉集合 S がコンパクトであることを示す．S は有限閉直方体

$$[a_1, b_1]\times\cdots\cdots\times[a_s, b_s]$$

に含まれる．よって次の2事実に帰着する．

(1) コンパクト集合の閉集合はコンパクト．

(2) コンパクト集合の直積はコンパクト．

これらは次項で示される． 〈終〉

2.4 コンパクト集合の性質

上にあげた2性質 (1), (2) を証明する．

(1) について．コンパクト集合 S における閉集合 F に対し，開被覆 $(U_\lambda)_{\lambda\in\Lambda}$ をとる．$U_\lambda=V_\lambda\cap F$ となる S に対する開集合 V_λ をとれば，$(V_\lambda)_{\lambda\in\Lambda}$ と $S-F$ が S の開被覆となる．よって，てきとうな有限個をえらんで

$$V_{\lambda_1}\cup\cdots\cdots\cup V_{\lambda_n}\cup(S-F)=S$$

このとき明らかに

$$U_{\lambda_1}\cup\cdots\cdots\cup U_{\lambda_n}=F$$

したがって F はコンパクトである． 〈終〉

(2) については，まずその意味を明確にする必要があろう (→)．しかし，ここでは目的にそって直方体

$$[a_1, b_1]\times\cdots\cdots\times[a_s, b_s]$$

のコンパクト性だけを示しておく．

P44へ

はその大部分は要らないのであって，てきとうな有限個だけで間に合ってしまうということ．ただ‘開集合’を使ったのがミソである．また，S のコンパクト性は，連結性と同様に，やはり S の内的な性質であり，開集合は‘S における’開集合の意味である．しかし，S の外から眺めることもできる．そのときは，次のようにいい表わせる．

「開集合系 $(U_\lambda)_{\lambda\in\Lambda}$ が条件 $\bigcup_{\lambda\in\Lambda} U_\lambda \supset S$ を満足するとき，必ず有限個の $U_{\lambda_1}, \cdots, U_{\lambda_n}$ をえらんで

$$U_{\lambda_1} \cup \cdots\cdots \cup U_{\lambda_n} \supset S$$

であるようにすることができる.」

なお，開集合と閉集合は双対的な関係にあるから，コンパクト性は閉集合を使って定義することもできる．すなわち

「S における閉集合系 $(F_\lambda)_{\lambda\in\Lambda}$ が条件 $\bigcap_{\lambda\in\Lambda} F_\lambda = \phi$ を満足するとき，必ず有限個の $F_{\lambda_1}, \cdots, F_{\lambda_n}$ をえらんで

$$F_{\lambda_1} \cap \cdots\cdots \cap F_{\lambda_n} = \phi$$

であるようにすることができる.」

がコンパクト性の必要十分条件である．あるいは対偶をとって

「S における閉集合系 $(F_\lambda)_{\lambda\in\Lambda}$ について，その任意の有限個が交わるとき——有限交叉性をもつという——必ず全部の共通部分が空でない.」

といってもよい．たとえば，数直線上で

$$I_1 \supset I_2 \supset I_3 \supset \cdots\cdots$$

となる有限閉区間列があれば，共通点 $x \in I_n (n=1, 2, \cdots)$ が存在する．(**区間縮小法**)．

コンパクト性がその集合の内的性質であることは，すでに述べた通りであるが，連結性の場合と違って，

「コンパクト集合は必然的に閉集合」

である．数空間の中では左の定理で示したが，その証明をノルムなしに改良す

P45へ

注意　一般には，位相空間 $E_1, E_2, \cdots$ に対して，直積集合 $E=E_1\times E_2\times\cdots$ に位相が自然に定義され，特に $E_i(i=1,2,\cdots)$ がコンパクトのとき E もコンパクトになるのである．

s に関する帰納法で示せばよいから，数空間 $\boldsymbol{R}^s$ における有限閉直方体 K と有限閉区間 I について

$$K \text{ がコンパクト} \Rightarrow K\times I \text{ がコンパクト}$$

を示せばよい．

$K\times I$ の開被覆 $(W_\lambda)_{\lambda\in\Lambda}$ をとる．任意の $(x,t)\in K\times I$ に対して，x のある開近傍 U と t のある開近傍 J をてきとうにとれば，ある $\lambda\in\Lambda$ について

$$U\times J\subset W_\lambda$$

となる．✓　U を $U_t(x)$, J を $J_x(t)$, λ を $\lambda(x,t)$ で表わそう．いま $x\in K$ を固定して I の開被覆 $(J_x(t))_{t\in I}$ を考える．I のコンパクト性によって，ある有限開被覆 $J_x(t_1),\cdots,J_x(t_n)$ がとれる．これに対して

$$V(x)=U_{t_1}(x)\cap\cdots\cdots\cap U_{t_n}(x)$$

は x の開近傍であって

$$V(x)\times I\subset W_{\lambda(x,t_1)}\cup\cdots\cdots\cup W_{\lambda(x,t_n)}$$

すなわち $V(x)\times I$ は (W_λ) の有限個で覆われる．次に K の開被覆 $(V(x))_{x\in K}$ に対して，K のコンパクト性より有限開被覆 $V(x_1),\cdots,V(x_m)$ が得られる．したがって

$$K\times I=(V(x_1)\times I)\cup\cdots\cdots\cup(V(x_m)\times I)$$

は (W_λ) の有限個で覆われる．　〈終〉

問7　コンパクト集合 S が点 a を含まないとき，$S\subset U$, $a\in V$, $U\cap V=\phi$ であるような開集合 U, V が存在する．

P46へ

れば一般に成り立つ．

他方，左で (1) として述べたように，コンパクト集合における閉集合は常にコンパクトである．こうして，内的性質である‘コンパクト’は外的条件である‘閉’と密接に関係する．こういうわけで（あるいは発音をまねて）コンパクトが‘完閉’とよばれたこともある．しかし，これはあまり流行らなかった．片仮名が時代の傾向に適合しているのだろう．

次に (2) のもっと普遍的な解釈をあげておこう．まず二つの位相空間 E_1, E_2 の直積集合

$$E_1\times E_2=\{(x_1, x_2)\,;\ x_i\in E_i\}$$

に位相――近傍概念――を定めるのであるが，それは左の証明から示唆されるように，点 (x_1, x_2) の近傍が x_i の近傍 U_i の直積 $U_1\times U_2$ を含むものとして規定される．とくに E_i がコンパクトのとき，左の証明がそのまま通用して $E_1\times E_2$ もコンパクトになる．

また，三つ以上の位相空間 $E_1, E_2,$ に対しても同様である．そして，‘結合法則’

$$(E_1\times E_2)\times E_3=E_1\times(E_2\times E_3)=E_1\times E_2\times E_3$$

が，位相の一致の意味で成り立つことに注意しよう．このことから

$$(E_1\times\cdots\cdots\times E_s)\times E_{s+1}=E_1\times\cdots\cdots\times E_{s+1}$$

となり，コンパクト性の議論に帰納法が使えるのである．

なお，左で扱った数空間について一言．$\boldsymbol{R}^s=\boldsymbol{R}\times\cdots\cdots\times\boldsymbol{R}$（$s$ 個の直積）の位相は，上に述べた‘直積位相’に他ならない．そして，部分集合 $S_i\subset\boldsymbol{R}$ に対して，$\boldsymbol{R}^s$ の部分集合としての $S_1\times\cdots\times S_s$ の位相は，位相空間 S_i の直積位相と一致する．

P47へ

2.5 コンパクト集合と連続写像

定理 1　連続写像 f によるコンパクト集合 S の像 $f(S)$ はコンパクトである．

〈証明〉 $f(S)$ の開被覆 $(U_\lambda)_{\lambda\in\Lambda}$ をとる．$(f^{-1}(U_\lambda))_{\lambda\in\Lambda}$ は S の開被覆であるから，有限個をとって

$$f^{-1}(U_{\lambda_1})\cup\cdots\cdots\cup f^{-1}(U_{\lambda_n})=S$$
$$\therefore\quad U_{\lambda_1}\cup\cdots\cdots\cup U_{\lambda_n}=f(S).$$

これは $f(S)$ のコンパクト性を示す．　〈終〉

系　コンパクト集合上の連続実数値関数 f は最大値と最小値をとる．

〈証明〉 上の定理と 2.3 の定理より，関数値の集合は有界閉集合であり，その上・下限は最大・最小値を与える．$\sqrt{}$　〈終〉

問 8　有限閉区間で定義された連続実数値関数の値の集合は再び有限閉区間である．

次に S をノルム空間の部分集合とする．S 上の実数値関数 f が**一様連続**であるとは，次の命題が成り立つことである．

「任意の $\varepsilon>0$ に対し，ある $\delta>0$ をとれば，

$$\|x-x'\|<\delta \Rightarrow |f(x)-f(x')|<\varepsilon.」$$

定理 2　ノルム空間におけるコンパクト集合 S 上の連続実数値関数 f は一様連続である．

〈証明〉 任意の $\varepsilon>0$, $x\in S$ に対し，x に依存するあ

P48へ

定理1は，連結性と同様に，コンパクト性も連続写像によって遺伝することを示している．とくに写像 f の定義域と値域を数空間にとれば，前定理を参照して，

「連続写像 f による有界閉集合 S の像 $f(S)$ は有界閉集合である.」

ということになる．

ここで，‘有界閉集合’を単に‘有界集合’あるいは‘閉集合’でおきかえたのでは，この命題が成り立たないことに注意しよう．

実際，たとえば

1) $S=]0,1[,\qquad f(x)=1/x$

とおけば，f は連続で S は有界だが $f(S)=]1,+\infty[$ は有界でない．（だから勿論最大数もない.）

また，たとえば

2) $S=[0,+\infty[,\qquad f(x)=1/(x+1)$

とおけば，f は連続で S は閉集合だが $f(S)=]0,1]$ は閉集合でない．（最小数がない.）

すなわち，‘有界’や‘閉’という性質は連続写像によって遺伝しないのである．それにもかかわらず，この2性質が組み合わされて‘有界閉集合’となると遺伝するようになるというわけ．

最後に一様連続性について一言しておこう．そもそも関数 f の連続性の意味は，x の動きに対応する $f(x)$ の動きが制限されることにある．それをノルムによって定量的に表現したのが，いわゆる‘ε-δ 形式’：どんな ε に対しても，x の動きがある δ 以下である限りは $f(x)$ の動きが ε 以下に収まるということ．ところでこれは，x の基準点 a をきめて，そこからの動きを問題にした上で a における連続性を規定している．一般には，基準点が変わってくると，ε に対する δ のとり方も変えざるを得なくなる．一様連続というのは，どこで

P49へ

る $\delta(x)>0$ をとれば,

$$\|x-x'\|<\delta(x) \quad \Rightarrow \quad |f(x)-f(x')|<\varepsilon/2$$

いま x の $\delta(x)/2$ 近傍を $U(x)$ と書いて, S の開被覆 $(U(x))_{x\in S}$ を考える. S のコンパクト性より, 有限個をえらんで

$$U(x_1)\cup\cdots\cdots\cup U(x_n)=S.$$

そこで $\delta(x_i)/2$ $(1\leqq i\leqq n)$ の最小数 δ をとれば次が成り立つ. (図を参照)

$$\|x-x'\|<\delta \quad \Rightarrow \quad |f(x)-f(x')|<\varepsilon$$

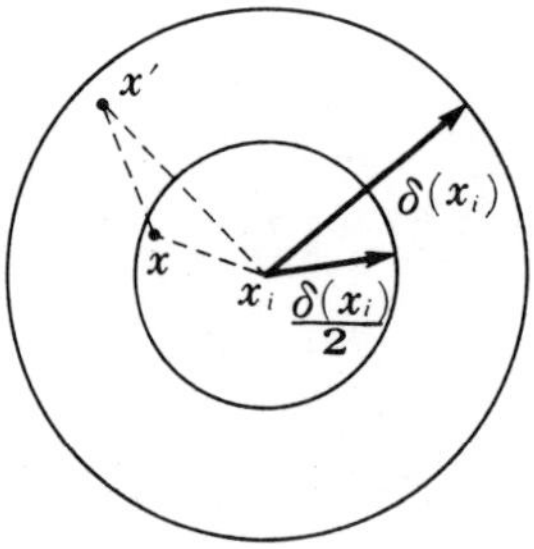

〈終〉

P50へ

も一様な δ のとり方でよろしいということ．

一様連続の理解のためには，むしろ一様連続でない連続関数をあげるのがよいかも知れない．たとえば上の例 1）の連続関数

$$f(x)=1/x \qquad (0<x<1)$$

は，一様連続でない．実際，x が 0 に近くなると，x の動きに対する $f(x)$ の動き方が際限なく大きくなってしまう．このことは容易に感じとれるであろう．

なお，左の定理で，f は一般のノルム空間に値をとる連続写像であってもよいことに注意する．この定理は，積分の存在を示すときに用いられるであろう．

コンパクト性は，その他関数列の‘一様収束性’や関数系の‘同等連続性’などとも関係し，解析学のいろいろな場面に有効に現われる．

P51へ

第 3 講　多変数の微分

3.1　偏微係数と微分

数空間 $\boldsymbol{R}^n$ において，1点 a の近傍 U で定義された実数値関数

$$f: U \longrightarrow \boldsymbol{R}$$

を考える．

$\xi \in \boldsymbol{R}^n$ に対し，極限

$$D_\xi f(a) = \lim_{t \to 0} \frac{f(a+t\xi) - f(a)}{t}$$

を，a における ξ **方向の微係数** (derivative) という．とくに，第 j 単位ベクトル

$$e_j = (0, \cdots\cdots, \overset{j}{\overbrace{1}}, \cdots\cdots, 0)$$

の方向の微係数を**第 $\boldsymbol{j}$ 偏微係数**といい，

$$D_j f(a) \qquad (1 \leqq j \leqq n)$$

で表わす．なおこれらを成分とするベクトル

$$f'(a) = (D_1 f(a), \cdots\cdots, D_n f(a))$$

P52へ

この講から本論にはいって，まず「微分」をとりあげる．1変数の‘微分法’については，ある程度の知識のあることが望ましい．しかし，増分評価についての一定理を除き，論理的には1変数の場合を含めて一般に述べる．実をいえば，1変数の考察の拡張として多変数の考察が可能であるというよりも，むしろ多変数の考察においてこそ，微分の概念が水を得た魚のようにその機能を発揮するというべきだろう．その考えをよりよく見通すには，「線形写像」の概念になれていることが望ましい．

1変数関数 $f(x)$ の a における微(分)係数は

$$f'(a)=\lim_{t\to 0}\frac{f(a+t)-f(a)}{t}$$

で与えられる．これは f の a における‘瞬間的変化傾向’を示すひとつの量であるが，独立変数 x の正方向と長さ1を基準として計られている．この考えを多変数に拡張したのが「方向微(分)係数」の概念である．

二つ以上の変数の関数 $f(x_1, \cdots, x_n)$ においては，独立変数 $x_1, \cdots, x_n$ が文字通り独立独歩の動きをする．そのため，‘瞬間的変化傾向’をひとつの数値で示すのは無理である．少なくとも n 個の方向への変化傾向を同時に捕えなければならない．かくてひとつの数値ではなく，「数ベクトル」$f'(a)=(D_1 f(a), \cdots, D_n f(a))$ を考えるというわけ．なお，$D_i f(a)$ は独立変数の記号を用いて

$$\frac{\partial f}{\partial x_i}(a) \qquad (1\leqq i\leqq n)$$

とかくことも多い．

ところで，n 変数関数 f の‘瞬間的変化傾向’はこれら n 個の数値で十分

P53へ

を，a における**勾配ベクトル** (gradient) といい，記号 grad $f(a)$ を使うこともある．

次に方向を指定しない扱い方を述べよう．

てきとうな線形関数 (一)

$$\varphi: \boldsymbol{R}^n \longrightarrow \boldsymbol{R}$$

が存在して，

$$\lim_{x \to a}(f(x)-f(a)-\varphi(x-a))/\|x-a\|=0$$

が成り立つならば，f は a で**微分可能**であるといい，φ を a における f の**微分** (differential) とよぶ．これは存在する限り一意的で，✓

$$(df)_a$$

と書かれる．

注意 ノルム ‖ ‖ はどれを考えてもよい．

なお，性質

$$\lim_{\xi \to 0} \alpha(\xi)/\|\xi\|=0$$

をもつ関数 $\alpha(\xi)$ を $o(\xi)$ と表わせば，次の漸近関係が微分 $(df)_a$ を規定する：

$$f(x)=f(a)+(df)_a(x-a)+o(x-a)$$

微分可能な関数 f は各方向の微係数をもつ．とくに微分と偏微係数との関係は次の通り：

$$(df)_a(\xi_1, \cdots, \xi_n)=\sum_{j=1}^{n} D_j f(a)\xi_j$$

〈証明〉 $\varphi=(df)_a$ の線形性より

$$\frac{f(a+t\xi)-f(a)}{t}=\varphi(\xi)+\alpha(t\xi)/t$$

これは α の性質より $\varphi(\xi)$ に収束 $(t \to 0)$．

P54へ

に統制されるだろうか？　たとえば勝手な方向の微係数 $D_\xi f(a)$ が上の n 個の数値だけで定まるだろうか？　一般には駄目である．たとえば２変数関数

$$f(x,y)=\frac{xy(x+y)}{x^2+y^2},\qquad \text{ただし}\quad f(0,0)=0$$

を $a=(0,0)$ の近傍で考えよう．まず連続である．そして各方向の微係数が存在し，とくに

$$\frac{\partial f}{\partial x}(a)=\frac{\partial f}{\partial y}(a)=0$$

である．しかし，そういう関数としては恒等的に $g(x)=0$ というものがあるが，一般には $D_\xi f(a)\neq D_\xi g(a)=0$ である．すなわち，２方向の微係数だけでは，すべての方向の微係数が定まるわけではない．

これは具合が悪い．偏微係数だけで‘瞬間的変化傾向’を示そうというのは，そもそも虫がよすぎるのか？　そうともいえる．あるいは上の例のような関数を‘病的’なものとして排除するのはどうか？　しかし，あとに残ったものがつまらないものばかりでも困る．こういうジレンマはすべての理論につきものである．‘簡明さ’——時には‘美しさ’——と共に，適用範囲の‘豊かさ’は良質な理論の要件である．

それでは，逆に任意のベクトル $(\lambda_1,\cdots,\lambda_n)\in\boldsymbol{R}^n$ を与えて，$f'(a)$ がこれに等しいような関数 f のうち，標準的なものは何だろう．それは左の問に現れた：

$$\lambda_0+\lambda_1x_1+\cdots\cdots+\lambda_nx_n\qquad(1\text{次関数})$$

この関数のグラフは平面である．そして同じ $f'(a)$ をもつ関数のグラフは，座標軸方向にみてこの平面に接しいる．しかし他の方向には接しているとは限らない．これでどうやら分って来た．偏微係数だけで統制される関数は，各方向に‘接線’がひけるだけでなく，それらすべての接線が同一平面上にのること，粗雑にいえば，少なくとも‘接平面’がひける必要がある．もっともこれで十分かというと，接平面の定義が関係するから微妙だが，大体の考え方として，直線的方向性ではなく平面的方向性によって関数の瞬間的変化傾向を捉えるという考えに導かれる．

P55へ

$$\therefore \quad D_\xi f(a)=\varphi(\xi)$$

$$(\xi_1, \cdots\cdots, \xi_n)=\sum_{j=1}^{n} e_j\xi_j$$

に線形関数 φ を作用させ，$D_jf(a)=\varphi(e_j)$ より

$$\varphi(\xi_1, \cdots\cdots, \xi_n)=\sum_{j=1}^{n} D_jf(a)\xi_j. \qquad \langle終\rangle$$

図1　1次関数

$$f(x_1, \cdots\cdots, x_n)=\lambda_0+\lambda_1x_1+\cdots\cdots+\lambda_nx_n$$

はいたるところ微分可能で，$D_jf(a)=\lambda_j$.

3.2　ベクトル値関数の微分

数空間 $\boldsymbol{R}^n$ の1点 a の近傍 U で定義された実数値関数が m 個与えられたとする：

$$f_i : U \longrightarrow \boldsymbol{R} \qquad (1\leqq i\leqq m)$$

このとき，

$$\boldsymbol{f}(x)=(f_1(x), \cdots\cdots, f_m(x))$$

とおいて写像——**ベクトル値関数**——

$$\boldsymbol{f} : U \longrightarrow \boldsymbol{R}^m$$

が定まる．これを $(f_1, \cdots, f_m)$ で表わす．

逆にベクトル値関数 $\boldsymbol{f}$ は関数 f_i——**成分関数**——を定める．

いま各 f_i が微分可能ならば，写像

$$(d\boldsymbol{f})_a=((df_1)_a, \cdots\cdots, (df_m)_a)$$

は線形写像（一）であって，漸近関係

$$\boldsymbol{f}(x)=\boldsymbol{f}(a)+(d\boldsymbol{f})_a(x-a)+\boldsymbol{o}(x-a)$$

が成り立つ．ただし $\boldsymbol{o}(x-a)$ は $o(x-a)$ と同様に定義されるベクトル値関数である．

逆にこの関係の成り立つ線形写像

P56へ

図形的にいえば，我々が扱う関数fは，そのグラフに接する平面が確定するようなものに限ろうということだが，そのことを解析的に定式化したのが左にあげた「微分可能性」である．

粗雑にいえば，x の増分 $x-a$ に対する f の増分の対応

$$x-a \longmapsto f(x)-f(a)$$

が，てきとうな「線形関数」——定数項のない１次式で表わされる関数——で近似されるということ．この線形関数を f の a における「微分」ということになる．微分をつくることを微分するということもあるが，それは関数を局所的に‘線形化’するということである．関数である微分を式で書いたときの係数がちょうど偏微係数になる．

以上，多変数の実数値関数すなわち

$$\text{多変数} \longrightarrow \text{1 変数}$$

という対応を扱ってきた．これを

$$\text{多変数} \longrightarrow \text{多変数}$$

という対応に一般化しよう．写像としてみれば，定義域が多次元なのに値域が１次元では不釣合だというわけ．もっと実際的にみて，合成関数から更に逆関数の扱いに進むためにも，定義域と値域の待遇を平等にするのが自然なのである．ここではもっとも一般に

$$n\ \text{変数} \longrightarrow m\ \text{変数}$$

という対応の扱い方を述べるが，その分類や幾何学的意味などは次講で詳しく論じられよう．

さて，いままでの $m=1$ の場合に線形関数が果した役割は，一般の場合「線形写像」

$$\varphi : \boldsymbol{R}^n \longrightarrow \boldsymbol{R}^m$$

が果してくれる．これは，「成分関数」が線形関数になるものに他ならない．成分を見ないで‘近代的’にいえば，一般に線形空間 E から E' への線形写像

P57へ

$$(d\boldsymbol{f})_a : \boldsymbol{R}^n \longrightarrow \boldsymbol{R}^m$$

があれば，第 i 成分は f_i の微分となる．かくて，ベクトル値関数 $\boldsymbol{f}$ の**微分可能性と微分**は，関数の場合と同じ形式で定義される．

問2　$\boldsymbol{f}$ は微分可能な点で連続である．

線形写像 $(d\boldsymbol{f})_a$ の行列（→）は

$$\boldsymbol{f}'(a)=\begin{pmatrix} f_1'(a) \\ \cdots\cdots \\ \cdots\cdots \\ f_m'(a) \end{pmatrix}=\begin{pmatrix} D_1 f_1(a) \cdots D_n f_1(a) \\ \cdots\cdots\cdots\cdots\cdots \\ \cdots\cdots\cdots\cdots\cdots \\ D_1 f_m(a) \cdots D_n f_m(a) \end{pmatrix}.$$

これを $\boldsymbol{f}$ の a における**ヤコビ行列**ともいう．

さて，$\boldsymbol{f}(a)=b\in\boldsymbol{R}^m$ の近傍 V で定義された別のベクトル値関数

$$\boldsymbol{g} : V \longrightarrow \boldsymbol{R}^l$$

が b で微分可能としよう．そのとき a の近傍で定まる（√）合成関数 $\boldsymbol{g}\circ\boldsymbol{f}$ は a で微分可能であり，次の法則が成り立つ．

$$(d(\boldsymbol{g}\circ\boldsymbol{f}))_a=(d\boldsymbol{g})_{f(a)}\circ(d\boldsymbol{f})_a$$

対応する行列表示によれば

$$(\boldsymbol{g}\circ\boldsymbol{f})'(a)=\boldsymbol{g}'(\boldsymbol{f}(a))\boldsymbol{f}'(a).$$

〈証明〉 $(d\boldsymbol{f})_a=\boldsymbol{\varphi}$, $(d\boldsymbol{g})_{f(a)}=\boldsymbol{\psi}$ と書けば

$$\boldsymbol{f}(x)=\boldsymbol{f}(a)+\boldsymbol{\varphi}(x-a)+\boldsymbol{\alpha}(x-a),$$

$$\boldsymbol{g}(y)=\boldsymbol{g}(b)+\boldsymbol{\psi}(y-b)+\boldsymbol{\beta}(y-b),$$

$$\boldsymbol{\alpha}(x-a)=\boldsymbol{o}(x-a),\ \boldsymbol{\beta}(y-b)=\boldsymbol{o}(y-b).$$

y に $\boldsymbol{f}(x)$ を代入して，$\boldsymbol{\psi}$ の線形性より

$$\begin{aligned}&(\boldsymbol{g}\circ\boldsymbol{f})(x)-(\boldsymbol{g}\circ\boldsymbol{f})(a)\\&\quad=\boldsymbol{\psi}(\boldsymbol{\varphi}(x-a))+\boldsymbol{\psi}(\boldsymbol{\alpha}(x-a))+\boldsymbol{\beta}(y-b)\end{aligned}$$

P58へ

とは,

$$\varphi(x\lambda+y\mu)=\varphi(x)\lambda+\varphi(y)\mu \qquad (x, y\in E;\ \lambda, \mu\in \boldsymbol{R})$$

の成り立つ写像 φ: $E\to E'$ のことである*.

そして, E, E' の基底 $(e_j)_{1\leqslant j\leqslant n}$, $(e_i')_{1\leqslant i\leqslant m}$ に関する φ の行列 (λ_{ij}) は, 次式で与えられる:

$$\varphi(e_j)=\sum_{i=1}^{m} e_i'\lambda_{ij} \qquad (1\leqslant j\leqslant n)$$

いまの場合, $\boldsymbol{R}^n$, $\boldsymbol{R}^m$ の基底として単位ベクトルを考えるので, 線形写像 φ は n 次元列ベクトルに行列 (λ_{ij}) を左から乗じることによって得られる:

$$\begin{pmatrix}\xi_1\\ \vdots\\ \xi_n\end{pmatrix} \longmapsto \begin{pmatrix}\lambda_{11} & \cdots\cdots & \lambda_{1n}\\ & \cdots\cdots\cdots\cdots & \\ \lambda_{m1} & \cdots\cdots & \lambda_{mn}\end{pmatrix}\begin{pmatrix}\xi_1\\ \vdots\\ \xi_n\end{pmatrix}$$

$\varphi=(d\boldsymbol{f})_a$ の成分関数は $(df_i)_a$ であって, その行列は行ベクトル $(D_1 f_i, \cdots, D_n f_i)$ であるから, これらを行とする行列として左の表示が得られるのである.

多変数関数の微分計算で重宝なのは, 合成関数の微分公式——chain rule とよばれる——である. この項最後の公式を変数記号を使って書けば次の通り:

$$\frac{\partial z}{\partial x_j}=\sum_{i=1}^{m}\frac{\partial z}{\partial y_i}\frac{\partial y_i}{\partial x_j} \qquad (1\leqslant j\leqslant n)$$

ただし

$$z=g(y_1, \cdots, y_m), \quad y_i=f_i(x_1, \cdots, x_n).$$

これは1変数の場合に比べて一見繁雑に見えるが, ベクトル値関数として定式化すれば左頁のように全く同じ形式になる. 証明も同様, ただ次のことに注意しよう.

線形写像 $\boldsymbol{\psi}$: $\boldsymbol{R}^m\to \boldsymbol{R}^l$ に対して, 実数の集合

$$\{\|\boldsymbol{\psi}(y)\|/\|y\|;\ \ 0\neq y\in \boldsymbol{R}^m\}$$

は上に有界である. 実際, $y=\sum_{i=1}^{m} e_i y_i$ に対し

* ベクトル x の λ 倍を $x\lambda$ というようにスカラーを右に書いておく.

P59へ

第1項が $((d\boldsymbol{g})_{\boldsymbol{f}(a)}\circ(d\boldsymbol{f})_a)(x-a)$ であるから，第2, 3項が $\boldsymbol{o}(x-a)$ ならよい．第2項は，ノルムの性質 $\|\boldsymbol{\phi}(y)\|\leqq\|\boldsymbol{\phi}\|\|y\|$ ⇀ を用いて $\boldsymbol{\alpha}$ の性質に帰着する．✓ 第3項は，$\boldsymbol{f}$ の表示と $\boldsymbol{\varphi}$ のノルムの性質を用いて $\boldsymbol{\beta}$ の性質に帰着する．✓　〈終〉

とくに $\boldsymbol{g}=g$ が実数値関数の場合，行列表示から次の等式を得る．

$$D_j(g(f_1(x),\ \cdots\cdots,\ f_m(x))\\ =\sum_{i=1}^{m}D_ig(f_1(x),\ \cdots\cdots,\ f_m(x))D_jf_i(x)$$

問3　微分可能な n 変数関数 f が，ある $k>0$ について条件 $f(tx)=t^kf(x)$ $(x\in\boldsymbol{R}^n,\ t\in\boldsymbol{R})$ を満足するとき——k 次**同次関数**という——，次が成り立つ．

$$\sum_{j=1}^{n}x_jD_jf(x)=kf(x)\qquad(x\in\boldsymbol{R}^n)$$

3.3　増分の評価

1変数について次の命題を引用する．⇀

区間上の微分可能実数値関数 f について，

$$f'\geqq 0\ \Rightarrow\ f\text{ は単調増加.}$$

有限閉区間 $[a,b]$ を固定し，その上で定義されたベクトル値関数 $\boldsymbol{f}$ の増分を

$$\Delta\boldsymbol{f}=\boldsymbol{f}(b)-\boldsymbol{f}(a)$$

と書こう．

定理1　微分可能実数値関数 g について，

$$\|\boldsymbol{f}'(x)\|\leqq g'(x)\ \Rightarrow\ \|\Delta\boldsymbol{f}\|\leqq\Delta g.$$

P60へ

$$\|\phi(y)\| \leqslant \sum_{i=1}^{m} \|\phi(e_i)\| |y_i| \leqslant (m \sup_{1\leqslant i\leqslant m} \|\phi(e_i)\|) \|y\|$$

となるからである（ノルムは $\|\ \|_1, \|\ \|_2, \|\ \|_\infty$ のどれでもよい）．そこでこの集合の上限として，線形写像 $\boldsymbol{\phi}$ のノルム $\|\boldsymbol{\phi}\|$ を定める．この定義から明らかに次が成り立つ．

$$\|\boldsymbol{\phi}(y)\| \leqslant \|\boldsymbol{\phi}\| \|y\|$$

なお，行列に対しても，それを線形写像とみてノルムを考えることにしよう．それはベクトルのノルムの定め方に依存する．

左の命題は，微分法の応用において極めて重要である．直観的には理解し易い．‘各点で瞬間的に増加傾向であれば，全体として増加している’ということだから．あるいは，グラフを描いて，‘各点で右上りの接線が引ければ，結局増加している’ということだから．しかし，ちゃんと証明するとなると，それ程かんたんではない．昔は次の‘平均値定理’を利用するのがふつうであった．

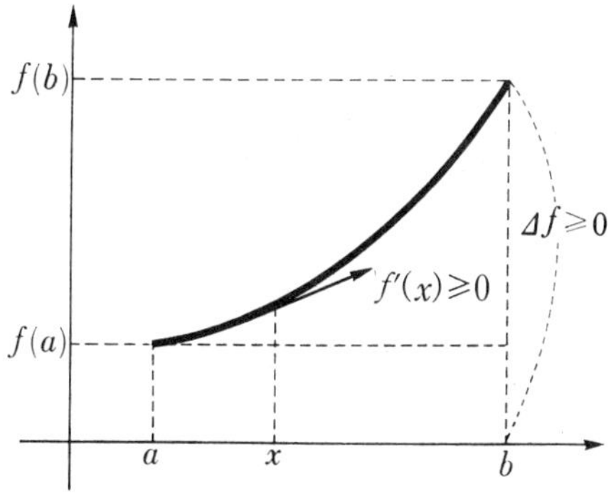

P61へ

〈証明〉 一様ノルムを考える（下の注意参照）．まず実数値関数 f については

$$f' \leqq g' \quad \Rightarrow \quad \boldsymbol{\Delta} f \leqq \boldsymbol{\Delta} g$$

が，$g-f$ に上の命題を適用してわかる．

そこでいま $\boldsymbol{f}=(f_1, \cdots, f_m)$ とすれば，

$$-g' \leqq f_i' \leqq g'. \qquad \therefore \quad -\boldsymbol{\Delta} g \leqq \boldsymbol{\Delta} f_i \leqq \boldsymbol{\Delta} g$$

これより $\|\boldsymbol{\Delta f}\| \leqq \boldsymbol{\Delta} g$ を得る．　〈終〉

注意　上の証明は $\|\ \|_\infty$ について行なった．$\|\ \|_1$ についても同様である．一般のノルムについては，上の命題の証明法をベクトル値関数に一般化して定理を直接証明するのがよい．（右頁の脚注参照）

系　$\|\boldsymbol{\Delta f}\| \leqq \sup\limits_{a \leqq x \leqq b} \|\boldsymbol{f}'(x)\|(b-a)$

〈証明〉 $M=\sup\limits_{a \leqq x \leqq b}\|\boldsymbol{f}'(x)\|<\infty$ としてよい．$g(x)=Mx$ を考え，定理を適用．　〈終〉

この系を多変数の場合に拡張しよう．

定理 2　$\boldsymbol{R}^n$ の開集合 U に含まれる線分 S の両端を a, b とし，ベクトル値関数

$$\boldsymbol{f} : U \longrightarrow \boldsymbol{R}^m$$

が S の各点で微分可能ならば，

$$\|\boldsymbol{f}(b)-\boldsymbol{f}(a)\| \leqq \sup_{x \in S}\|(d\boldsymbol{f})_x\|\,\|b-a\|.$$

〈証明〉 $\varphi(t)=a+t(b-a)$ との合成 $\boldsymbol{f}\circ\varphi$ は $[0,1]$ で微分可能ゆえ，系より

$$\|\boldsymbol{f}\circ\varphi(1)-\boldsymbol{f}\circ\varphi(0)\| \leqq \sup_{0 \leqq t \leqq 1}\|(\boldsymbol{f}\circ\varphi)'(t)\|.$$

さて　　$(\text{左辺})=\|\boldsymbol{f}(b)-\boldsymbol{f}(a)\|,$

$$\|(\boldsymbol{f}\circ\varphi)'(t)\|=\|d(\boldsymbol{f}\circ\varphi)_t\|$$

P62へ

定理 $[a, b]$ で連続, $]a, b[$ で微分可能な実数値関数 f に対し, ある $c \in]a, b[$ をとって

$$f'(c) = \frac{f(b) - f(a)}{b - a}.$$

〈証明〉 $g(x) = f(x) - \dfrac{f(b) - f(a)}{b - a}(x - a)$ に次の補題を適用すればよい.

補題 (Rolle) $[a, b]$ で連続, $]a, b[$ で微分可能な実数値関数 g に対し, $g(a) = g(b)$ ならば, ある $c \in]a, b[$ をとって

$$g'(c) = 0.$$

〈証明〉 g は定数関数でないとしてよく, たとえば $g(a) = g(b)$ より大きい値をとることがあるとする. g は $[a, b]$ で連続だから最大値 $g(c)$ をとる. そして $c \in]a, b[$. ところで

$$\frac{g(x) - g(c)}{x - c} \quad \begin{cases} \geqslant 0 & (x < c) \\ \leqslant 0 & (x > c) \end{cases}$$

であるから, $\lim\limits_{x \to c}$ を考えて $g'(c) = 0$ を得る. 〈終〉

さて, 上の証明をみると, その本質的な部分で, 前講で扱った連続関数の最大値定理が用いられている. その定理自身, あまりかんたんではなかった. また, 上の平均値定理は, 一般のベクトル値関数では成り立たない. そして, c が具体的に分らない以上応用には左のような不等関係で十分である. これら 3 点から, 左の命題あるいはベクトル値関数でも意味のある形にした定理 1 を, 直接証明するという考え方もある. その証明に最大値定理は不要である*.

なお, 左の命題は, それ自身が直観的に自明であるが, 証明の筋道および微積分全体での意義を '心理的' に明らかにしようとすれば, 「定積分」をもち出すのがよい.

少し条件を強めて. f' が連続とすれば, f がその原始関数ゆえ

$$\int_a^b f'(x)\,dx = f(b) - f(a).$$

---

* たとえば「山﨑圭次郎：解析学概論 I (共立出版) 106—110頁」(原典 Dieudonné)

P63へ

$$=\|(d\boldsymbol{f})_{\varphi(t)}\circ(d\varphi)_t\|$$
$$\leqq\|(d\boldsymbol{f})_{\varphi(t)}\|\|(d\varphi)_t\|$$
$$=\|(d\boldsymbol{f})_{\varphi(t)}\|\|b-a\|.\quad(一)$$
〈終〉

問4　連結開集合 U 上のベクトル値関数 $\boldsymbol{f}$ が $(d\boldsymbol{f})_x=0$ $(x\in U)$ をみたせば，$\boldsymbol{f}$ は定値関数である．

系　定理の仮定の下で，任意の線形写像 $\boldsymbol{\phi}$：$\boldsymbol{R}^n\to\boldsymbol{R}^m$ について

$$\|\boldsymbol{f}(b)-\boldsymbol{f}(a)-\boldsymbol{\phi}(b-a)\|$$
$$\leqq\sup_{x\in S}\|(d\boldsymbol{f})_x-\boldsymbol{\phi}\|\|b-a\|$$

〈証明〉 $\boldsymbol{g}(x)=\boldsymbol{f}(x)-\boldsymbol{\phi}(x)$ は S の各点で微分可能．これに定理を適用する．〈終〉

3.4 偏　導　関　数

数空間 $\boldsymbol{R}^n$ の開集合 U 上の実数値関数

$$f:U\longrightarrow\boldsymbol{R}$$

が U の各点で第 j 偏微係数をもてば，対応

$$x\longmapsto D_jf(x)$$

によって，U 上の実数値関数

$$D_jf:U\longmapsto\boldsymbol{R}$$

が得られる．これを f の**第 j 偏導関数**という．

定理1　$f:U\to\boldsymbol{R}$ のすべての偏導関数が存在して連続ならば，f は U の各点で微分可能である．

〈証明〉 $a\in U$ とする．任意の $\varepsilon>0$ に対し，a のある δ 近傍 $U_\delta\subset U$ をとれば

P64へ

そこで，定積分の単調性より $f'\geqq 0$ から $f(b)-f(a)\geqq 0$ が出るというわけ．ただし，上の‘微積分の基本定理’の証明には

$$f'=0 \quad\Rightarrow\quad f=\text{定数}$$

が必要だから，この証明が依然として残る．

最後にノルムについて．ベクトル

$$(a_1,\ \cdots\cdots,\ a_m)\in \boldsymbol{R}^m$$

のノルムは，これを行列とみて対応する線形写像

$$x \longmapsto (xa_1,\ \cdots\cdots,\ xa_m)$$

のノルムに等しい．定理1と系では $\|\ \|$ をベクトルのノルムとして扱っているが，定理2では行列のノルムとして扱っている．

次に線形写像の合成 $\psi\circ\varphi$ について

$$\|\psi\circ\varphi(x)\|\leqq\|\psi\|\cdot\|\varphi(x)\|\leqq\|\psi\|\cdot\|\varphi\|\cdot\|x\|.$$

$$\therefore\quad \|\psi\circ\varphi\|\leqq\|\psi\|\cdot\|\varphi\|$$

関数 f の微分 $(df)_a$ の存在――微分可能性――が，偏微係数 $D_1f(a),\cdots,$ $D_nf(a)$ の存在――偏微分可能性――を導くことはすでに見た．そして，この逆がいえないことにも注意した．

ところがである．いま各点で偏微係数があるとすれば偏導関数が定まるわけだが，もしこれらが連続であれば，もとの関数が実は微分可能でなければならない．いいかえれば，3.1で病的なものとして排除した関数は，偏導関数が不連続なものなのである．かくて，多変数のとり扱いで生じた

微分可能性　　と　　偏微分可能性

の間のギャップが，偏導関数の連続性を仮定して完全に埋るというわけである．したがって，いわゆる「連続的微分可能性」が極めて都合のよい関数の範囲を定める．これが C^1 級とよばれる．

記号 D_j が関数の間の対応

P65へ

$$x \in U_\delta \Rightarrow |D_j f(x) - D_j f(a)| < \varepsilon$$

いま，任意の $x \in U_\delta$ に対して点

$$x^{(j)} = (x_1, \cdots\cdots, x_j, a_{j+1}, \cdots\cdots, a_n)$$

を考えよう $(0 \leqslant j \leqslant n)$*．そのとき $x^{(j)} \in U_\delta$．

1変数 t の関数

$$f(x_1, \cdots\cdots, x_{j-1}, t, a_{j+1}, \cdots\cdots, a_n)$$

に (3.3) の定理2系を適用し，

$$|f(x^{(j)}) - f(x^{(j-1)}) - (D_j f)(a)(x_j - a_j)|$$
$$\leqslant \sup_{y \in U_\delta} |(D_j f)(y) - (D_j f)(a)|\,|x_j - a_j| \leqslant \varepsilon |x_j - a_j|.$$

これらを $j = 1, \cdots, n$ について加えて

$$\left|f(x) - f(a) - \sum_{j=1}^{n} (D_j f)(a)(x_j - a_j)\right| \leqslant n\varepsilon \|x - a\|.$$

かくて $x \to a$ のとき次の漸近関係を得る．

$$f(x) - f(a) = \sum_{j=1}^{n} (D_j f)(a)(x_j - a_j) + o(x - a)$$

すなわち f は a で微分可能である．　〈終〉

$D_j f$ $(1 \leqslant j \leqslant n)$ を f の第1階偏導関数とよび，一般に第 $r-1$ 階偏導関数の偏導関数を**第 r 階偏導関数**という．それは形式上次の n^r 個ある．

$$D_{j_1} \cdots\cdots D_{j_r} f \quad (1 \leqslant j_1, \cdots\cdots, j_r \leqslant n)$$

ところが，もしこれらがすべて存在して連続であるならば，次の定理より，D_j を並べる仕方によらない．そして，次の形に整理される．

$$D_1^{e_1} \cdots\cdots D_n^{e_n} f \quad (e_1 + \cdots\cdots + e_n = r)$$

このとき f を **r 回連続的微分可能**といい，C^r 級であるともいう．ただし C^0 級とは連続性を意味する．

---

* $x = (x_1, \cdots, x_n)$，$a = (a_1, \cdots, a_n)$
今後もこのような記法を断わりなしに用いる．

P66へ

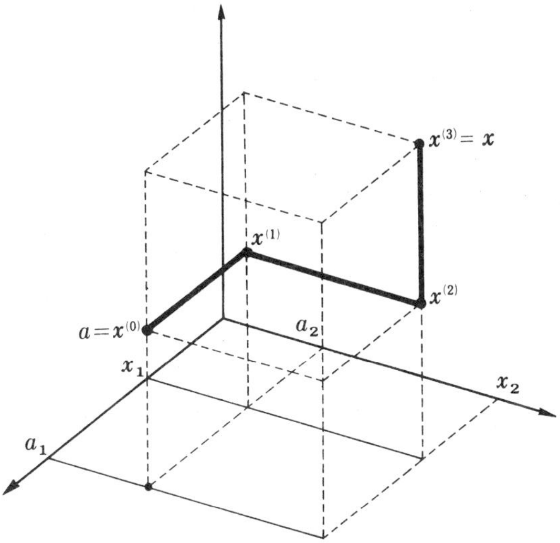

$$f \longmapsto D_j f$$

を表わすものと考え，（第 j）偏微分作用素とよばれることもある．D_jD_kf は $D_j(D_kf)$ の意味であるから，これは‘写像’D_j, D_k の合成写像 D_jD_k による f の像とみてよい．定理 2 は，この二つの作用素 D_j, D_k の‘可換性’を示している．

独立変数の記号を用いて，$D_{j_1}\cdots D_{j_r}f$ は

$$\frac{\partial^r f}{\partial x_{j_1}\cdots\cdots\partial x_{j_r}}$$

とかかれることもある．そして連続性の仮定の下で，可換性を用いて，変数の番号順に整理すれば

$$\frac{\partial^r f}{\partial x_1^{e_1}\cdots\cdots\partial x_n^{e_n}} \qquad (e_1+\cdots\cdots+e_n=r)$$

で代表されるというわけ．ただし，$\partial x_j{}^0$ の形は‘無いもの’と思う．作用素という見方では，$D_j{}^0$ を恒等作用素と考えているわけである．

定理 2 が自明でないことを示す例をあげておこう．たとえば

P67へ

定理2　C^2 級の関数 $f: U \to \boldsymbol{R}$ について

$$D_jD_kf = D_kD_jf \qquad (1 \leqslant j, k \leqslant n).$$

〈証明〉　はじめから2変数としてよい．$(a,b) \in U$ をとる．任意の $\varepsilon > 0$ に対し (a,b) のある δ 近傍 $U_\delta \subset U$ をとり，任意の $(x,y) \in U_\delta$ に対して

$$|D_1D_2f(x,y) - D_1D_2f(a,b)| < \varepsilon$$
$$|D_2D_1f(x,y) - D_2D_1f(a,b)| < \varepsilon$$

であるようにする．いま $a<x$, $b<y$ であるような $(x,y) \in U_\delta$ を固定して

$$\varDelta = f(x,y) - f(x,b) - f(a,y) + f(a,b)$$

とおく．1変数 t の関数

$$g(t) = f(t,y) - f(t,b) - D_2D_1f(a,b)(t-a)(y-b)$$

に (3.3) の定理1系を適用し

$$|\varDelta - D_2D_1f(a,b)(x-a)(y-b)| \leqslant \sup_{a \leqslant t \leqslant x} |g'(t)||x-a|. \qquad \cdots\cdots(\mathrm{i})$$

ところで

$$g'(t) = D_1f(t,y) - D_1f(t,b) - D_2D_1f(a,b)(y-b). \qquad \cdots\cdots(\mathrm{ii})$$

よって t を固定して1変数 s の関数

$$h_t(s) = D_1f(t,s) \qquad (b \leqslant s \leqslant y)$$

に (3.3) の定理2系を適用し

$$|D_1f(t,y) - D_1f(t,b) - D_2D_1f(a,b)(y-b)|$$
$$\leqslant \sup_{b \leqslant s \leqslant y} |D_2D_1f(t,s) - D_2D_1f(a,b)(y-b)|. \qquad \cdots\cdots(\mathrm{iii})$$

(i), (ii), (iii) より次を得る．✓

$$|\varDelta/(x-a)(y-b) - D_2D_1f(a,b)| \leqslant \varepsilon$$

同様に，x, y の立場をとりかえて

P68へ

$$f(x,y)=xy\frac{x^2-y^2}{x^2+y^2},\qquad ただし\quad f(0,0)=0$$

はいたるところ連続な偏導関数 $\dfrac{\partial f}{\partial x}$, $\dfrac{\partial f}{\partial y}$ をもつので，定理1より微分可能である．そして第2階偏導関数 $\dfrac{\partial^2 f}{\partial x\partial y}$, $\dfrac{\partial^2 f}{\partial y\partial x}$ も存在するが，これらは(0, 0)で連続でなく，

$$\frac{\partial^2 f}{\partial x\partial y}(0,0)=1,\qquad \frac{\partial^2 f}{\partial y\partial x}(0,0)=-1$$

すなわち $\dfrac{\partial^2 f}{\partial x\partial y}\neq\dfrac{\partial^2 f}{\partial y\partial x}$ となる．

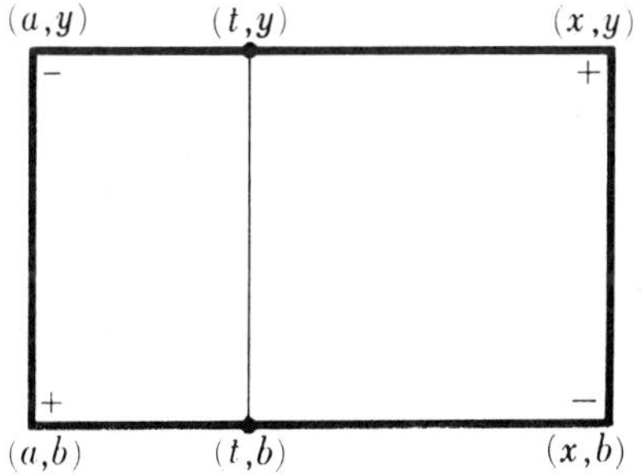

定理2のもっと自然な証明は積分(後述)を利用して得られる．たとえば $D_1D_2f(a,b)>D_2D_1f(a,b)$ のとき，連続性より a の近傍 U で

$$D_1D_2f(x,y)>D_2D_1f(x,y).$$

よって $V=[a,x]\times[b,y]\subset U$ で

$$\int_V D_1D_2f(x,y)\,dx\,dy>\int_V D_2D_1f(x,y)\,dx\,dy.$$

変数別に積分して両辺共 Δ に等しく，矛盾である．

P69へ

$$|\Delta/(x-a)(y-b)-D_1D_2f(a,b)|\leqq\varepsilon.$$

$$\therefore\quad |D_1D_2f(a,b)-D_2D_1f(a,b)|\leqq 2\varepsilon$$

$\varepsilon>0$ は任意だから

$$D_1D_2f(a,b)=D_2D_1f(a,b).$$ 〈終〉

問5 2変数関数 $f(x,y)$ に対し

$$\Delta f=\frac{\partial^2 f}{\partial x^2}+\frac{\partial^2 f}{\partial y^2}\qquad\text{（ラプラシアン）}$$

とおく．極座標変換 $x=r\cos\theta$, $y=r\sin\theta$ によって，Δf を r,θ に関する偏導関数で表わせ．

3.5 テイラーの公式と極値

1変数のテイラーの公式を引用する．

C^{p+1} 級関数 g：$[a,b]\to\boldsymbol{R}$ を

$$g(x)=\sum_{k=0}^{p}\frac{g^{(k)}(a)}{k!}(x-a)^k+R_p(x)$$

と表わすとき，もし

$$|g^{(p+1)}(x)|\leqq M\qquad(a\leqq x\leqq b)$$

ならば，次の評価式が成り立つ．

$$|R_p(x)|\leqq M\frac{(x-a)^{p+1}}{(p+1)!}\qquad(a\leqq x\leqq b)$$

これを多変数の場合に拡張しよう．

定理1 $a\in\boldsymbol{R}^n$ の星形近傍 U で定義された C^{p+1} 級関数 f: $U\to\boldsymbol{R}$ を

$$f(x)=\sum_{k=0}^{p}\frac{1}{k!}\left[\left(\sum_{j=1}^{n}(x_j-a_j)D_j\right)^k f\right](a)+R_p(x)$$

と表わすとき，もし f のすべての $p+1$ 階偏導関数の絶対値が U で M 以下ならば，次の評価式が成り

P70へ

増分評価の原理 (3.3) からテイラー (Taylor) の公式を導いてみよう．p に関する帰納法による．$p=0$ のとき，

$$|g'(x)|\leqslant M \Rightarrow |R_0(x)|=|\varDelta g|\leqslant M(x-a).$$

いまある $p\geqslant 0$ で成り立つとして，C^{p+2} 級の g について $|g^{(p+2)}(x)|\leqslant M$ とする．g' に帰納法の仮定を適用して

$$g'(x)=\sum_{k=0}^{p}\frac{g^{(k+1)}(a)}{k!}(x-a)^k+S_p(x)$$

$$|S_p(x)|\leqslant M\frac{(x-a)^{p+1}}{(p+1)!}.$$

ここで R_{p+1} の定義式を微分して S_p の定義式と比べれば，直ちに

$$R_{p+1}'(x)=S_p(x)$$

を知る．かくて

$$|R_{p+1}'(x)|\leqslant M\frac{(x-a)^{p+1}}{(p+1)!}=M\left(\frac{(x-a)^{p+2}}{(p+2)!}\right)'.$$

よって，$R_{p+1}(a)=0$ に注意して

$$|R_{p+1}(x)|=|\varDelta R_{p+1}|\leqslant M\frac{(x-a)^{p+2}}{(p+2)!}.$$

かくて，評価式は $p+1$ で成り立つ． 〈終〉

次に，定理の公式において，たとえば $k=2$ に対応する項は

P71へ

立つ．

$$|R_p(x)| \leqq \frac{n^{p+1}}{(p+1)!} M \|x-a\|^{p+1} \quad (x \in U)$$

注意　$\left(\sum_{j=1}^{n}(x_j-a_j)D^j\right)^k$ は形式的に展開して f に‘作用’させる．⊣

〈証明〉　$x \in U$ を固定して1変数関数

$$g(t)=f(a+t(x-a)) \qquad (0 \leqq t \leqq 1)$$

を考える．これは C^{p+1} 級であるから上記より

$$g(1)=\sum_{k=0}^{p} \frac{1}{k!} g^{(k)}(0)+R_p$$

$$|R_p| \leqq \frac{1}{(p+1)!} \sup_{0 \leqq t \leqq 1} |g^{(p+1)}(t)|.$$

ところで帰納法によって容易に

$$g^{(k)}(t)=\left(\sum_{j=1}^{n}(x_j-a_j)D_j\right)^k f(a+t(x-a))$$

を知るゆえ，$k=p+1$ として

$$\sup_{0 \leqq t \leqq 1} |g^{(p+1)}(t)| \leqq \left(\sum_{j=1}^{n}|x_j-a_j|\right)^{p+1} M$$

$$\leqq n^{p+1} \|x-a\|^{p+1} M. \qquad 〈終〉$$

集合 $S \subset \boldsymbol{R}^n$ で定義された実数値関数

$$f: S \longmapsto \boldsymbol{R}$$

が1点 $a \in S$ で**極小値** $f(a)$ をとるとは，a のある近傍 U をとるとき

$$f(a) \leqq f(x) \qquad (x \in S \cap U)$$

が成り立つことである．**極大値**については，不等号の向きを逆にして定められる．

定理2　$a \in \boldsymbol{R}^n$ の近傍で定義された C^2 級の実数値関数 f に対し，対称行列

P72へ

$$\left(\sum_{j=1}^{n}(x_j-a_j)D_j\right)^2=\sum_{i,j=1}^{n}(x_i-a_i)(x_j-a_j)D_iD_j$$

という形式的展開を f に作用させ

$$\frac{1}{2!}\sum_{i,j=1}^{n}(x_i-a_i)(x_j-a_j)D_iD_jf(a)$$

を考えるわけである.

ところで‘形式的展開’とは，文字 $D_1, \cdots, D_n$ に関する多項式とみての展開ということで，その際には‘可換性’が本質的である：

$$D_iD_j=D_jD_i, \qquad D_i(x_j-a_j)=(x_j-a_j)D_i$$

前者は作用素としての可換性に対応するが，後者には若干の注意が必要である．ここでは x_j-a_j を定数として D_i の作用の前後に乗じるということ．しかし公式右辺が出来上ったのちは，$x=(x_1, \cdots, x_n)$ と共に変動させる．もし x_j-a_j を‘数’ではなく，‘関数’とみるときは $i=j$ のとき可換でない．実際，積の微分法によって，$f\neq 0$ に対し

$$D_i((x_i-a_i)f(x))=f(x)+(x_i-a_i)D_if(x)\neq(x_i-a_i)D_if(x)$$

$f(a)$ が極小(大)値とは，a の近傍で $f(a)$ が最小(大)値ということ．すなわち，局所的な最小(大)のことだから，局小(大)という文字を使うとよいという人もある．

さて，$f(a)$ が極値のとき，ひとつの変数 x_j だけについて f の変動をみても極値だから，

$$D_jf(a)=0 \qquad (1\leqq j\leqq n)$$

が極値を与えるための必要条件である．しかし，これだけで十分でないことは，1変数ですでに周知であろう．たとえば

$$f(x)=x^3, \qquad a=0.$$

十分条件をみるため，テイラーの公式を利用し，2次の項の符号を調べる．そのときの‘残余項’$R_2(x)$ は，a の近傍で

$$|R_2(x)|\leqq C\|x-a\|^3 \qquad (C \text{ は定数})$$

となるから，$\|x-a\|^2$ に比べて，‘高位の無限小’，したがって2次の項に比べ

P73へ

$$Q=(D_iD_jf(a))$$

を考える．いま

$$D_jf(a)=0 \qquad (1\leqq j\leqq n)$$

ならば次が成り立つ．

1) Q が正値のとき，$f(a)$ は極小値．

2) Q が負値のとき，$f(a)$ は極大値．

〈証明〉 Q を係数行列とする2次形式

$$Q(\xi)=\sum_{i,j=1}^{n}\xi_i\xi_jD_iD_jf(a)$$

を考えよう．一　仮定より，定理1を用いて

$$f(x)=f(a)+\frac{1}{2}Q(x-a)+R_2(x) \quad \cdots \text{i)}$$

$$R_2(x)=o(\|x-a\|^2) \quad \cdots\cdots\cdots\cdots\cdots \text{ii)}$$

いまコンパクト集合 $\{\xi\in\boldsymbol{R}^n\,;\,\|\xi\|=1\}$ 上での連続関数 Q の最小値を m とすれば，Q が正値のとき $m>0$．ii) より，ある $\delta>0$ をとれば

$$0<\|x-a\|<\delta \Rightarrow |R_2(x)|\leqq\frac{m}{2}\|x-a\|^2.$$

また i) の第2項は，$x\neq a$ のとき

$$\frac{1}{2}\|x-a\|^2Q\left(\frac{1}{\|x-a\|}(x-a)\right)\geqq\frac{m}{2}\|x-a\|^2.$$

$$\therefore \quad f(x)\geqq f(a) \qquad (\|x-a\|<\delta)$$

これは $f(a)$ が極小値であることを意味する．Q が負値のときは $-f$ を考えればよい．　〈終〉

注意　正値とはすべての固有値が正であること．負値とは負であること．正と負の固有値があるときは，極値にならない．

問6　Q が正値のとき，a の近くの $x\neq a$ に対し $f(x)>f(a)$ である．負値の場合も同様．

問7　次の関数の極値を求めよ．$(a, b>0)$

i)　$x^3-3axy+y^3$　　ii)　$e^{-x^2-y^2}(ax^2+by^2)$

P74へ

て無視できるだろうという考え方である．ただし，正確には，2次の項が定符号でないといけない．

文字 $\xi_1, \cdots, \xi_n$ の斉次2次式を2次形式というわけだが，係数を整理すれば，必ず

$$Q(\xi)=\sum_{i,j=1}^{n}\xi_i\xi_j a_{ij}, \qquad \text{ただし} \quad a_{ij}=a_{ji}$$

というように，対称行列の成分を係数にして表わされる．テイラー公式の2次の部分は，(3.4) の定理2によって正にこういう形なのである．そして線形代数における実2形式の理論から，行列 Q の固有値すべてが正であることと

$$Q(\xi)>0 \qquad (\xi \neq 0)$$

が同等になる．そしてこのことは，小行列式を用いて

$$\det\begin{pmatrix} a_{11}\cdots\cdots a_{1i} \\ \cdots\cdots\cdots\cdots \\ a_{i1}\cdots\cdots a_{ii} \end{pmatrix}>0 \qquad (1\leqq i\leqq n)$$

で判定される．負値の場合は $-Q$ を考えることによって同様な判定が可能である．

とくに C^2 級の2変数関数 $f(x,y)$ については，

$$\frac{\partial f}{\partial x}(a,b)=\frac{\partial f}{\partial y}(a,b)=0$$

$$\frac{\partial^2 f}{\partial x^2}(a,b)>0, \qquad \frac{\partial^2 f}{\partial x^2}(a,b)\frac{\partial^2 f}{\partial y^2}(a,b)-\left(\frac{\partial^2 f}{\partial x\partial y}(a,b)\right)^2>0$$

であるとき，$f(a,b)$ が極小値となる．極大値条件は如何？　なお，上記第2の不等式左辺が負のときは極値にならない．ところでこれが0のときは $f(x,y)-f(a,b)$ の符号が本質的に残余項 R_2 に依存してしまう．こういう場合は，テイラー公式の3次の項を考え，3次形式の問題となるわけで，一般論はかなり難しい．

P75へ

第 4 講　方程式とパラメータ
——多 様 体——

4.1　逆 写 像 定 理

集合の間の写像

$$F:\ X \longrightarrow Y$$

が**全射**であるとは，任意の $y \in Y$ に対し

$$F(x)=y, \qquad x \in X$$

となる x が存在すること，F が**単射**であるとは，上のような x が多くともひとつであることを意味する．全射かつ単射であるものは，**全単射**とよばれる．

全単射 F については，任意の $y \in Y$ に対して上のような $x \in X$ がただひとつ定まるから，対応 $y \longmapsto x$ によって，写像

$$F^{-1}:\ Y \longrightarrow X$$

が得られる．これを F の**逆写像**という．

数ベクトル空間の間の線形写像

$$F:\ \boldsymbol{R}^n \longrightarrow \boldsymbol{R}^m$$

P76へ

前講では，多変数関数の微分法をとりあげ，それが局所的な‘線形化’であることを強調した．

本講では，微分可能性の幾何学的反映‘微分幾何’の入口に到達する．主題は曲線・曲面，一般には「多様体」の概念である．そのとり扱いには二つの双対的な方法がある．ひとつは，それに属する点のまとまり具合を方程式という関係で捕えるもの．他のひとつは，独立な変数――パラメーター――を用意して，各点に‘座標’を結びつけるものである．そしてこれら2方法が本質的に同等であることの認識を主目標としよう．

ひとつの応用として，いわゆる‘条件付き極値問題’をとりあげるだろう．

「全射」「単射」はそれぞれ

surjection, injection

の訳であるが，これらは Bourbaki を中心として（30年程前に数学用語として）使われはじめた仏語が元になっている．日本語としては，まだ10年余り，前者は「上射」ともいわれる．一時代前はそれぞれ

X から Y の上への写像，　X から Y の中への一対一写像

といわれたものである．気分としてはこの方がわかり易いであろうが，近年，集合より写像の方に力点がおかれるようになり，この概念を意識する頻度が高くなっているので，上記の簡潔な表現が便利である．――実をいえば，カテゴリー論的に使われるとき，古い表現が不適当なこともある．

全単射は「双射」ともよばれ，

bijection

の訳である．

集合 X から集合 Y へ‘ともかく全単射が存在する’ということと，それら

P77へ

については，次が成り立つ．ただし F の像の次元を F の**階数**といい $\mathrm{rank}\,F$ で表わす．

1)　F が全射 $\Longleftrightarrow$ $\mathrm{rank}\,F=m$

2)　F が単射 $\Longleftrightarrow$ $\mathrm{rank}\,F=n$

全単射であるような線形写像は，その逆写像も線形であり，**線形同形**(写像)とよばれることもある．このことは対応する行列が正則であることと同等である．

さて，X, Y をそれぞれ数空間 $\boldsymbol{R}^n, \boldsymbol{R}^m$ の開集合とする．いま $r>0$ を固定するとき，写像

$$F:\ X \longrightarrow Y$$

が $\mathbf{C}^r$ **級**であるとは，各成分関数が C^r 級であることである．F が C^r 級の全単射であって，その逆写像 F^{-1} も C^r 級ならば，F は $\mathbf{C}^r$ **同形**といわれる．

次にこの概念を局所化しよう．点 $a\in\boldsymbol{R}^n$ の近傍で定義され $\boldsymbol{R}^m$ に値をとる写像 F が，a において**局所** $\mathbf{C}^r$ **同形**であるとは，a のある開近傍 U を（F の定義域内に）とるとき，F が開集合 V への C^r 同形

$$U \longrightarrow V$$

をひき起こすことを意味する．このとき微分

$$(dF)_a:\ \boldsymbol{R}^n \longrightarrow \boldsymbol{R}^m$$

は全単射すなわち線形同形であり，必然的に $n=m$ である．

問1　このことを示せ．

このような理由で，今後

「点 $c\in\boldsymbol{R}^k$ における局所 C^r 同形」

というときは，常に c の開近傍から $\boldsymbol{R}^k$ 自身への写像を考えているものとしよう．

P78へ

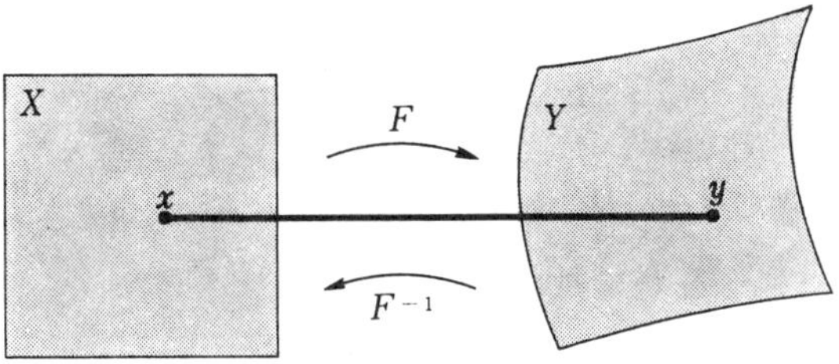

の‘構造に即した全単射が存在する’ということの間には，大きな隔たりがある．実は，$n, m>0$ が何であっても，$\boldsymbol{R}^n$ から $\boldsymbol{R}^m$ への全単射が常に存在することが知られている！ しかし，そのような写像を直観的に把握するのは極めて困難であろう．大体われわれが直観を働かせるというのは，無意識であっても，そのものに即した自然な構造を認めることである．もし，$\boldsymbol{R}^n, \boldsymbol{R}^m$ の線形構造を保つような全単射，すなわち線形同形を得ようとすれば，$n=m$ でなければならない．これは次元数の基本性質である．

そこで更に弱い構造に注目するとして，$\boldsymbol{R}^n, \boldsymbol{R}^m$ における C^r 級の伸び縮みは構造を変えないものと考えよう．こうして得られるのが C^r 級同形の概念である．ところで，これは r が大きい程強い．実際，たとえば写像

$$F : \boldsymbol{R} \longrightarrow \boldsymbol{R} \qquad (x \longmapsto x^3)$$

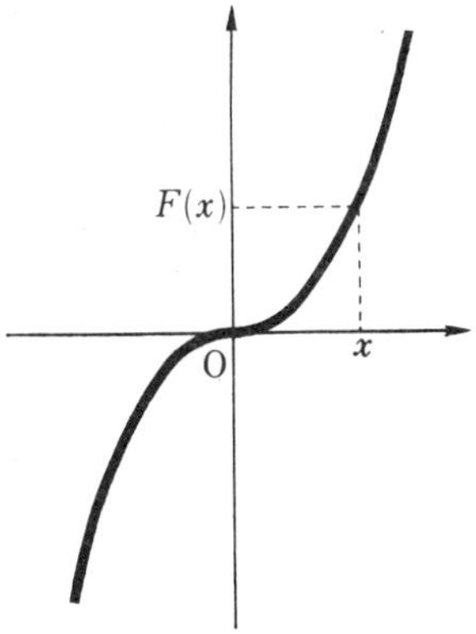

を考えれば，これは C^0 級同形であるが C^1 級同形でない．この例では，任意の $r \geqq 0$ について F が C^r 級しかも全単射なのであるが，逆写像 F^{-1} が $x=0$ のところで C^r 級 $(r>0)$ にならないのである．

さて，このような状況を適確に捕えるため，まず視点を局所化して，写像 F の1点 a における局所 C^r 同形の概念を考える．そのとき，‘chain rule’ によって，微分 $(dF)_a$ は線形同形でなければならず，$n=m$ が結論される．

こうして，(局所) C^r 同形は線形同形より弱い概念といっても，それ程弱く

P79へ

上の事実の逆——逆写像定理——が極めて重要である．なお今後常に $r>0$ とする．

> **定理**　点 $c\in\boldsymbol{R}^k$ の近傍で定義され $\boldsymbol{R}^k$ に値をとる C^r 級写像 F に対し，微分
>
> $$(dF)_c:\ \boldsymbol{R}^k \longrightarrow \boldsymbol{R}^k$$
>
> が全単射ならば，F は c において局所 C^r 同形である．

証明は‘完備性’の考察を必要とするので次講まで保留する．

問2　次の写像 $F:\boldsymbol{R}^2\longrightarrow\boldsymbol{R}^2$, $G:\boldsymbol{R}^3\longrightarrow\boldsymbol{R}^3$ はどのような点で局所 C^∞ 同形であるか．

i) $F(r,\theta)=(r\cos\theta,\ r\sin\theta)$

ii) $G(r,\theta,\phi)=(r\sin\theta\cos\phi,\ r\sin\theta\sin\phi,\ r\cos\theta)$

4.2　局所的考察の原理（1）

上にあげた‘逆写像定理’を二つの双対的な場合に拡張しよう．ここでは，まず微分が全射になる場合を考える*．

> **定理**　点 $c\in\boldsymbol{R}^{s+t}$ の近傍で定義された $\boldsymbol{R}^t$ への C^r 級写像 f について，微分
>
> $$(df)_c:\ \boldsymbol{R}^{s+t}\longrightarrow\boldsymbol{R}^t$$
>
> が全射ならば，c における局所 C^r 同形 F が存在して，$F(c)$ の近傍で

* 逆写像定理は $s=0$ の場合とみなせる．

P80へ

ないことがわかる．このことをもっとはっきりさせるのが，左の‘逆写像定理’である．粗雑にいえば，それは‘少なくとも局所的には，微分構造が近似としての線形構造で統制される’ということを意味している．上の例でいえば，局所的線形化としての微分 $(dF)_x$ が，$x=0$ のところでのみ退化して全単射にならない——グラフの接線が水平になる——ということが，F が $x=0$ のところでのみ局所 C^1 同形でないことに対応するわけ．

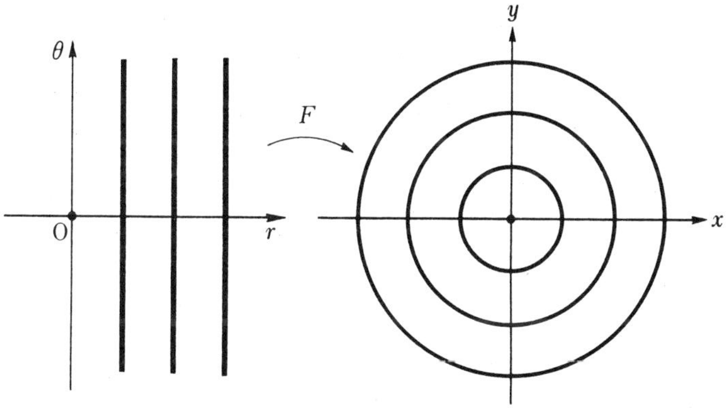

C^r 級写像の局所的挙動傾向を調べ，それを応用しようというのであるが，それに先立っていくつかの類型をとり出しておくのが好都合である．はじめに線形写像

$$f\colon \boldsymbol{R}^n \longrightarrow \boldsymbol{R}^m$$

については，その階数 k が適切な目印になる．実際，この場合は定義域と値域の適当な基底変換によって——いいかえれば，適当な線形同形の違いを無視して——

$$(x_1, \cdots\cdots, x_n) \longmapsto (x_{n-k+1}, \cdots, x_n, 0, \cdots, 0)$$

という形——標準形——で表わされる．

とくに f が全射のときは $k=m$ で

P81へ

$$(f\circ F^{-1})(x,y)=y.$$

〈証明〉　てきとうな線形同形

$$\varphi:\ \boldsymbol{R}^{s+t}\longrightarrow\boldsymbol{R}^{s+t}$$

をとれば，対応

$$\eta\longmapsto((df)_c\circ\varphi)(0,\eta)$$

が線形同形

$$\tau:\ \boldsymbol{R}^{t}\longrightarrow\boldsymbol{R}^{t}$$

を与えるようにできる．⇀　そこで，$\varphi^{-1}(c)$ の近傍で

$$I(x,y)=(x,(f\circ\varphi)(x,y))$$

とおいて $\boldsymbol{R}^{s+t}$ に値をとる C^r 級写像 I を定義すれば，その微分

$$(dI)_{\varphi^{-1}(c)}:\ \boldsymbol{R}^{s+t}\longrightarrow\boldsymbol{R}^{s+t}$$

は全単射である．実際，

$$(dI)_{\varphi^{-1}(c)}(\xi,\eta)=(\xi,((df)_c\circ\varphi)(\xi,0)+\tau(\eta))$$

であるから，対応するヤコビ行列をみれば

$$I'(\varphi^{-1}(c))=\left[\begin{array}{ccc|c} 1 & & & \\ & \ddots & & O \\ & & 1 & \\ \hline & * & & \tau\text{ の行列} \end{array}\right]$$

となり，τ の行列と共に正則だからである．

したがって定理 (4.1) より，I は $\varphi^{-1}(c)$ において局所 C^r 同形．よって

$$F=I\circ\varphi^{-1}$$

は c において局所 C^r 同形であり，定義から

$$(f\circ F^{-1})(x,y)=f\circ\varphi\circ I^{-1}(x,y)=y$$

を得る．✓　〈終〉

P82へ

$$1)\quad (x_1, \cdots\cdots, x_n) \longmapsto (x_{n-m+1}, \cdots, x_n)$$

となり，f が単射のときは $k=n$ で

$$2)\quad (x_1, \cdots\cdots, x_n) \longmapsto (x_1, \cdots\cdots, x_n, 0, \cdots, 0)$$

となる．

次に一般の C^r 級写像 f を考えよう．ただし，1点 $c \in \boldsymbol{R}^n$ の近傍で眺めることにする．そのとき，実は「線形同形」の代りに「局所 C^r 同形」をとれば，同じ‘標準形’に到達することが示されるのである．ただし微分 $(df)_c$ の階数を k とし，c の近傍でこの階数が一定とする．これが，いわゆる‘階数定理’あるいは‘**線形近似定理**’である*．ただ，ここでは当面の目的に沿って，その両極の場合，すなわち標準形 1), 2) が得られる場合だけを別々に扱っている．これらの場合は比較的簡単で，1) の場合は定義域だけの局所 C^r 同形で，2) の場合は値域だけの局所 C^r 同形で，それぞれ目的を達することになる．

この項では，1) の場合，すなわち $(df)_c$ が全射の場合を扱う．このとき $n \geqq m-k$ であるから，

$$n=s+t, \qquad m=t$$

と書くことにして，$\boldsymbol{R}^s$ を動く変数を1文字にまとめて x, ξ で，$\boldsymbol{R}^t$ を動く変数を y, η で表わしている．かくて (x, y) や (ξ, η) は $\boldsymbol{R}^{s+t}$ を動く変数とみられる．そして標準形 1) は

$$(x, y) \longmapsto y$$

と書かれることになる．

さて，左で用いた線形代数上の考察は次の通り．

$(df)_c$ が全射だから，$\boldsymbol{R}^{s+t}$ の標準基底（単位ベクトル）$e_1, e_2, \cdots, e_{s+t}$ の像のうち t 個は線形独立．それらを，

$$(*)\qquad (df)_c(e_{i_1}), \cdots\cdots, (df)_c(e_{i_t})$$

とする．$\boldsymbol{R}^{s+t}$ の基底の置換でひき起こされる線形写像 φ で

$$\varphi(e_{s+1})=e_{i_1}, \cdots\cdots, \varphi(e_{s+t})=e_{i_t}$$

* たとえば「山崎圭次郎：解析学概論 II（共立出版）54頁」参照．

P83へ

とくに，上の証明で φ が恒等写像でよい場合を考えれば，次の系を得る．─　ただし次の記法を用いよう．

一般に，写像

$$f\colon X\times Y \longrightarrow Z$$

と $a\in X$ に対し，写像

$$f(a,\cdot)\colon Y \longrightarrow Z$$

は対応 $y \longmapsto f(a,y)$ から定められる．$b\in Y$ に対し，次の写像も同様である．

$$f(\cdot,b)\colon X \longrightarrow Z$$

系　点 $(a,b)\in \boldsymbol{R}^{s+t}$ の近傍で定義された $\boldsymbol{R}^t$ への C^r 級写像 f について

$$(df(a,\cdot))_b\colon \boldsymbol{R}^t \longrightarrow \boldsymbol{R}^t$$

が全単射ならば，

$$F(x,y)=(x,f(x,y))$$

とおいて定まる写像 F は (a,b) における局所 C^r 同形である．

4.3　方程式系の定める多様体

$r>0$ を固定する．数空間の部分集合 $M\subset\boldsymbol{R}^k$ が s 次元**多様体**であるとは，任意の点 $c\in M$ に対し，そのある開近傍 $Z(c)$ と開集合 $W_c\subset\boldsymbol{R}^k$ および C^r 同形

$$F\colon Z(c) \longrightarrow W_c$$

が存在して

$$F(Z(c)\cap M)=W_c\cap(\boldsymbol{R}^s\times\{0\})$$

となることである．

注意1　このような M を，詳しくは「$\boldsymbol{R}^k$ における C^r 級(可)

P84へ

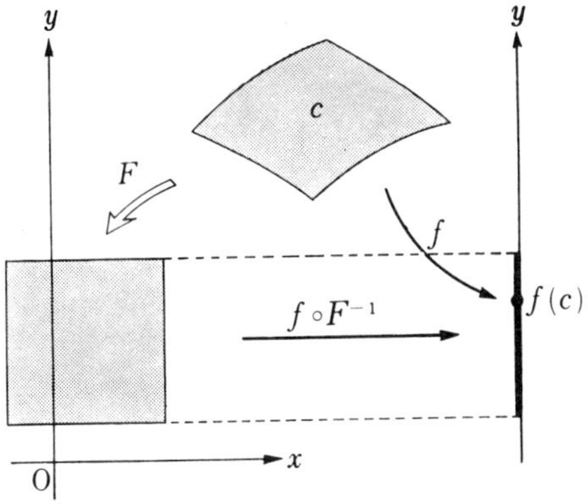

となるものをとれば，φ は勿論線形同形になり，左で定めた写像 τ は，$\boldsymbol{R}^t$ の標準基底を線形独立な上記 t 個 (*) に写す．よって線形同形である．

なお，$(df(a,\cdot))_b$ は $\boldsymbol{R}^t$ の標準基底を

$$(df)_c(e_{s+1}),\ \cdots\cdots,\ (df)_c(e_{s+t})$$

に写すので，全単射のときこれらが線形独立であり，φ として恒等写像がとれるわけ．

多様体の話に入る前に，その考察の特別な場合である '**陰関数定理**' を述べておこう．これは (4.2) の系から直ちに導かれる．

系の仮定の下で

$$F(x,y)=(x,f(x,y))$$

が $c=(a,b)$ において局所 C^r 同形であるから，$f(a,b)=0$ として，(a,b) の近傍で

(*)　　　方程式　$f(x,y)=0$

を考えると，y が x によって一意的に定まることになる．

P85へ

微分正則部分多様体」という．考えをきめるため，$r=\infty$ とすることも多い．

特に，$\boldsymbol{R}^k$ の有限個の点は0次元多様体とみなされる．また $\boldsymbol{R}^k$ の開集合は k 次元多様体である．中間のものとして1次元多様体は**曲線**，2次元多様体は**曲面**といわれる．

なお $\boldsymbol{R}^k$ における $k-1$ 次元多様体を**超曲面**ということもある．

問3　$S^{k-1}=\{x\in\boldsymbol{R}^k\,;\ x_1^2+\cdots\cdots+x_k^2=1\}$ は $k-1$ 次元多様体である．(定理参照)

一般に(4.2)の原理から次が得られる．

定理　開集合 $Z\subset\boldsymbol{R}^{s+t}$ で定義された C^r 級写像

$$f\colon Z\longrightarrow\boldsymbol{R}^t$$

に対し，各点 $c\in Z$ での微分

$$(df)_c\colon\boldsymbol{R}^{s+t}\longrightarrow\boldsymbol{R}^t$$

が全射ならば，

方程式　$f(z)=0\qquad(z\in Z)$

の定める Z の部分集合 M は，空でない限り s 次元多様体である．

〈証明〉　任意の $c\in M$ に対し，その開近傍 $Z(c)\subset Z$ と開集合 $W_c\subset\boldsymbol{R}^{s+t}$ および C^r 同形

$$F\colon Z(c)\longrightarrow W_c$$

が存在して

$$(f\circ F^{-1})(x,y)=y,\ (x,y)\in W_c.$$

これから直ちに

P86へ

そして対応 $x \longmapsto y$ は

$$x \longmapsto F^{-1}(x, 0)=(x, y)$$

から得られるから，C^r 級である．このベクトル値関数 $y=h(x)$ は，方程式 (*) から陰 (implicit) に定まるという意味で，**陰関数** (implicit function) といわれることもある．

こうして得られた写像 h の微分法は，'chain rule' から直ちに求められる．実際，

$$f(x, h(x))=0$$

の左辺を x の関数とみて，a でヤコビ行列を考えれば，

$$\frac{\partial f_i}{\partial x_k}+\sum_{j=1}^{t}\frac{\partial f_i}{\partial y_j}\frac{\partial h_j}{\partial x_k}=0 \qquad (1\leqq i\leqq t,\ 1\leqq k\leqq s).$$

$$\therefore \quad \left(\frac{\partial h_j}{\partial x_k}\right)=-\left(\frac{\partial f_i}{\partial y_j}\right)^{-1}\left(\frac{\partial f_i}{\partial x_k}\right)$$

すなわち

$$(dh)_a=-(df(a,\cdot))_b{}^{-1}\circ(df(\cdot, b))_a.$$

問 4 関係 $x^3+y^3+z^3=0$, $x^2+y^2+z^2=1$ より $\dfrac{dz}{dx}$ を求めよ．

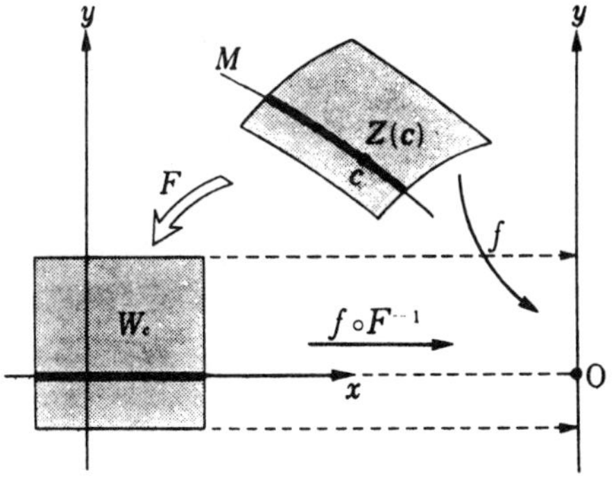

さて定理は上の考察の一般化である．粗雑にいえば，

$$f(c)=0, \qquad (df)_c\text{: 全射}$$

P87へ

$$F(Z(c)\cap M)=W_c\cap(\boldsymbol{R}^s\times\{0\})$$

を知る．✓　〈終〉

注意2　証明からわかるように，1点 $c\in Z$ で $(df)_c$ が全射ならば，c の近傍 $Z(c)$ 内で M（との交わり）が s 次元多様体である．

4.4　多様体のパラメータ表示

M を $\boldsymbol{R}^k$ における s 次元多様体とする．いま，任意の $c\in M$ に対し，(4.3) の記号を用いて，開集合

$$X_c=\{x\in\boldsymbol{R}^s\,;\,(x,0)\in W_c\}$$

を定め，

$$g(x)=F^{-1}(x,0)$$

とおいて C^r 級写像

$$g:\ X_c\longrightarrow Z(c)$$

を定義する．そのとき

$$g(X_c)=Z(c)\cap M$$

となる．このような g を c の近傍における M の**パラメータ表示**という．なお，上のように定めた g は次の条件を満足する．

(1)　$(dg)_x:\ \boldsymbol{R}^s\longrightarrow\boldsymbol{R}^k$ が単射 $(x\in X_c)$.

問5　このことを示せ．

これを応用して次の定理を得る．

定理　1点 $c\in\boldsymbol{R}^{s+t}$ の近傍 Z において C^1 級写像と C^1 級関数

$$f:\ Z\longrightarrow\boldsymbol{R}^t,\qquad h:\ Z\longrightarrow\boldsymbol{R}$$

が与えられているとする．いま

$$f(c)=0,\qquad(df)_c:\ 全射$$

P88へ

のとき，方程式

(i)　　　$f(z)=0$

の定める図形は，$z=c$ の近傍で，線形部分空間

$$\boldsymbol{R}^s\times\{0\}$$

と C^r 同形であるということ．これは，線形方程式

(ii)　　　$(df)_c(z)=0$

の定める図形——線形部分空間——と線形同形である．

方程式(i)，(ii)の定める図形は，単に局所 C^r 同形というだけでなく，c だけずらせば‘接している.’正確にいうと，

$$(dF)_c=\text{恒等写像}$$

であるような局所 C^r 同形 F によって，c の近傍における図形(i)が 0 の近傍における図形(ii)に写されるのである．この意味で，図形(ii)は多様体(i)の点 c における‘接空間’である．ただし，一般の多様体の接空間の概念のとり扱いは保留しておく．

上のような F を，左の考察を少し変形して，直接構成してみよう．ただし，f の標準化はしない．まず線形写像

$$\rho:\ \boldsymbol{R}^t\longrightarrow\boldsymbol{R}^{s+t}$$

をてきとうにとれば

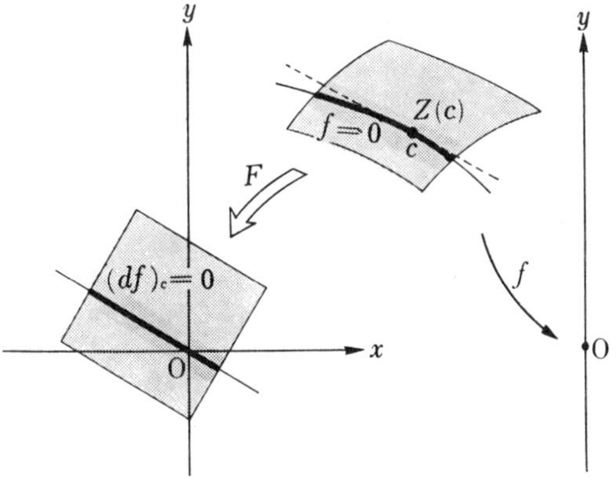

P89へ

であるとし，更に「$h(c)$ が，条件

$$f(z)=0,\ z\in Z$$

の下での $h(z)$ の極値である」*

とすれば，線形関数

$$\lambda:\ \boldsymbol{R}^t \longrightarrow \boldsymbol{R}$$

が存在して

$$(dh)_c=\lambda\circ(df)_c.$$

〈証明〉 定理 (4.3) および注意 2 により，c の近傍内で

$$M=\{z\in Z\ ;\ f(z)=0\}$$

が s 次元多様体である．よって上の条件 (1) を満足する M のパラメータ表示

$$g:\ X_c \longrightarrow Z(c)\cap M$$

が c の近傍 $Z(c)$ で存在する．いま，

$$g(a)=c,\quad a\in X_c$$

とおいて，合成関数 $h\circ g$ が a で極値をとるから，a での微分を考えて

$$d(h\circ g)_a=0.$$

(2) $\therefore\quad (dh)_c\circ(dg)_a=0$

また $f\circ g=0$ の微分も勿論 0 であり

(3) $(df)_c\circ(dg)_a=0.$

更に仮定より

(4) $(df)_c:\ \boldsymbol{R}^{s+t} \longrightarrow \boldsymbol{R}^t$ が全射.

(1)〜(4)より，線形関数

$$\lambda:\ \boldsymbol{R}^t \longrightarrow \boldsymbol{R}$$

* 正確にいえば，「c のある近傍 $Z(c)$ をとるとき，$h(c)$ が $\{h(z)\ ;\ f(z)=0,\ z\in Z(c)\}$ の最大または最小数である」ということ.

P90へ

$$\tau = (df)_c \circ \rho : \boldsymbol{R}^t \longrightarrow \boldsymbol{R}^t$$

が全単射になることに注意する．

注意 τ を恒等写像にとることもできるが，τ が具体的意味をもってあらかじめ指示されることもあるので，以下では τ は必ずしも恒等写像としない．たとえば (4.2) の系の状況では

$$\rho(y) = (0, y), \quad \tau = (df(a, \cdot))_b$$

でよい．

さて $\boldsymbol{R}^{s+t}$ は $(df)_c$ の核と ρ の像の直和になる：

$$\boldsymbol{R}^{s+t} = \mathrm{Ker}(df)_c \oplus \mathrm{Im}(\rho)$$

この分解に応じる $\mathrm{Ker}(df)_c$ への射影を π と書き，F を

$$F(z) = \pi(z-c) + (\rho \circ \tau^{-1} \circ f)(z) \qquad (z \in Z)$$

と定義しよう．このとき微分を考えて

$$(dF)_c = \pi + \rho \circ \tau^{-1} \circ (df)_c = \text{恒等写像}$$

を知る．とくに F は局所 C^r 同形であるが，定義された範囲で

$$f(z) = 0 \Longleftrightarrow (df)_c(F(z)) = 0$$

の成立も F の定義と ρ が単射になることから容易に認められよう．

左の定理は，いわゆる‘条件付き極値問題’の解法を与える．まず，その結論をかんたんな問題に適用してみよう．

例題 条件 $x^2+y^2+z^2=1$ の下で関数 $x+2y-2z$ の最大･最小値を求めよ．

〈解〉 左の注意の形で適用する．$s+t=3$, $t=1$ として

$$f(x, y, z) = x^2+y^2+z^2-1$$

$$h(x, y, z) = x+2y-2z$$

とおけば

$$\frac{\partial f}{\partial x} = 2x, \quad \frac{\partial f}{\partial y} = 2y, \quad \frac{\partial f}{\partial z} = 2z$$

$$\frac{\partial h}{\partial x} = 1, \quad \frac{\partial h}{\partial y} = 2, \quad \frac{\partial h}{\partial z} = -2.$$

いま，$f(a, b, c) = 0$ のとき，

P91へ

が存在して次が成り立つ．→

$$(dh)_c=\lambda\circ(df)_c$$
〈終〉

注意　ヤコビ行列の成分で書けば次の通り．

条件　$f_i(z_1, \cdots\cdots, z_{s+t})=0 \qquad (1\leqq i\leqq t)$

の下で $h(z_1, \cdots\cdots, z_{s+t})$ の極値が点

$$c=(c_1, \cdots\cdots, c_{s+t})$$

で与えられるとする．そのとき，仮定

$$\mathrm{rank}\left(\frac{\partial f_i}{\partial z_j}(c)\right)=t$$

の下で，ある実数 $\lambda_1, \cdots\cdots, \lambda_t$ が存在して

$$f_i(c_1, \cdots\cdots, c_{s+t})=0 \qquad (1\leqq i\leqq t),$$

$$\frac{\partial h}{\partial z_j}(c)=\sum_{i=1}^{t}\lambda_i\frac{\partial f_i}{\partial z_j}(c) \qquad (1\leqq j\leqq s+t).$$

この $\lambda_1, \cdots\cdots, \lambda_t$ を **Lagrange の乗数**という．

問6　方程式 $x^2-y^2-2z+1=0$ で定められる曲面と原点との最短距離を求めよ．

4.5　局所的考察の原理 (2)

(4.2) と双対的に，微分が単射になる場合を考える*.

定理　点 $a\in\boldsymbol{R}^s$ の近傍で定義された $\boldsymbol{R}^{s+t}$ への C^r 級写像 g について，微分

$$(dg)_a:\ \boldsymbol{R}^s \longrightarrow \boldsymbol{R}^{s+t}$$

が単射ならば，$g(a)$ における局所 C^r 同形 G が存在して，a の近傍で

$$(G\circ g)(x)=(x, 0).$$

〈証明〉　てきとうな線形同形

$$\psi:\ \boldsymbol{R}^{s+t} \longrightarrow \boldsymbol{R}^{s+t}$$

をとれば，$\pi_1(\xi, \eta)=\xi$ と書いて，

* 逆写像定理は $t=0$ の場合とみなせる．

P92へ

$$\text{rank}\,(2a, 2b, 2c)=1$$

に注意する．点 (a, b, c) で h が極値をとるならば，ある $\lambda\in\boldsymbol{R}$ があって

$$a^2+b^2+c^2-1=0, \qquad \begin{cases} 1=\lambda\cdot 2a \\ 2=\lambda\cdot 2b \\ -2=\lambda\cdot 2c \end{cases}$$

この連立方程式を解いて

$$(a, b, c)=\left(\frac{1}{3}, \frac{2}{3}, -\frac{2}{3}\right), \qquad \left(-\frac{1}{3}, -\frac{2}{3}, \frac{2}{3}\right)$$

対応する h の値は 3, −3 となる．ところで，条件 $f(x, y, z)=0$ を満足する (x, y, z) 全体はコンパクトで，h がその上で連続だから，最大・最小値がある．それらは勿論，極大・極小値であるから，3, −3 と一致する．〈終〉

さて，左で用いた線形代数上の考察は次の通り．

まず (3) より $\text{Im}(dg)_a\subset\text{Ker}(df)_c$ であるが，(1)，(4) より

$$\dim\,\text{Im}(dg)_a=\dim\,\text{Ker}(df)_c=s.$$

よって，$\text{Im}(dg)_a=\text{Ker}(df)_c$ を得る．次に，任意の $y\in\boldsymbol{R}^t$ に対し，

$$(df)_c(z)=y$$

となる $z\in\boldsymbol{R}^{s+t}$ をとって ((4) より存在)，

$$\lambda(y)=(dh)_c(z)$$

とおく．これは z のとり方によらない．実際，もし $(df)_c(z')=y$ ならば，$(df)_c(z-z')=0$ ゆえ，上記より $z-z'\in\text{Im}(dg)_a$．そこで $z-z'=(dg)_a(x)$ とかけ，(2) より

$$(dh)_c(z)-(dh)_c(z')=(dh)_c(z-z')=(dh)_c\circ(dg)_a(x)=0$$

を得るからである．そして $\lambda\colon \boldsymbol{R}^t \longrightarrow \boldsymbol{R}$ が線形であることは，$(df)_c$, $(dh)_c$ の線形性から直ちに認められよう．

P93へ

$$\sigma=\pi_1\circ\psi\circ(dg)_a : \boldsymbol{R}^s \longrightarrow \boldsymbol{R}^s$$

が線形同形になるようにできる．→　そこで，$(a, 0)$ の近傍で

$$J(x, y)=(\psi\circ g)(x)+(0, y)$$

とおいて $\boldsymbol{R}^{s+t}$ に値をとる C^r 級写像 J を定義すれば，その微分

$$(dJ)_{(a,0)} : \boldsymbol{R}^{s+t} \longrightarrow \boldsymbol{R}^{s+t}$$

は全単射である．実際，

$$(dJ)_{(a,0)}(\xi, \eta)=(\sigma(\xi), \xi \text{ の関数}+\eta)$$

であるから，対応するヤコビ行列をみれば

$$J'(a, 0)=\left[\begin{array}{c|c} \sigma\text{ の行列} & O \\ \hline * & \begin{matrix}1 & & \\ & \ddots & \\ & & 1\end{matrix}\end{array}\right]$$

となり，σ の行列と共に正則だからである．

したがって定理 (4.1) より，J は $(a, 0)$ において局所 C^r 同形．よって

$$G=J^{-1}\circ\psi$$

は $g(a)$ において局所 C^r 同形であり，

$$\begin{aligned}(G\circ g)(x)&=(J^{-1}\circ\psi\circ g)(x)\\ &=J^{-1}(J(x, 0))=(x, 0)\end{aligned}$$

を得る．✓　〈終〉

4.6　パラメータ系の定める多様体

(4.4) で，すべての多様体が局所的にはパラメータ表示できることを述べた．この逆の問題を考えるのに原理 (4.5) を応用しよう．

P94へ

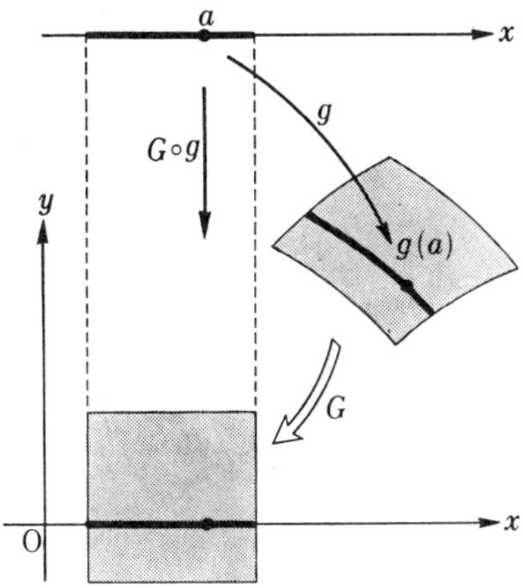

左で用いた線形代数上の考察は次の通り．

$\boldsymbol{R}^{s+t}$ の標準基底を $e_1, \cdots\cdots, e_{s+t}$ とする．$(dg)_a$ が単射であるから，$\boldsymbol{R}^s$ の標準基底 $e_1', \cdots\cdots, e_s'$ の像

$$(dg)_a(e_1'), \cdots\cdots, (dg)_a(e_s')$$

は $\boldsymbol{R}^{s+t}$ において線形独立である．したがって，これらを

$$e_1, \cdots\cdots, e_s$$

に写す線形同形 $\psi\colon \boldsymbol{R}^{s+t} \longrightarrow \boldsymbol{R}^{s+t}$ が存在する．そのとき

$$(\pi_1\circ\psi\circ(dg)_a)(e_i')=e_i' \qquad (1\leqslant i\leqslant s)$$

となるから，$\sigma=\pi_1\circ\psi\circ(dg)_a\colon \boldsymbol{R}^s \longrightarrow \boldsymbol{R}^s$ は恒等写像，よって勿論線形同形．

なお，定理の結論から，$(dg)_a$ の単射性が g の局所的な単射性を導くことに注意しておこう．しかし，$(dg)_x$ がすべての x について単射であっても，g が大局的に単射とは限らない．以下参照．

多様体 $M\subset\boldsymbol{R}^k$ は，$\boldsymbol{R}^k$ の点 z が M に属すべき条件が，

局所的に　$f(z)=0$　（$(df)_z$ は全射）

であるという形で，外的に与えられた (4.3)．ところで，どんな多様体でも，

P95へ

定理　開集合 $X \subset \boldsymbol{R}^s$ で定義された C^r 級写像

$$g:\ X \longrightarrow \boldsymbol{R}^{s+t}$$

について

$$(dg)_x:\ \boldsymbol{R}^s \longrightarrow \boldsymbol{R}^{s+t} \text{ が単射 } (x \in X)$$

であるとする．そのとき，任意の $a \in X$ に対して，そのある開近傍 $X(a) \subset X$ をとれば，

$$g(X(a)) \subset \boldsymbol{R}^{s+t}$$

は s 次元多様体である．

また，X 全体の像

$$g(X) \subset \boldsymbol{R}^{s+t}$$

は，次の追加条件の下で s 次元多様体となる．

「任意の $a \in X$ の任意の近傍 $X(a)$ に対し，$g(a)$ のある開近傍 $Z(g(a))$ をとれば

$$g(X(a)) \supset g(X) \cap Z(g(a)).」$$

〈証明〉　定理 (4.5) により，a の開近傍 $X(a)$，$g(a)$ の開近傍 Z，開集合 $W \subset \boldsymbol{R}^{s+t}$ および C^r 同形

$$G:\ Z \longrightarrow W$$

が存在して

$$(G \circ g)(x) = (x, 0), \qquad x \in X(a).$$

いま，開集合

$$W' = W \cap (X(a) \times \boldsymbol{R}^t)$$

をとり，開集合

$$Z' = G^{-1}(W')$$

を定める．そのとき G の制限写像

$$G':\ Z' \longrightarrow W'$$

は C^r 同形で，

P96へ

$$\text{局所的に}\quad g: X \longrightarrow M \subset \boldsymbol{R}^k \quad ((dg)_x \text{ は単射})$$

という形で，内的に表現される(4.4)．そして M が s 次元ならば，X は $\boldsymbol{R}^s$ の開集合にとれるので，M の点は局所的に s 個の独立なパラメータで表示されるといってよい．

さて，左の定理の前半は，こういうパラメータ表示をもつ集合が常に局所的には多様体になるということを示している．こうして，

方程式の零点　という外延的規定と，

パラメータ表示という内包的規定と

が，同等な概念を定めることになるのである．

しかしながら，このことはあくまでも局所的考察に限る．大局的には両者の間に微妙な差異が生じる．簡単な例をあげよう．

$$g(t)=\left(t-\frac{\pi}{2}\sin t,\quad 1-\frac{\pi}{2}\cos t\right)$$

で定められる写像

$$g: \boldsymbol{R} \longrightarrow \boldsymbol{R}^2$$

に対し，任意の $t\in\boldsymbol{R}$ でヤコビ行列が

$$g'(t)=\left(1-\frac{\pi}{2}\cos t,\quad \frac{\pi}{2}\sin t\right)\neq(0,0)$$

となるから，微分

$$(dg)_t: \boldsymbol{R} \longrightarrow \boldsymbol{R}^2$$

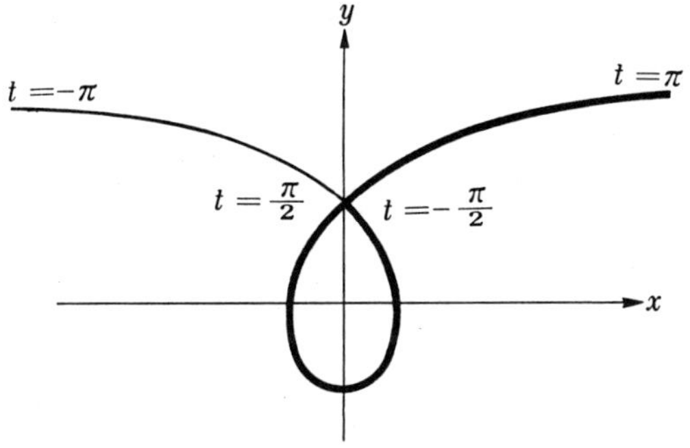

P97へ

$$G'(g(X(a)))=W'\cap(\boldsymbol{R}^s\times\{0\}).$$

かくて $g(X(a))$ は s 次元多様体である．

次に，追加条件の下で $M=g(X)$ が多様体であることを示そう．任意の $a\in X$ をとる．上記の $X(a)$ に対して追加条件により $Z(g(a))$ をとり，

$$Z''=Z'\cap Z(g(a)),\quad W''=G'(Z'')$$

とおく．Z'' は $g(a)$ の開近傍，W'' は開集合であり，G' の制限写像

$$G'':Z''\longrightarrow W''$$

は C^r 同形で，次が成り立つ．✓

$$G''(Z''\cap M)=W''\cap(\boldsymbol{R}^s\times\{0\})\qquad〈終〉$$

問7　次のパラメータ系 $g:\boldsymbol{R}_+\times\boldsymbol{R}\longrightarrow\boldsymbol{R}^3$ は2次元多様体――曲面――を定める：

$$g(x_1,x_2)=(x_1\cos x_2,\ x_1\sin x_2,\ cx_2)$$

ただし $\boldsymbol{R}_+=\{x\in\boldsymbol{R};x>0\}$，$c\neq0$，とする．

P98へ

は常に単射である．しかし，右図で見る通り，大局的には g は単射でない．そこで，定義域を

$$]-\frac{\pi}{2},\ \pi[$$

に制限してみよう．そのとき g は単射である．しかし，g の像

$$g\Bigl(]-\frac{\pi}{2},\ \pi[\Bigr) \qquad \text{(図の太線部分)}$$

は依然として 1 次元多様体——曲線——とはいえないのである．実際，$t=\frac{\pi}{2}$ の点で (4.3) の条件が満足されない．

こういう場合を排除するため，定理の後半のような追加条件が必要ということになる．もっとも，こういうことが起こるのは，多様体の概念を数空間の‘部分多様体’として‘埋め込まれ方’を考慮して定義したからであって，内的 (intrinsic) な概念規定を重んじる抽象的な多様体の定義もある (8.4)．ただ今回は，直観性を優先した次第．

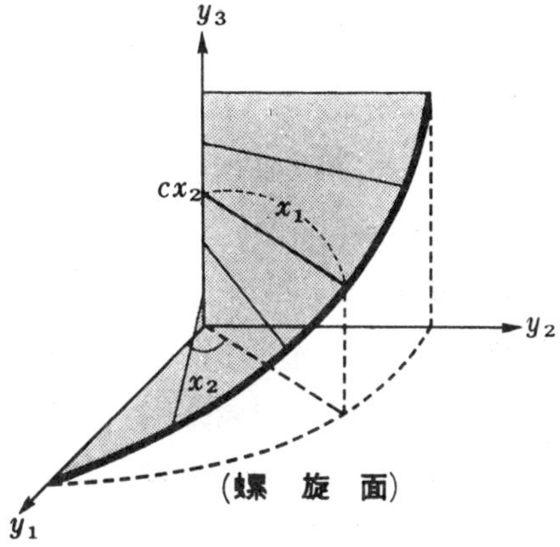

(螺　旋　面)

P99へ

第 5 講　完備性とその応用
——存在定理——

5.1 コーシー列

(1.5) に接続して，ノルム空間 E における点列 (a_n) を考える．これが収束するとき次が成り立つ．

「任意の $\varepsilon>0$ に対し，ある自然数 n_0 をとれば，

$$n_0\leqq p, q \Rightarrow \|a_p-a_q\|\leqq\varepsilon」$$

問 1　このことを示せ．

上の**コーシー条件**を満足する点列を一般に**コーシー列**または**基本列**という．収束列は必ずコーシー列であるが，その逆が成り立つとき，E は**完備**であるという．

まず基本的なのは，1次元空間 $\boldsymbol{R}$ 自身が完備であること，すなわち次が成り立つ．

定理 1　実数のコーシー列は収束する．

〈証明〉　コーシー列 (a_n) は有界である．✓

$$b_p=\inf_{p\leqq n} a_n,\qquad c_q=\sup_{q\leqq n} a_n$$

P100へ

多変数の微分とその応用について一段落したので，本講では空間の基本構造に立ち戻り，‘完備性’を扱う．とくに1次元すなわち実数列については，収束の判定条件として捕えられる．それは‘連結性’や‘コンパクト性’と共に実数の基本性質である．

応用として，「不動点の存在条件」をあげ，前講で保留した「逆写像定理」を証明する．ついでに「微分方程式の解の存在定理」をも扱うだろう．この場合は，点列から関数列へと対象を飛躍させる必要がある．すなわち無限次元空間の完備性が基礎になる．最後に‘列’にとどまらず，‘有向系’にまで完備性が反映して，‘無限和’や‘変格積分’の扱いが同じ原理で統一されるのを見るだろう．ただし，これらの部分(5.5)(5.6)は本筋からずれるので，付録と解してよい．

左の記事は‘教本式’だから，まず実数の基本性質のひとつ

(1)　上(下)に有界な空でない実数の集合は上(下)限をもつ．

をとりあげ(1.1)，代数的なことは別にして，すべてこれから導くという態度をとってきた．とくに次の二つが重要である．

(2)　区間は連結である．　(2.1)

(3)　有限閉区間はコンパクトである．　(2.3)

さて，この辺でしめくくりをつける意味で，上の3命題が互いに同等であることを示しておこう．

$$(2) \Rightarrow (1), \quad (3) \Rightarrow (1)$$

〈証明〉 上に有界な集合 $S \neq \phi$ に対し，その上界全体を V，$\boldsymbol{R}$ におけるその補集合を U とすれば，これらは空でなく，明らかに

$$U \cup V = \boldsymbol{R}, \qquad U \cap V = \phi$$

である．まず，無条件に U が開集合であることを示そう．任意の $u \in U$ に対し，これが S の上界でないことから $u < x \in S$ となる x がある．そのとき任

P101へ

とおけば，ある実数 α が存在して

$$(*)\qquad b_p\leqq\alpha\leqq c_q.$$

実際，任意の p, q に対し，それ以上の n をとれば $b_p\leqq a_n\leqq c_q$ ゆえ，常に $b_p\leqq c_q$. $\{b_p\}$ の上限 β と $\{c_q\}$ の下限 γ に対して $\beta\leqq\gamma$ ゆえ，$\beta\leqq\alpha\leqq\gamma$ となる α でよい．

さて，任意の $\varepsilon>0$ に対し，コーシー条件を満足する n_0 をとれば

$$\begin{aligned}n_0\leqq n, m &\Rightarrow \|a_n-a_m\|\leqq\varepsilon\\ &\Rightarrow a_n-\varepsilon\leqq a_m\leqq a_n+\varepsilon\\ &\Rightarrow a_n-\varepsilon\leqq b_{n_0},\quad c_{n_0}\leqq a_n+\varepsilon.\end{aligned}$$

よって (*) より $a_n-\varepsilon\leqq\alpha\leqq a_n+\varepsilon$. これは，$(a_n)$ が α に収束することを意味する．　〈終〉

定理１を拡張しよう．(1.2) 参照．

> **定理２**　集合 X 上の有界関数全体のつくるノルム空間 $\mathscr{B}(X)$ は完備である．

〈証明〉 $\mathscr{B}(X)$ におけるコーシー列 (f_n) をとる．任意の $\varepsilon>0$ に対し，ある n_0 をとれば

$$\begin{aligned}n_0\leqq n, m &\Rightarrow \|f_n-f_m\|\leqq\varepsilon\\ &\Rightarrow |f_n(x)-f_m(x)|\leqq\varepsilon\qquad(x\in X).\end{aligned}$$

よって，固定した $x\in X$ に対し，$(f_n(x))$ は実数のコーシー列で，極限 $f(x)$ をもつ（定理１）．ノルムの連続性 (1.6) から

$$|f_n(x)-f(x)|\leqq\varepsilon.$$

$$\therefore\quad |f(x)|\leqq|f_n(x)|+\varepsilon\leqq\|f_n\|+\varepsilon$$

よって $f\in\mathscr{B}(X)$. また

$$n_0\leqq n\Rightarrow\|f_n-f\|\leqq\varepsilon.$$

P102へ

意の $y<x$ も S の上界でないから，u の近傍 $]-\infty, x[$ が U に含まれ，u は U の内点である．

次に，(1) が不成立として V が開集合であることを示そう．任意の $v\in V$ に対し，これが S の上限すなわち V の最小数でないことから，$v>v'\in V$ となる v' がある．そのとき，v の近傍 $]v', +\infty[$ が V に含まれ，v は V の内点である．

さて，U, V が共に開集合であることは $\boldsymbol{R}$ の連結性に反するので (2) ⇒ (1) を得る．また，V が開集合であれば明らかに

$$V=\bigcup_{v\in V}]v, +\infty[$$

となり，開集合 U とあわせて $\boldsymbol{R}$ の開被覆を得る．そこで $a\in S$ と $b\in V$ をとって有限閉区間 $[a, b]$ を考えよう．これがもし U と有限個の $]v, +\infty[(v\in V)$ で覆われるとすれば，U とひとつの $]v, +\infty[$ で覆われることになり，$v\in[a, b]$ がはみ出して矛盾する．かくて $[a, b]$ のコンパクト性に反し，(3) ⇒ (1) を得る．〈終〉

上の証明からわかるように，3命題 (1), (2), (3) は，実数の順序構造に密着した考察で結びつけられる．上の記号でいえば，実数全体が2組 U, V に分割され，U の数より V の数が常に大きいという状況が現われた．こういうのをデデキンド (Dedekind) の**切断**という．そのとき，一般には U に最大数があるかまたは V に最小数がある．

ところで有理数の範囲では必ずしもそうでない．そうでないときに，この2組の‘切れ目’に新しい数を想定して実数概念を構成しようという考え方——**順序完備化**——がある．いわゆるデデキンド式実数論である．

これとはかなり趣きの違うのがカントル (Cantor) 式である．数列のコーシー (Cauchy) 条件はその各項の相互距離が‘段々つまっ行く’ということだが，有理数の範囲ではその数列の‘行きつく先’が必ずしもない．そういうとき，行き先に新しい数を想定して実数概念を構成しようというのである．これは直接には順序と関係なく，単に**完備化**とよばれる．

P103へ

これは (f_n) が f に収束することを意味する．　〈終〉

とくに $X=\{1, \cdots, s\}$ の場合を考え，次を得る．

系　数空間 $\boldsymbol{R}^s$ は完備である．

注意　更に拡張して，完備ノルム空間 E に値をとる X 上の有界ベクトル値関数全体 $\mathcal{B}_E(X)$ も完備になる．

点列の収束条件から，直ちに級数の収束条件が得られる：

定理3　完備ノルム空間において，級数 $\sum_{n=0}^{\infty} a_n$ が収束するためには，次が必要十分である：

任意の $\varepsilon>0$ に対し，ある n_0 をとれば

$$n_0 \leqslant p < q \Rightarrow \left\| \sum_{n=p+1}^{q} a_n \right\| \leqslant \varepsilon.$$

系　$\sum_{n=0}^{\infty} \|a_n\|$ 収束 $\Rightarrow$ $\sum_{n=0}^{\infty} a_n$ 収束

問2　これらを導け．

5.2　不動点定理

完備ノルム空間 B の部分集合 $A \neq \phi$ で定義された写像

$$T: A \longrightarrow B$$

に対し，

$$T(u)=u$$

となる点 $u \in A$ を T の**不動点**という．いま，ある $0 \leqslant K < 1$ に対し，**縮小条件**

$$(0)\quad \|T(u)-T(v)\| \leqslant K\|u-v\| \quad (u, v \in A)$$

が成り立てば，不動点は高々ひとつである．

P104へ

さて，(1), (2), (3) に対して完備 (complete) 性

(4)　コーシー列は収束する．

の論理的関係を述べておこう．左に示したように，(1) ⇒ (4) であるが，その逆をいうにはちょっとした付帯条件が必要である．たとえば自然数全体が有界でない (Archimedes の原則) とか，有理数全体が稠密であるとかいう性質 (1.1) である．この付帯条件の下で (4) から (1) を導くことは，読者に委ねよう．

なお (4) (左頁定理 1) の証明が，(2.4) 右頁で述べた‘区間縮小法’になっていることに注意しよう．そこで，集合列に対しても適当な解釈の下で

(4′)　コーシー集合列は収束する．

が成り立つ．更に‘列’を‘有向系’(後述) に拡張して

(4″)　コーシー・フィルタは収束する．

という形に近代化することもできる*．

級数 $\sum\|a_n\|$ の収束は**絶対収束**とよばれることもある．ただ，絶対収束しない収束級数もあることに注意しておこう．たとえば

$$\sum_{n=1}^{\infty}(-1)^{n-1}\frac{1}{n}=\log 2$$

であるが，絶対値の級数

$$\sum_{n=1}^{\infty}\frac{1}{n}$$

は収束しない．詳しくは，第 n 項までの和から $\log n$ を引いたものが定数——オイラー定数——に収束し，$\log n$ 自身は勿論収束しない．なお脱線ながら，このオイラー定数は無理数になるかどうかがまだ分っていない．それにも拘らず超越数だろうと予想されている．

上のような実数項の収束級数のひとつの一般形は条件

i)　$a_n a_{n+1}<0$,

* たとえば「Bourbaki : Topologie générale, Chap. 2」

P105へ

問3　このことを示せ．

> **定理1**　A が閉集合で $T(A)\subset A$ ならば，縮小条件の下で不動点が存在する．

〈証明〉　$u_0\in A$ をとり，

(1)　$u_n=T(u_{n-1})\qquad(n=1,2,\cdots)$

とおけば，$\|u_{p+1}-u_p\|=\|T(u_p)-T(u_{p-1})\|\leqq K\|u_p-u_{p-1}\|=\cdots$，さかのぼって

$$\|u_{p+1}-u_p\|\leqq K^p\|T(u_0)-u_0\|.$$

よって任意の $n>0$ に対し

(2)　$$\|u_{p+n}-u_p\|\leqq\sum_{k=p}^{p+n-1}\|u_{k+1}-u_k\|$$
$$\leqq(K^p+\cdots+K^{p+n-1})\|T(u_0)-u_0\|$$
$$\leqq K^p/(1-K)\cdot\|T(u_0)-u_0\|.$$

これより (u_n) がコーシー列であることを知る．よって極限 u が存在．$u_n\in A$ で，A が閉集合ゆえ $u\in A$．また縮小条件より T は連続だから，(1) より $u=T(u)$ を得る．〈終〉

> **定理2**　A が u_0 の ε 近傍で，
> $$\|T(u_0)-u_0\|<\varepsilon(1-K)$$
> ならば，縮小条件 (0) の下で不動点が存在する．

〈証明〉　定理1の証明を追う．まず関係(1)で点 u_n が A 内に順次定まることに注意．実際，いま $u_0,\cdots,u_{n-1}\in A$ であれば，(2) より，とくに $p=0$ として

(3)　$\|u_n-u_0\|\leqq1/(1-K)\cdot\|T(u_0)-u_0\|<\varepsilon.$

よって $u_n\in A$.

P106へ

ii)　$|a_n|$ が単調減小

iii)　$a_n \longrightarrow 0 \qquad (n \to \infty)$

で与えられる．部分和の数列に対してコーシー条件が直ちに認められよう．

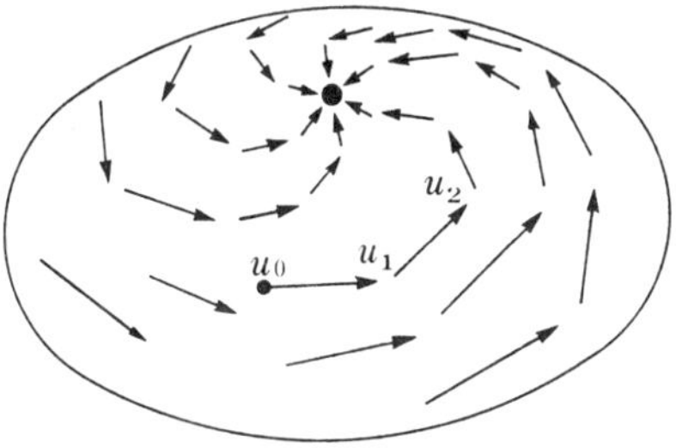

定理 1 は，その証明からわかるように，A のどんな点から出発して T を作用させて行っても，次第に一定の点に近づいて行くということ．最後に行きつく点が不動点で，いわばツムジのようなところ．単に不動点が存在するというだけでなく，‘逐次近似’のできることがありがたい．あとの応用を参照．

なお，A が点列コンパクトのときは，収束部分列をとるという仕方で証明してもよい．そのときは，少し弱い条件

$$\|T(u)-T(v)\|<\|u-v\| \qquad (u, v \in A)$$

でも差支えない．ところで，不動点の存在定理は，もっと弱い仮定にまで一般化され，その形式にはいろいろある．ただし，縮小条件がないときは，不動点がひとつとは限らない．ツムジは二つあることもある！

さて，一般に‘存在証明’には完備性とかコンパクト性が有効に利用されるが，定理 2 の場合のような開集合 A は完備でないため，直接には利用し難い．そのため付帯条件が必要で，それによって本質的には定理 1 の状況に帰着させているわけである．応用には，この形が便利であろう．

P107へ

(u_n) はコーシー列で極限 u をもつ．(3) において u_n を u でおきかえてよく，$u\in A$. そして (1) より $u=T(u)$ を得る． 〈終〉

5.3 応 用 (1) ——逆写像の存在——

前回で証明を保留した定理を再記する．

> **定理** 点 $c\in \boldsymbol{R}^k$ の近傍で定義され $\boldsymbol{R}^k$ に値をとる C^r 級写像 F に対し，微分
>
> $$(dF)_c:\ \boldsymbol{R}^k \longrightarrow \boldsymbol{R}^k$$
>
> が全単射ならば，F は c において局所 C^r 同形である．

〈証明〉 $(dF)_c=\varphi$ とおくとき，$\varphi^{-1}\circ F$ も C^r 級であり，その微分は恒等写像である．これが局所 C^r 同形であれば F もそうなるから，はじめから

(1) $(dF)_c=id_{\boldsymbol{R}^k}$ ($\boldsymbol{R}^k$ の恒等写像)

と仮定してよい．F の成分関数の偏導関数 D_jF_i と共に関数

$$\det(D_jF_i)$$

が点 c の近傍で連続で，点 c で $\neq 0$. よって点 c のある ε 近傍 U_ε で $\neq 0$ となり

(2) $(dF)_x$: 全単射 $(x\in U_\varepsilon)$

を知る．いま $0<K<1$ を (任意に) 固定して，ε を更に十分小さくとれば

(3) $\|(dF)_x-(dF)_c\|\leqq K \quad (x\in U_\varepsilon)$

となる．⇀ このとき (3.3) 定理2の系を用いて，(1), (3) より

P108へ

線形写像 $\varphi: \boldsymbol{R}^n \to \boldsymbol{R}^m$ の行列を (φ_{ij}) とする．$\boldsymbol{R}^n, \boldsymbol{R}^m$ の単位ベクトルをそれぞれ $(e_j), (e_i')$ とすれば

$$\varphi(e_j) = \sum_{i=1}^{m} e_i' \varphi_{ij} \qquad (1 \leqslant j \leqslant n)$$

であり，任意の $y = \sum_{j=1}^{n} e_j y_j$ に対して

$$\|\varphi(y)\| \leqslant \sum_{i,j} |\varphi_{ij}||y_j| \leqslant (\sum_{i,j} |\varphi_{ij}|)\|y\|$$

となる．(ノルムは $\| \ \|_1, \| \ \|_2, \| \ \|_\infty$ の何れでもよい.) したがって, $\|\varphi\|$ の定義 (3.2) から，次の不等式を得る．

$$\boxed{\|\varphi\| \leqslant \sum_{i,j} |\varphi_{ij}|}$$

さて，数空間 $\boldsymbol{R}^k$ を動く点 x に線形写像 $\varphi_x: \boldsymbol{R}^n \to \boldsymbol{R}^m$ が対応し，その行列成分 $\varphi_{ij}(x)$ が x の関数として c で連続であるとしよう．そのとき上の不等式から

$$\|\varphi_x - \varphi_c\| \leqslant \sum_{i,j} |\varphi_{ij}(x) - \varphi_{ij}(c)| \longrightarrow 0 \quad (x \to c)$$

を得る．これを左の記事の $(dF)_x = \varphi_x$ に適用しよう．その行列成分は $D_j F_i$ で連続，したがって (3) が成り立つ．

上に述べたことをもっと近代的にいうと次のようになる．

線形写像 $\boldsymbol{R}^n \to \boldsymbol{R}^m$ の全体 $\mathcal{L}(\boldsymbol{R}^n, \boldsymbol{R}^m)$ は nm 次元ノルム空間となるが，それを行列表示によって $\boldsymbol{R}^{nm}$ と同一視しよう．いま $\boldsymbol{R}^n$ の開集合 U で定義された写像 $F: U \to \boldsymbol{R}^m$ が U の各点で微分可能のとき，$x \in U$ に $(dF)_x \in \mathcal{L}(\boldsymbol{R}^n, \boldsymbol{R}^m)$ を対応させる写像

P109へ

(4)　$\|F(u)-F(v)-(u-v)\| \leqq K\|u-v\|$.

とくに，これから次を得る．✓

(4′)　$\|u-v\| \leqq 1/(1-K) \cdot \|F(u)-F(v)\|$

さて，$F(c)$ の $\varepsilon(1-K)$ 近傍 V をとる．任意に固定した $y \in V$ に対し，写像

$$T_y : U_\varepsilon \longrightarrow \boldsymbol{R}^k$$

を $T_y(x)=x-F(x)+y$ によって定めれば，完備ノルム空間 $\boldsymbol{R}^k$ (5.1) において，不動点定理 (5.2) の条件が

$$A=U_\varepsilon, \qquad u_0=c$$

について満足される．それは (4) から知られる．よって不動点すなわち

$$F(x)=y, \qquad x \in U_\varepsilon$$

となる x の一意的存在がわかる．そこで，c の開近傍を

$$U=U_\varepsilon \cap F^{-1}(V)$$

と定めて，F は U から V への全単射となる．

次に F の U への制限の逆写像

$$G : V \longrightarrow U$$

の微分可能性を見よう．任意の $x_0 \in U$ に対し $F(x_0)=y_0$ とおく．F の微分可能性より

$$F(x)-F(x_0)=(dF)_{x_0}(x-x_0)+\alpha(x-x_0),$$
$$\alpha(x-x_0)/\|x-x_0\| \longrightarrow 0 \qquad (x \to x_0).$$

$(dF)_{x_0}$ は (2) より全単射ゆえ，その逆写像を作用させ，移項して記号を変換すれば

$$G(y)-G(y_0)=(dF)_{x_0}{}^{-1}(y-y_0)$$
$$-(dF)_{x_0}{}^{-1}\alpha(G(y)-G(y_0)).$$

ここで右辺の第2項$=o(y-y_0)$ を示せばよい．$(dF)_{x_0}{}^{-1}$ が線形写像だから，次に帰着．

P110へ

$$dF: U \longrightarrow \mathcal{L}(\boldsymbol{R}^n, \boldsymbol{R}^m) = \boldsymbol{R}^{nm}$$

について，これが連続であることと F が C^1 級であることは同等．実は，一般に次が成り立つ．

$$dF \text{ が } C^{r-1} \text{ 級} \Longleftrightarrow F \text{ が } C^r \text{ 級}$$

この考えを進めて，成分表示による偏導関数概念を使わずに，**高階の微分** $d(dF) = d^2F, d^3F, \cdots$ が考えられるのである*.

再び左の記事に戻る．(4′) 以降，不動点定理を適用して，c の開近傍 U と $F(c)$ の開近傍 V を求め，F が U から V への全単射であることを示している．ところで，この部分は不動点定理を使わない証明も可能である．それを紹介しよう**.

まず (4′) より，F の U_ε への制限が単射であることがわかる．$0<\delta<\varepsilon$ としよう．U_δ の境界 $B=\bar{U}_\delta - U_\delta$ は U_ε に含まれ，有界閉集合ゆえコンパクト．したがって連続関数

$$\|F(x)-F(c)\|_2 \qquad (\text{ユークリッドのノルム})$$

は B 上で >0 であり，最小値 $d>0$ をとる (2.5)．$F(c)$ の開近傍

$$V' = \{y\,;\, \|y-F(c)\|_2 < d/2\}$$

を考えよう．そのとき

(5) $$\|y-F(c)\|_2 < \|y-F(x)\|_2 \qquad (y \in V',\ x \in B)$$

は容易にわかる．そこで c の開近傍を

$$U' = U_\delta \cap F^{-1}(V')$$

と定める．F の U' への制限は，すでに注意したように単射であるが，これは全射でもあることを示そう．任意の $y \in V'$ に対して $\bar{U}_\delta$ 上の関数 f を

$$f(x) = \|y-F(x)\|_2{}^2 = \sum_{i=1}^{k} (y_i - F_i(x))^2$$

と定義する．これは勿論連続で，コンパクト集合 $\bar{U}_\delta$ 上最小値をとる．U_δ の境界 B の点 x に対しては (5) より $f(c)<f(x)$ となるので，最小値は U_δ の内

---

* 「Dieudonné : Foundations of modern analysis」

** たとえば「M. Spivak : Calculus on manifolds」

P111へ

$$\alpha(G(y)-G(y_0))/\|y-y_0\| \longrightarrow 0$$

これは (4′) から容易に知られる．✓

かくて F の局所的逆写像 G の微分可能性がわかった．そして

$$(dG)_{y_0}=(dF)_{x_0}{}^{-1}.$$

この等式から，その行列表示を考えて，F: C^r 級 ⇒ G: C^r 級を知る．✓　〈終〉

5.4 関数列の収束

集合 X 上の関数の列 (f_n) の収束については，いろいろな定義がある．任意の $x\in X$ について，数列 $(f_n(x))$ が収束するとき，その極限を $f(x)$ として，関数列 (f_n) は f に**単純収束**するという．

もっと強く，$(f_n(x))$ の収束が x に関して‘一様’，すなわち

「任意の $\varepsilon>0$ に対し，ある n_0 をとれば

$$n_0\leqslant n \Rightarrow |f_n(x)-f(x)|\leqslant\varepsilon \quad (x\in X)」$$

が成り立つとき，(f_n) は f に**一様収束**するという．とくに X 上の有界関数のみを考えるならば，関数列 (f_n) の一様収束は，ノルム空間 $\mathcal{B}(X)$ における‘点列’(f_n) の収束に他ならない．ただし一様ノルムを考える(1.2)．

問4　このことを確かめよ．

そして $\mathcal{B}(X)$ は完備だから(5.1)，一様収束条件はコーシー条件で述べられる：

「任意の $\varepsilon>0$ に対し，ある n_0 をとれば

$$n_0\leqslant p, q \Rightarrow |f_p(x)-f_q(x)|\leqslant\varepsilon \quad (x\in X)」$$

次に関数の定義域 S が数空間の部分集合のように位

P112へ

点すなわち U_δ の点で達せられる．したがって極値条件より $D_jf(x)=0$ $(1\leqslant j\leqslant k)$，すなわち

$$\sum_{i=1}^{k} 2(y_i-F_i(x))\cdot D_jF_i(x)=0 \qquad (1\leqslant j\leqslant k).$$

(2) によって行列 $(D_jF_i(x))$ は正則だから，上式から

$$y_i-F_i(x)=0 \qquad (1\leqslant i\leqslant k)$$

すなわち $F(x)=y$ を得る．

その後の議論は左頁に戻る．(U, V の代りに U', V' をとる．)

関数をひとつの数や点の如く扱い，そのノルムを考え，関数列に対しても，点列の如く収束が問題になった．こうして，点の空間も関数の空間も，共通の「ノルム空間」という抽象概念の下に統一され，たとえば「不動点定理」のような一般論が，‘点’や‘関数’の区別なくひとしく適用されることになるわけである (5.3), (5.5)．

ところで，この辺で一度，抽象化される前の‘関数列’に立ち戻って，その収束の意味を反省しようというわけ．もっとも単純なのが単純収束で，各点 $x\in X$ 毎に関数値の数列 $(f_n(x))$ が収束するということだから，**各点収束**ともいわれる．ただ，この収束は全体的把握がないので，関数達 f_n と極限関数 f の関数としての性質の間につながりが疎遠である．実際，たとえば連続関数列

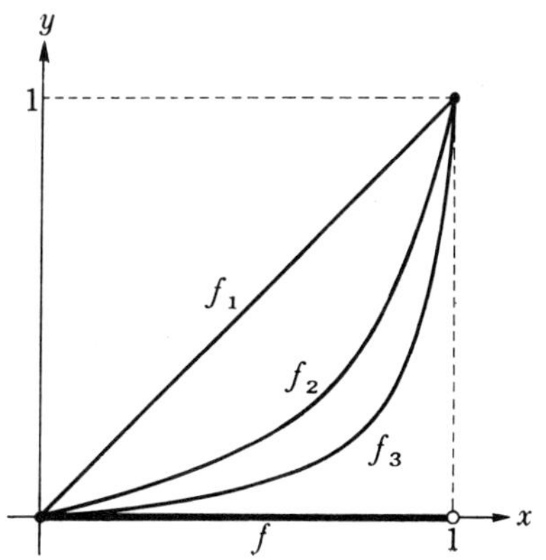

$$f_n(x)=x^n \qquad (0\leqslant x\leqslant 1)$$

は，不連続関数

$$f(x)=\begin{cases} 0 & (0\leqslant x<1) \\ 1 & (x=1) \end{cases}$$

に単純収束する．この例で，‘数列’

P113へ

相をもつ場合を調べよう．

> **定理**　S 上の連続関数列 (f_n) が f に一様収束すれば，f も連続である．

〈証明〉　$a\in S$ とする．任意の $\varepsilon>0$ に対し，ある n をとれば

$$|f_n(x)-f(x)|\leqq\varepsilon/3 \qquad (x\in S),$$

とくに　$|f_n(a)-f(a)|\leqq\varepsilon/3.$

f_n は a で連続だから，ある近傍 V で

$$|f_n(x)-f_n(a)|\leqq\varepsilon/3 \qquad (x\in V).$$

上の3不等式から次を得る．

$$|f(x)-f(a)|\leqq\varepsilon \qquad (x\in V)$$

すなわち，f は a で連続である．　〈終〉

> **系**　コンパクト集合 S 上の連続関数全体 $C(S)$ は完備ノルム空間になる．

〈証明〉　$C(S)$ に属する関数は有界(2.5)，よって $C(S)$ は $\mathcal{B}(S)$ に含まれ，部分空間になっている．一様ノルムに関するコーシー列 $f_n\in C(S)$ は $f\in\mathcal{B}(S)$ に収束するが(5.1)，定理より $f\in C(S)$．よって $C(S)$ 自身が完備である．　〈終〉

注意　定理はベクトル値関数列についても全く同様に成り立つ．したがって注意(5.1)より，完備ノルム空間 E に値をとる連続ベクトル値関数全体 $C_E(S)$ も完備となる．

5.5　応　用（2）——微分方程式の解の存在——

点 $(a,b)\in\boldsymbol{R}^2$ の近傍で連続な関数 f が与えられたと

P114へ

(x^n) の収束の速さは勿論 x に依存するが，x が1に近いと極めておそくなり，すべての x について

'一様にある程度以上速い'

ということがいえない．すなわち'関数列'(x^n) は一様収束しないのである．左頁にあげた一様収束の定義において，n_0 が x と無関係に ε のみで定められるところが肝心である．

一様収束はノルム $\| \ \|_\infty$ による収束のことなので，この意味でノルム $\| \ \|_\infty$ を一様ノルムとよぶわけである．ただ，一様収束の定義で関数の有界性は仮定してないから，一様収束条件も必ずしも有界関数列に限らなくてよいことに注意しておこう．

さて，一様収束の有効性のうち，決定的なのが左の定理である．ただし，一様収束性は各点の近傍で成り立っていればよく，その場合は**広義一様収束**といわれる．こうして，連続性がついてまわる段階の解析では，収束の定義として一様収束が極めて適切であることが了解されよう．

なお，ノルム $\| \ \|_1$, $\| \ \|_2$, …(1.2) などに対応して，**平均収束**とよばれるものもある．一様収束が，関数の定義域のすべての x について'一斉に近づく'ことであったのに対し，平均収束の方は，全体として'平均的に近づく'ということ．直観的にいえば，f_n と f のグラフが囲む部分の面積(体積)が0に近づくということである．正確に述べるには積分概念が必要となる．そして，この種のノルムは，連続関数よりずっと広い範囲の関数を扱うルベーグ積分において，その有効性が発揮されるであろう．

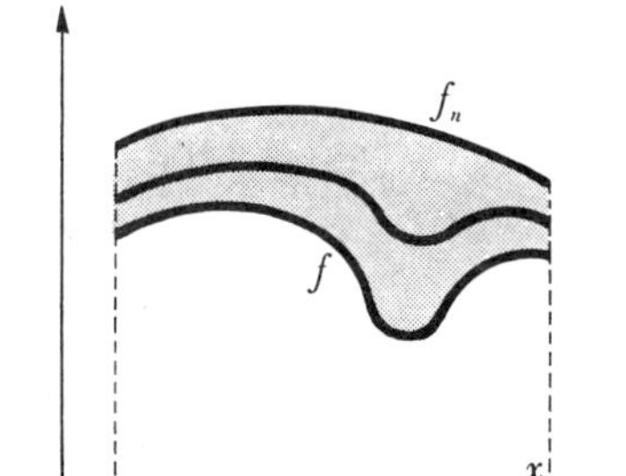

定理の条件を満足する関数 u を求める'微分方程式'は

P115へ

する．a, b の近傍 I, J をてきとうにとって，$I\times J$ で f は連続であり，ある定数 L について

(1)　$|f(x,u)-f(x,v)|\leqq L|u-v|$　　$(x\in I\,;\ u,v\in J)$

が成り立つならば，f は点 (a,b) で（局所）**リプシッツ条件**をみたすという．

定理　点 (a,b) でリプシッツ条件をみたす連続関数 f に対し，a, b のてきとうな近傍 I, J をとれば

$$u'(x)=f(x,u(x)),\qquad u(a)=b$$

を満足する微分可能な関数

$$u: I \longrightarrow J$$

が一意的に存在する．

〈証明〉　正数 δ, ε に対して

$$I_\delta=[a-\delta, a+\delta],\qquad J_\varepsilon=]b-\varepsilon, b+\varepsilon[$$

とかく．δ, ε を小さくとって，$I=I_\delta$, $J=\bar{J}_\varepsilon$, L について (1) が成り立つとしてよい．更に正の定数 M があって次が成り立つ．

(2)　$|f(x,y)|\leqq M$　　$(x\in I_\delta, y\in J_\varepsilon)$

ε を固定する．(5.4)で得られた完備ノルム空間 $C(I_\delta)$ において，実数値 b をとる定数関数——b で表わす——の ε 近傍を

$$U_\delta=\{u\in C(I_\delta)\,;\ \|u-b\|<\varepsilon\}$$

とかく．これは連続関数

$$u: I_\delta \longrightarrow J_\varepsilon$$

の全体に他ならない．そして $u\in U_\delta$ についての定理の条件は次と同等である．

(3)　$u(x)=b+\int_a^x f(t,u(t))\,dt$　　$(x\in I_\delta)$

P116へ

(0) $\qquad y'=f(x,y), \qquad y(a)=b$

と書かれる．後半は**初期条件**とよばれる．一般には大局的な解があるとは限らない．定理は，f に対して強い連続性があれば局所的には一意的な解があることを示している．

証明には不動点定理を用いたので，(5.2) で指摘したように，不動点すなわち解は‘逐次近似’される筈である．簡単な例で試してみよう．

$$y'=cy, \qquad y(0)=1$$

を考える．まず $u_0(x)=1$ (定義) をとる．変換

$$T(u)=1+\int_0^x cu(t)dt$$

によって，順次に近似解 $u_1, u_2, \cdots$ が定まる：

$$u_1(x)=Tu_0=1+\int_0^x cdt=1+cx$$

$$u_2(x)=Tu_1=1+\int_0^x (1+ct)dt=1+cx+\frac{c^2}{2}x^2$$

…………………

$$u_n(x)=1+cx+\frac{c^2}{2!}x^2+\cdots+\frac{c^n}{n!}x^n$$

かくて解 $u(x)$ は 0 の近傍で一様収束する級数で

$$u(x)=\sum_{n=0}^{\infty}\frac{c^n}{n!}x^n$$

と表わされる筈である．

さて，上の例では，周知の通り実数全体で解 $u(x)=\exp cx$ が存在する．一般にいえば，リプシッツ条件を強めて

定理 I を区間とし，$I\times\boldsymbol{R}$ 上の連続関数 f に対し，I 上の連続関数 l があって

$$|f(x,u)-f(x,v)|\leqq l(x)|u-v| \qquad (x\in I\,;\ u,v\in\boldsymbol{R})$$

であるとする．このとき微分方程式 (0) の解は，I 全体で一意的に存在する．

P117へ

いま (3) の右辺で定められる関数を $T(u)$ と書いて，写像

$$T: U_\delta \longrightarrow C(I_\delta)$$

を定めれば，条件 (3) は u が T の不動点であることを意味する．よって (5.2) 定理 2 の条件を示すことに帰着する．

まず (1), (2) より，それぞれ

(4)　$\|T(u)-T(v)\|\leqslant L\delta\|u-v\|$　$(u, v\in U_\delta)$

(5)　$\|T(b)-b\|\leqslant M\delta$

を得る．✓　したがって

$$0<\delta<\varepsilon/(M+L\varepsilon)$$

であるように δ をとれば，(4), (5) より，

$$L\delta=K, \qquad b=u_0$$

として，すべての条件が成立する．〈終〉

注意　一般に，E を完備ノルム空間とし，J を E における $b\in E$ の近傍として，E に値をとる連続ベクトル値関数を考えることもできる．(5.4) の注意参照．とくに $E=\boldsymbol{R}^s$ として，連立微分方程式についての解の存在と一意性の定理が得られるわけである．

P118へ

〈証明〉は本質的に左の定理に依存する*.

この定理が適用できる場合として，線形微分方程式

$$y'=\alpha(x)y+\beta(x)$$

がある．そして，α, β が連続な区間で，任意の初期条件の下で一意的に解が定まる．なお，左頁の注意で述べたように，上の定理も連立方程式にそのまま拡張され連立線形微分方程式

$$(1)\qquad y_i'=\alpha_{i1}(x)y_1+\cdots+\alpha_{in}(x)y_n+\beta_i(x)\qquad(1\leqslant i\leqslant n)$$

が任意の初期条件

$$y_i(a)=b_i\qquad(1\leqslant i\leqslant n)$$

の下で一意的な解をもつことになる．

そこで (1) の特殊な場合として

$$\begin{cases} y_1'= & \qquad\qquad y_2 \\ y_2'= & \qquad\qquad\qquad y_3 \\ \cdots\cdots\cdots\cdots\cdots\cdots & \\ y_n'=\alpha_1(x)y_1+\alpha_2(x)y_2+\cdots+\alpha_n(x)y_n+\beta(x) & \end{cases}$$

を考えよう．これは，‘単独’の n 階線形微分方程式

$$(2)\quad y^{(n)}=\alpha_n(x)y^{(n-1)}+\cdots+\alpha_2(x)y'+\alpha_1(x)y+\beta(x)$$

を考えるのと同等である．しかも初期条件は

$$y^{(i)}(a)=b_{i+1}\qquad(0\leqslant i\leqslant n-1)$$

の形になり，a, b_i は任意にとれる．そうして解が一意的に存在するわけである．たとえば a を固定して $(b_1, \cdots, b_n)$ を単位ベクトルにとり．対応して n 個の解 $u_1, \cdots, u_n$ を求めたとしよう．そのとき，これらの線形結合によって任意の初期条件を満足させることが一意的に可能で，それが方程式を満足する．これは，n 階微分方程式 (2) の解全体が，ちょうど n 次元の線形空間をつくることを意味している．

---

* たとえば「山﨑圭次郎：解析学概論 I（共立出版）5.2」

P119へ

5.6　有向系の収束　——総和と変格積分——

集合 Λ の任意の2元 λ, μ に対して

$$\lambda \leqslant \mu$$

であるかどうかが定められていて，

1)　任意の $\lambda \in \Lambda$ について　$\lambda \leqslant \lambda$,

2)　$\lambda \leqslant \mu,\ \mu \leqslant \nu \Rightarrow \lambda \leqslant \nu$,

3)　任意の $\lambda, \mu \in \Lambda$ に対して，ある $\nu \in \Lambda$ をとれば
　$\lambda \leqslant \nu,\ \mu \leqslant \nu$,

が成り立つとき，Λ を**有向集合**という．

有向集合 Λ を添数集合として，ノルム空間 E の元の系 $(s_\lambda)_{\lambda \in \Lambda}$ を考える．これを E における**有向系**という．

有向系 $(s_\lambda)_{\lambda \in \Lambda}$ が s に収束するとは，

「任意の $\varepsilon > 0$ に対し，ある $\lambda_0 \in \Lambda$ をとれば，

$$\lambda_0 \leqslant \lambda \Rightarrow \|s_\lambda - s\| \leqslant \varepsilon」$$

が成り立つことである．s を極限という．点列の極限の性質のうち，一般の有向系についても同じ形式で証明されるものが多い．⇀

完備性について次が基本的である．

> 完備ノルム空間における有向系 (s_λ) が収束するためには，次が必要十分：
> 「任意の $\varepsilon > 0$ に対しある λ_0 をとれば
> $$\lambda_0 \leqslant \lambda, \mu \Rightarrow \|s_\lambda - s_\mu\| \leqslant \varepsilon」$$

〈証明〉　必要性は点列の場合と同じ．✓　逆に上の条件をみたす——**コーシー系**——について，任意の整数 $n > 0$ に対し，ある $\lambda_n \in \Lambda$ をとって

P120へ

自然数の全体 $\boldsymbol{N}$ は，大小関係に関して有向集合の基本的な例を与える．任意の 2 元 $n, m \in \boldsymbol{N}$ に対して

$$n \leqslant m$$

であるかどうかが定められていて，左頁の 3 条件が成り立つからである．ただ，この場合には常に

$$n \leqslant m \quad \text{または} \quad m \leqslant n$$

であるから，条件 3) は ν として n, m の一方をとればよい．しかし一般の有向集合では必ずしもそうでない．

$\boldsymbol{N}$ を添数集合とする系は点列に他ならない．そして，左で述べた収束と極限の定義は，点列の場合の拡張になっている．

次にノルム空間の部分集合 S で定義された写像

$$f: S \longrightarrow E$$

に対し，S の触点 a における極限を考えよう．Λ として S をとり，2 点 $x, y \in S$ の間の関係 $x \leqslant y$ を

$$\|x-a\| \geqslant \|y-a\|$$

によって定める．つまり x より y の方が‘a に近い’ということ．左頁の 3 条件のチェックは容易であろう．そして $(f(x))_{x \in S}$ は有向系とみなされる．その意味での極限は，確かに写像としての極限 (1.5) に他ならない．

かくして，有向系の極限概念は，点列や写像の極限概念の拡張である．そして形式の類似から，一般性質も拡張される．たとえば

(1) 有向系 (s_λ) の極限は存在する限り一意的である．

〈証明〉 $s \neq s'$ を極限とすれば，$\varepsilon = \|s-s'\|/3 > 0$ に対し，ある λ_0, λ_0' をとって

$$\lambda_0 \leqslant \lambda \Rightarrow \|s_\lambda - s\| \leqslant \varepsilon, \qquad \lambda_0' \leqslant \lambda \Rightarrow \|s_\lambda - s'\| \leqslant \varepsilon.$$

ところで $\lambda_0, \lambda_0' \leqslant \lambda$ が存在するから

P121へ

$$\lambda_n \leqslant \lambda \Rightarrow \|s_\lambda - s_{\lambda_n}\| \leqslant 1/n$$

としよう．λ_n を $\lambda_n \leqslant \lambda'$ となる λ' でおきかえてもよいから，

$$\lambda_1 \leqslant \lambda_2 \leqslant \cdots \leqslant \lambda_n \leqslant \cdots$$

とする．このとき (s_{λ_n}) はコーシー列となり，極限 s をもつ．上の不等式から

$$\|s - s_{\lambda_n}\| \leqslant 1/n. \qquad \checkmark$$

よって (s_λ) は s に収束する．〈終〉

点列や写像の極限は，有向系の極限の特別な場合とみなせる．⇀　ここでは，もっと異質な例を二つあげよう．

まず完備ノルム空間 E において，有限和を任意の添数集合 I をもつ系 $(a_i)_{i \in I}$ の和に拡張する．そのため，I の有限部分集合 λ の全体 Λ に，関係 $\lambda \leqslant \mu$ を $\lambda \subset \mu$ によって定める．このとき Λ は有向集合．✓　そこで，各 $\lambda \in \Lambda$ に対して有限和

$$s_\lambda = \sum_{i \in \lambda} a_i$$

をつくり，有向系 $(s_\lambda)_{\lambda \in \Lambda}$ が収束するとき，$(a_i)_{i \in I}$ は**総和可能**，極限を**総和**とよぶ．

問5　総和可能の条件を述べよ．

級数の和との関係は次の通り．ただし I と自然数全体 $\boldsymbol{N}$ との間に全単射があるとする．

> $(a_i)_{i \in I}$ が総和可能
> $\Longleftrightarrow$ 任意の全単射 $\sigma : \boldsymbol{N} \longrightarrow I$ について，級数 $\sum_{n=0}^{\infty} a_{\sigma(n)}$ が収束．
> しかも，総和は級数の和に等しい．

P122へ

$$\|s-s'\|\leqslant\|s_\lambda-s\|+\|s_\lambda-s'\|\leqslant 2\varepsilon<\|s-s'\|.$$

これは矛盾である． 〈終〉

(2) Λ の部分集合 Λ' が Λ と‘共終’すなわち

「任意の $\lambda_0\in\Lambda$ に対し $\lambda_0\leqslant\lambda_0'$ となる $\lambda_0'\in\Lambda'$ が存在」

が成り立つとき，$(s_\lambda)_{\lambda\in\Lambda}$ が収束すれば $(s_\lambda)_{\lambda\in\Lambda'}$ も収束して極限が一致する．

〈証明〉 任意の $\varepsilon>0$ に対し，ある $\lambda_0\in\Lambda$ をとって

$$\lambda_0\leqslant\lambda\ \Rightarrow\ \|s_\lambda-s\|\leqslant\varepsilon$$

であれば，$\lambda_0\leqslant\lambda_0'\in\Lambda'$ をとることにより

$$\lambda_0'\leqslant\lambda'\in\Lambda'\ \Rightarrow\ \|s_{\lambda'}-s\|\leqslant\varepsilon.$$ 〈終〉

次の命題も (1.5) にならって容易に示されよう．練習問題！

(3) $(s_\lambda)_{\lambda\in\Lambda}$ の極限 s は集合 $\{s_\lambda;\ \lambda\in\Lambda\}$ の触点である．

不等式保存の原理などはこれからわかるのであった．

さて，有向系の極限の例としての‘総和’について一言しよう．有限な系 $(a_i)_{i\in I}$ に対しては，添数 $i\in I$ を勝手に $i_1, i_2, \cdots, i_n$ と並べて，対応する和

$$a_{i_1}+a_{i_2}+\cdots+a_{i_n}$$

を考えれば，これは添数の並べ方によらない．これが系 $(a_i)_{i\in I}$ の総和である．しかし，I が無限集合になると事情は一変する．まず和とは何かが問題．左のように有限個の添数をえらんで，対応する有限和を考え，そういうもので近似していくというのは自然であろう．他方，無限でもよいから自然数で番号づけて並べるという考え方もある．それが級数．この両者を結びつけようということ．

前者の考えでは，‘番号づけ’が表に出ないが，実をいうと，総和可能なら $a_i\neq 0$ であるような $i\in I$ は番号づけられることが証明できる——省略．残りは 0 ばかりだから，実際上は全単射

$$\sigma:\boldsymbol{N}\longrightarrow I$$

が存在すると仮定しても一般性が失われない．

P123へ

〈証明〉　略*.

次に，有限閉区間上の定積分を，一般区間 I 上の連続関数 f の積分に拡張しよう．

I の有限閉部分区間 λ の全体 Λ に，関係 $\lambda \leqslant \mu$ を $\lambda \subset \mu$ によって定める．このとき，Λ は有向集合．✓　そこで，各 $\lambda \in \Lambda$ に対して定積分

$$s_\lambda = \int_\lambda f$$

をつくり，有向系 $(s_\lambda)_{\lambda \in \Lambda}$ が収束するとき，f は I 上**変格積分可能**，極限を**変格積分**とよぶ．

問6　変格積分可能の条件を述べよ．

変格積分は2変数の極限として求まる：

> 区間 I の下端，上端を a, b とするとき，
> I 上の連続関数 f が変格積分可能
> $$\Longleftrightarrow \lim_{(x,y)\to(a,b)} \int_x^y f(t)\,dt \text{ が存在.}$$
> ただし (x, y) の変域は $a<x<y<b$．しかも，変格積分はこの極限に等しい．

問7　これを示せ．

* たとえば「山﨑圭次郎：解析学概論Ⅰ（共立出版）154頁」．

P124へ

次の問題は，I の元の並べ方，いいかえれば全単射 σ のとり方はいろいろあるが，どんな σ についても級数

$$\sum_{n=0}^{\infty} a_{\sigma(n)}$$

が収束するかどうか？ 勿論しない場合のあることは周知であろう．実をいうと，簡単のため実数項として，ある並べ方で絶対収束 (5.1) しなければ，てきとうに並べかえて発散させることも，またどんな和に収束させることもできる！* これは異常だ．そこで，どんな全単射 σ についても上の級数が収束する場合を考え，$\sum_{i\in I} a_i$ が**可換収束**するといっておく．左頁で述べたのは

$$(a_i)_{i\in I} \text{ が総和可能} \iff \sum_{i\in I} a_i \text{ が可換収束}$$

ということである．それに対して，一般の級数について

絶対収束 ⇒ 可換収束

が成り立つ．証明は収束する‘正項級数’が可換収束することに帰着するので容易．練習問題！ ところで a_i が実数あるいはもう少し一般に有限次元空間の元であれば，上の逆も成り立つ．しかし無限次元空間では逆が成り立たない．たとえば $\mathscr{B}(\boldsymbol{R})$ における点列——関数列——(f_n) を

$$f_n(x)=\begin{cases} 1/(n+1) & (n\leqq x<n+1) \\ 0 & (\text{上記以外}) \end{cases}$$

と定めると，$\|f_n\|=1/(n+1)$ の和は収束しないが，(f_n) 自身が可換収束であることは直ちに認められよう．絶対収束より可換収束や総和可能の方が適切な——少なくとも安定した——概念であるゆえん．

* たとえば「高木貞治：解析概論（岩波書店）」

P125へ

第 6 講　多変数の積分

6.1　階段関数の積分

s 個の(有限)区間 $I_1, \cdots, I_s$ の直積

$$A=I_1\times\cdots\times I_s$$

を数空間 $\boldsymbol{R}^s$ における(有限)**直方体**という．有限直方体の全体に空集合も入れて $\mathcal{P}^s$ —略して $\mathcal{P}$— と書く．

$$\mathcal{P}^{s+t}=\{A\times A'\,;\ A\in\mathcal{P}^s,\ A'\in\mathcal{P}^t\}$$

である．固定した s について次が成り立つ．

> $A, B\in\mathcal{P}\ \Rightarrow\ A\cap B\in\mathcal{P}$.
>
> $A, B\in\mathcal{P}\ \Rightarrow$ 互いに素な有限個の $C_i\in\mathcal{P}$ があって，$A-B=\cup_i C_i$.

問1　これを示せ．→

一般に，集合 $A\subset\boldsymbol{R}^s$ の**特性関数**とは

$$\chi_A(x)=\begin{cases}1 & (x\in A)\\ 0 & (x\in\boldsymbol{R}^s-A)\end{cases}$$

P126へ

本講は，次講とあわせて「積分」を扱う．１変数の場合を含めて一般に述べるが，多変数の積分を１変数の積分に帰着させて具体的に計算する段階では，微分法との関係——微積分法の基本定理——によるのが好都合である．１変数について，これは周知であろう(右頁では証明も述べる)．

積分が初等的(代数的)に定義されるのは「階段関数」である．これから，連続関数の積分に進むために，一様収束が利用されよう．いわゆる‘リーマン積分’の主要な対象となるのはこの場合である．しかし，とくに多変数の場合，関数の定義域の形状に多様性があり，積分の対象となる関数の範囲はもっと拡げることが望ましい．本講の最後で，「可積分関数」に到達する．‘ルベーグ積分’の対象となる関数である．ただし，その詳しい性質は次講にゆずる．

一般次元を問題にするから一律に「直方体」と名づけているが，たとえば２次元なら‘直方形’とでもよぶのが適当だろう．１次元の直方体とは区間のことに他ならない．区間にいろいろな種類があったように，一般の直方体でも境界の状況はいろいろである．

有限直方体の全体 $\mathcal{P}^s$ について左にあげた性質は，一般次元で直接考えても困難はないが，s に関する帰納法によるのが簡明である．$s=1$ のときは，区間 A, B の端点の大小関係で場合を分ける：

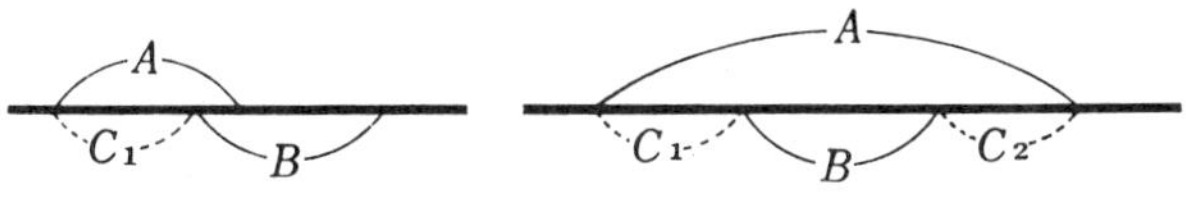

一般には，s 次元と t 次元で成り立つとして $s+t$ 次元で等式

P127へ

で定められる $\boldsymbol{R}^s$ 上の関数である．有限直方体の特性関数の線形結合

$$(*)\qquad \varphi=\sum_{\lambda\in\Lambda}\alpha_\lambda\chi_{A_\lambda}\qquad(\alpha_\lambda\in\boldsymbol{R},\ A_\lambda\in\mathcal{P})$$

を $\boldsymbol{R}^s$ 上の**階段関数**とよぶ．次は有用である．

> **補題**　階段関数 φ の表示 $(*)$ において，$A_\lambda\in\mathcal{P}$ は互いに素にとれる．

〈証明〉　$\varphi=\sum_{i=1}^{n}\alpha_i\chi_{A_i}\qquad(A_i\in\mathcal{P})$

とする．$I=\{1,\cdots,n\}$ の空でない部分集合 λ の全体を Λ とし，各 $\lambda\in\Lambda$ に対し

$$\alpha_\lambda=\sum_{j\in\lambda}\alpha_j,\qquad A_\lambda=\bigcap_{j\in\lambda}A_j-\bigcup_{i\in I-\lambda}\mathrm{A}_i$$

とおく．このとき $x\in A_\lambda$, $i\in I$ について

$$i\in\lambda\iff x\in A_i.\qquad\checkmark$$

よって $(A_\lambda)_{\lambda\in\Lambda}$ は互いに素であって

$$\varphi=\sum_{\lambda\in\Lambda}\alpha_\lambda\chi_{A_\lambda}.$$

ここで A_λ 自身は直方体と限らぬが，上述より互いに素な直方体の合併である．それらに分割して φ の表示を改めればよい．　〈終〉

$\boldsymbol{R}^s$ 上の階段関数全体を $\mathcal{S}^s$ ―略して $\mathcal{S}$― と書く．

さて，直方体 $A=I_1\times\cdots\times I_s$ の体積

$$v(A)=|I_1|\cdots|I_s|$$

($|I|$ は区間 I の長さ) を用いて，階段関数 $(*)$ の積分を

$$(0)\qquad \boxed{\int\varphi=\sum_{\lambda}\alpha_\lambda v(A_\lambda)}$$

と定めよう．ただし，これが φ の表示によらないことを

P128へ

$$(A\times A')\cap(B\times B')=(A\cap B)\times(A'\cap B')$$
$$(A\times A')-(B\times B')=\{(A-B)\times(A'\cap B')\}\cup\{A\times(A'-B')\}$$

をみれば，容易に認められよう：

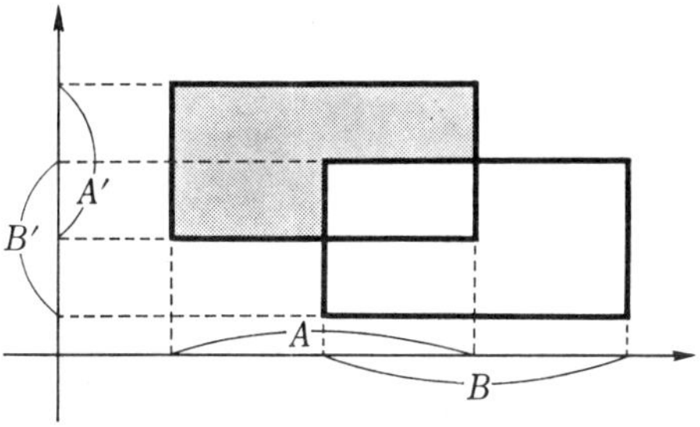

階段関数とは，グラフが文字通り階段状となる関数である．左の補題は，直観的にはほぼ明らかであろう．たとえば1次元の場合，関係する区間の端点を全部とりあげて大きさの順に並べ

$$a_0,\ a_1,\ \cdots,\ a_m$$

とすれば，これらの点でのみ値の変化が起こる関数に他ならない：

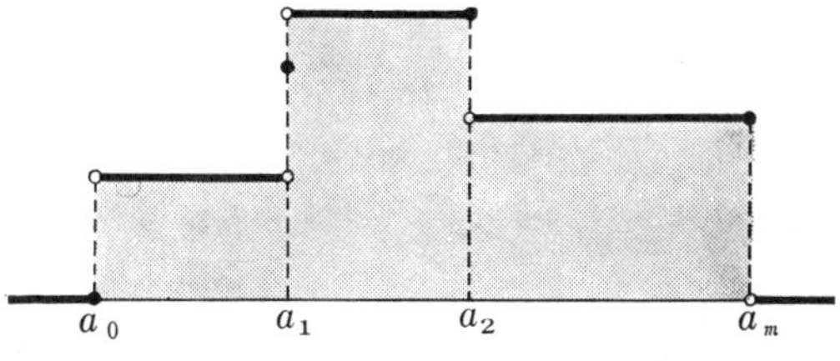

さて，こういう階段関数に対して積分が，

(直方体の体積)×(関数値)

の和として自然に定義される．問題は，与えられた階段関数φを定義域の直方体分割によって表わす仕方に依らずに，上の積分の値が確定することにある．それは，次の‘加法性’に基づいている．

P129へ

示さなければならない．積分は変数記号を付して

$$\int \varphi(x)\,dx$$

と表わされることもある．次が成り立つ．

定理 (0′) $\int \chi_A = \upsilon(A) \qquad (A \in \mathcal{P})$.

(1) $\varphi, \psi \in \mathcal{S} \Rightarrow \alpha\varphi + \beta\psi \in \mathcal{S}$,

$$\int (\alpha\varphi + \beta\psi) = \alpha\int \varphi + \beta\int \psi.$$

(2) $\varphi \in \mathcal{S} \Rightarrow |\varphi| \in \mathcal{S}$,

$$\left|\int \varphi\right| \leqslant \int |\varphi|.$$

(3) $\rho \in \mathcal{S}^{s+t} \Rightarrow \rho(x, \cdot) \in \mathcal{S}^t$,

$$\int \rho(\cdot, y)\,dy \in \mathcal{S}^s,$$

$$\int \rho = \int\left(\int (\rho(x, y)\,dy\right)dx.$$

x, y を入れかえても同様．

注意 記号について．$\boldsymbol{R}^{s+t}$ 上の関数 ρ と $x \in \boldsymbol{R}^s$ に対し，対応 $y \longmapsto \rho(x, y)$ の定める $\boldsymbol{R}^t$ 上の関数を $\rho(x, \cdot)$ とかく．そして $\int \rho(\cdot, y)dy$ は対応 $x \longmapsto \int \rho(x, \cdot)$ の定める $\boldsymbol{R}^s$ 上の関数である．左右入れかえたものも同様の意味をもつ．

〈証明〉 (0′), (1) ⇒ (0) であるから，定理の諸性質を満足する‘積分’の存在を示せば十分である．なお補題より (0) ⇒ (2) がわかる．$s=1$ のとき，積分の存在は比較的容易である． → $s>1$ に対して積分を構成しよう．そのため，$\boldsymbol{R}^s, \boldsymbol{R}^t$ においてすでに (0′), (1) を満足する積分が与えられているとして，$\rho \in \mathcal{S}^{s+t}$ をとる．これは

(＊＊) $\rho = \sum_i \varphi_i \otimes \psi_i \qquad (\varphi_i \in \mathcal{S}^s,\ \psi_i \in \mathcal{S}^t)$

P130へ

$A_1, \cdots, A_m \in \mathcal{P}$ が互いに素で，$A = \bigcup_{i=1}^{n} A_i \in \mathcal{P}$ ならば，$v(A) = \sum_{i=1}^{n} v(A_i)$.

注意 積分の性質が確立されたのちは，それを用いてこの命題は明らかであろう．なお，(A_i) は可算無限個であってもよい．

これを1次元の場合，すなわち区間について示そう．それで十分だから．直観的には自明であろうが，次の二つの命題に分けて厳密に扱っておく．ただし $A_0, A_1, \cdots, A_n$ は区間とする．

i) $A_0 \supset \bigcup_{i=1}^{n} A_i$，$A_i$ は互いに素 $\Rightarrow |A_0| \geqq \sum_{i=1}^{n} |A_i|$.

ii) $A_0 \subset \bigcup_{i=1}^{n} A_i \Rightarrow |A_0| \leqq \sum_{i=1}^{n} |A|_i$.

〈証明〉 A_i の下端をa_i，上端を b_i とし，n に関する帰納法による．$n=1$ のときは自明．$n>1$ とし，$n-1$ について成立とする．番号のつけかえで b_n が $b_1, \cdots, b_n$ の最大数としてよい．

i) の仮定から，まず $b_i \leqq a_n$ $(1 \leqq i \leqq n-1)$，$b_n \leqq b_0$. 前者より $[a_0, a_n] \supset \bigcup_{i=1}^{n-1} A_i$. よって $a_n - a_0 \geqq \sum_{i=1}^{n-1} |A_i|$. ところで $|A_0| - |A_n| = (a_n - a_0) + (b_0 - b_n) \geqq a_n - a_0$. $\therefore$ $|A_0| \geqq \sum_{i=1}^{n} |A_i|$.

ii) の仮定から，まず $b_0 \leqq b_n$. いま $]a_0, a_n[\subset \bigcup_{i=1}^{n-1} A_i$ であるから $a_n - a_0 \leqq \sum_{i=1}^{n-1} |A_i|$. ところで $|A_0| - |A_n| = (a_n - a_0) + (b_0 - b_n) \leqq a_n - a_0$. $\therefore$ $|A_0| \leqq \sum_{i=1}^{n} |A_i|$.

〈終〉

さて上記の‘加法性’より，積分 (0) が φ の表示によらないことを示そう．更に $\varphi = \sum_{\mu \in M} \beta_\mu \chi_{B_\mu}$ ($B_\mu \in \mathcal{P}$，互いに素) とも表わされるとし，すべての A_λ, B_μ を含む $X \in \mathcal{P}$ をとろう．$X - \bigcup_{\lambda} A_\lambda$，$X - \bigcup_{\mu} B_\mu$ は共に互いに素な有限個の直方体の合併であるから，それらを補って，結局はじめから

$$X = \bigcup_{\lambda} A_\lambda = \bigcup_{\mu} B_\mu$$

であると仮定してよい．そのとき‘加法性’より

P131へ

と表わされる．√　ただし $\varphi\otimes\psi$ は

$$(\varphi\otimes\psi)(x,y)=\varphi(x)\psi(y)$$

と定める．そのとき

$$\int\rho=\sum_i\int\varphi_i\int\psi_i$$

と定義すれば，これは ρ の表示 (**) によらない．実際，$x\in\boldsymbol{R}^s$ を固定して

$$\int\rho(x,y)dy=\int\sum_i\varphi_i(x)\psi_i=\sum_i\varphi_i(x)\int\psi_i$$

$$\therefore\quad\int\left(\int\rho(x,y)dy\right)dx=\sum_i\int\varphi_i\int\psi_i$$

この左辺が ρ のみで定まるからである．この等式から特に (3) が成り立つ．また，定義から (0′), (1) の成立は明らか．√　〈終〉

6.2　積分の延長 (1)

数空間 $\boldsymbol{R}^s$ 上の実数値関数を扱う．

一般に，関数 f の**台**とは，集合

$$\{x\in\boldsymbol{R}^s\,;\ f(x)\neq 0\}$$

の閉苞 —触点全体— のことである．

台が一定の有限直方体 A に含まれるような階段関数 $\varphi_n\in\mathcal{S}$ の列を考え，そのようなものの一様収束極限となる関数 φ の全体を $\tilde{\mathcal{S}}^s$ —略して $\tilde{\mathcal{S}}$— と書こう．φ の積分を

$$\int\varphi=\lim_{n\to\infty}\int\varphi_n$$

と定めよう．ただし，この極限が存在して φ のみに依存することを示さなければならない．なお，勿論 $\mathcal{S}\subset\tilde{\mathcal{S}}$ で

P132へ

$$\sum_\lambda \alpha_\lambda v(A_\lambda)=\sum_\lambda \alpha_\lambda \sum_\mu v(A_\lambda\cap B_\mu)=\sum_{\lambda,\mu} \alpha_\lambda v(A_\lambda\cap B_\mu)$$

$$\sum_\mu \beta_\mu v(B_\mu)=\sum_\mu \beta_\mu \sum_\lambda v(A_\lambda\cap B_\mu)=\sum_{\lambda,\mu} \beta_\mu v(A_\lambda\cap B_\mu)$$

ここで $v(A_\lambda\cap B_\mu)\neq 0 \Rightarrow A_\lambda\cap B_\mu\neq\phi \Rightarrow \alpha_\lambda=\beta_\mu$ に注意して，上の２式の右辺が等しい．

次に積分の線形性 (1) であるが，φ,ψ の表示

$$\varphi=\sum_\lambda \alpha_\lambda\chi_{A_\lambda}=\sum_{\lambda,\mu} \alpha_\lambda\chi_{A_\lambda\cap B_\mu}$$

$$\psi=\sum_\mu \beta_\mu\chi_{B_\mu}=\sum_{\lambda,\mu} \beta_\mu\chi_{A_\lambda\cap B_\mu}$$

を用い――上と同様に $\bigcup_\lambda A_\lambda=\bigcup_\mu B_\mu\in\mathcal{P}$ と仮定してよい――簡単な計算でわかる．

階段関数の積分は極めて自然に初等的に定義された．しかし，階段関数は不連続である．そこで次は，連続関数を含む範囲にまで積分を延長することを目標にしよう．といっても，数空間全体で定義された連続関数が常に‘積分可能’になるわけではない．

まずよく知られた伝統的な Riemann 方式を述べておこう．ひとつの有限閉直方体 A を固定し，その上の関数 f を扱う．A を互いに素な有限個の $A_i\in\mathcal{P}$ に分割し，任意の $x^{(i)}\in A_i$ をとって，いわゆる‘リーマン和’

$$R=\sum_i f(x^{(i)})v(A_i)$$

をつくる．いま A の分割を Δ で表わし，すべての A_i の最大幅を $d(\Delta)$ とかこう．‘$d(\Delta)\to 0$ のとき’上記の和 R が一定値に‘収束’するならば，その値を f の（A 上の）**リーマン積分**というのである．正確にいえば，

「任意の $\varepsilon>0$ に対し，ある $\delta>0$ をとれば

P133へ

あって，$\tilde{S}$ で定められる積分は S で定められた積分(6.1)の延長になっている．

〈証明〉 $$\left|\int\varphi_p-\int\varphi_q\right|=\left|\int(\varphi_p-\varphi_q)\right|$$
$$\leqq\int|\varphi_p-\varphi_q|\leqq\|\varphi_p-\varphi_q\|v(A)$$

ゆえ，$\left(\int\varphi_n\right)$ はコーシー列で収束する．(ψ_n) も φ に一様収束し，台が A に含まれるとすれば，

$$\left|\int\varphi_n-\int\psi_n\right|\leqq\int|\varphi_n-\psi_n|\leqq\|\varphi_n-\psi_n\|v(A).$$

よって $\left(\int\psi_n\right)$ も同じ極限をもつ． 〈終〉

S における積分の性質(6.1)は，極限移行によって直ちに $\tilde{S}$ にまで拡張される：

定理1 定理(6.1)で S を $\tilde{S}$ に改められる．

問2 これを確かめよ．

問3 (1),(2)から次を導け．

(2′) $\varphi\in\tilde{S},\ \varphi\geqq0 \ \Rightarrow\ \int\varphi\geqq0.$

(2″) $\varphi,\psi\in\tilde{S},\ \varphi\leqq\psi \ \Rightarrow\ \int\varphi\leqq\int\psi.$

多変数の場合，$\tilde{S}$ はやや中途半端な範囲だが，その中には次の関数が含まれる．

有限閉直方体 A 上の連続関数 f に対し，
$$\bar{f}\in\tilde{S}.$$

注意 記号について．集合 $A\subset\boldsymbol{R}^s$ 上の関数 f に対し，A の外で値を0とおいて $\boldsymbol{R}^s$ 上の関数に延長したものを $\bar{f}$ で表わそう．

P134へ

$$d(\Delta)<\delta \Rightarrow |R-l|<\varepsilon$$」

が成り立つような一定値 l を積分と定義するのである．A 上の連続関数がこの意味で積分可能であることは，Cauchy (1821) によって‘大体’証明され，「一様連続性」を意識した Darboux (1875) により厳密に確立された．

さて，上のリーマン和 R は，階段関数

$$\sum_i f(x^{(i)})\chi_{A_i}$$

の積分に他ならない．そして連続関数の積分可能性は，一様連続性に基づいて階段関数による‘一様近似’の可能性から得られる．こういうことなら，いっそのこと階段関数で一様近似される関数全部 $\tilde{S}$ にまで，積分をひとまず延長しておこう，というのが左の方式である．1次元の場合，$\tilde{S}$ はかなり満足できる関数の範囲を形成する．実は，$\tilde{S}$ に属する関数が

「片側極限の存在」

で特徴づけられる*.

ところで2次元以上の場合，階段関数の不連続点は座標面方向に横たわり，こういう方向性は一様近似によって解消しない．その結果，たとえば球の特性関数のようなものが $\tilde{S}$ に属さず，$\tilde{S}$ はあまり具合のよい範囲とはいえない．そのため，次項では $\tilde{S}$ より狭いが方向性をもたない範囲 $\mathcal{K}$ を考え，それを更に積分延長を行なうための跳躍台にするだろう．

しかしながら，有限閉直方体上の連続関数 f に対し，A の外で値を0とおいたもの $\bar{f}$ が範囲 $\tilde{S}$ に属するという事実は肝要である．ともかくリーマン積分の対象となる連続関数がわれわれの積分の対象として許されることを示しているからである．

1次元の場合に，‘微積分法の基本定理’ともいうべき 定理2とその系が得られる．周知であろうが，念の為われわれの立場から確認しておこう．まず関

* 「Bourbaki: Fonctions d'une variable réelle Chap. 2」
あるいは「山崎圭次郎：解析学概論 I（共立出版），問題 VI，6の解答」

P135へ

〈証明〉 f は一様連続 (2.5) ゆえ，任意の整数 $n>0$ に対し，ある $\delta_n>0$ をとれば

$$\|x-x'\|\leqslant\delta_n \Rightarrow |f(x)-f(x')|\leqslant 1/n.$$

各 n に対し，A を幅が δ_n 以下の直方体の互いに素な合併に分割する：

$$A=\bigcup_i A_n^{(i)}$$

そして任意に $x_n^{(i)}\in A_n^{(i)}$ をとり，

$$\varphi_n=\sum_i f(x_n^{(i)})\chi_{A_n^{(i)}}\in S$$

をつくる．そのとき φ_n の台は A に含まれ，(φ_n) は $\bar{f}$ に一様収束する．✓　〈終〉

有限閉直方体

$$A=[a_1, b_1]\times\cdots\times[a_s, b_s]$$

上の連続関数 f に対し，積分 $\int\bar{f}$ を $\int_A f$ と書く．これは性質 (3) により，有限閉区間上の積分を s 回くり返して求められる．その意味で次のようにも書く．

$$\int_A f=\int_{a_1}^{b_1}\cdots\int_{a_s}^{b_s}f(x_1, \cdots, x_s)\,dx_1\cdots dx_s$$

1次元の場合，次は基本的である．

定理 2　$[a, b]$ 上の連続関数 f に対し，

$$F(x)=\int_a^x f(t)\,dt \qquad (a\leqslant x\leqslant b)$$

は微分可能で，$F'=f$.

系　f は上記の通り，G をその原始関数とすれば

$$\int_a^b f(x)\,dx=G(b)-G(a).$$

〈証明〉 ―

P136へ

数 f が連続な区間内の $a \leqslant c \leqslant d \leqslant b$ に対し，

$$\int_a^d f(t)\,dt = \int_a^c f(t)\,dt + \int_c^d f(t)\,dt$$

が成り立つ．実際，f の $[a,d], [a,c], [c,d]$ への制限を f_1, f_2, f_3 とするとき，$\bar{f_1}, \bar{f_2}, \bar{f_3} \in \tilde{S}$ であり，

$$\bar{f_1} = \bar{f_2} + \bar{f_3} - g.$$

ここで，g は c で値 $f(c)$ をとり，その他で値 0 をとる関数——階段関数！——である．その積分は明らかに 0 ゆえ

$$\int \bar{f_1} = \int \bar{f_2} + \int \bar{f_3}.$$

これは上式を意味する．

いま任意の $c \in [a,b]$ を固定し，$c < x \leqslant b$ を任意にとれば

$$\frac{F(x)-F(c)}{x-c} - f(c) = \frac{1}{x-c}\int_c^x f(t)\,dt - \frac{1}{x-c}\int_c^x f(c)\,dt.$$

$$\therefore \quad \left| \frac{F(x)-F(c)}{x-c} - f(c) \right| \leqslant \sup_{c \leqslant t \leqslant x} |f(t) - f(c)|$$

f の連続性より，右辺 $\to 0$ $(x \to c+0)$．$x \to c-0$ の場合も同様である．かくて $F'(c) = f(c)$ を得る．

次に系であるが，$(F-G)' = 0$ ゆえ，$F(x) - G(x) = c$ (定数)となる(3.3)．とくに $x=a$ として $c = F(a) - G(a) = -G(a)$．よって $x=b$ として $F(b) = G(b) + c = G(b) - G(a)$ を得る．

簡単な計算問題をあげておこう．

問 4 $\int_a^b \int_c^d (x-y)^2 dxdy$ を求めよ．

まだこんなものしか求められない．2次元以上で歪んだ定義域をもつ関数の積分計算には，フビニの定理や変数変換公式が必要である．そういうものは次講以降でとりあげるだろう．

P137へ

6.3 コンパクトな台をもつ連続関数

数空間 $\boldsymbol{R}^s$ 上のコンパクトな台をもつ連続関数全体を $\mathcal{K}^s$ —略して $\mathcal{K}$— と書く.

(6.2) より

$$\mathcal{K}\subset\tilde{S}.$$

したがって，とくに $\mathcal{K}$ で積分が定義されている．その性質をまとめておこう.

定理

(1)　$\varphi,\psi\in\mathcal{K}\Rightarrow\alpha\varphi+\beta\psi\in\mathcal{K}$,

$$\int(\alpha\varphi+\beta\psi)=\alpha\int\varphi+\beta\int\psi.$$

(2)　$\varphi\in\mathcal{K}\Rightarrow|\varphi|\in\mathcal{K}$,

$$\left|\int\varphi\right|\leqslant\int|\varphi|$$

(3)　$\rho\in\mathcal{K}^{s+t}\Rightarrow\rho(x,\cdot)\in\mathcal{K}^t$,

$$\int\rho(\cdot,y)\,dy\in\mathcal{K}^s,$$

$$\int\rho=\int\left(\int\rho(x,y)\,dy\right)dx.$$

x,y を入れかえても同様.

(2′)　$\varphi\in\mathcal{K},\ \varphi\geqslant0\Rightarrow\int\varphi\geqslant0.$

(2″)　$\varphi,\psi\in\mathcal{K},\ \varphi\leqslant\psi\Rightarrow\int\varphi\leqslant\int\psi.$

〈証明〉　各命題の前半だけ示せばよい.

(1), (2) は明白．(3) を示そう．$\rho\in\mathcal{K}^{s+t}$ に対し $\rho(x,\cdot)\in\mathcal{K}^t$ は明白．ρ の台が有限閉直方体 $A\times B$ に含

P138へ

前節にも注意したように，関数の範囲 $\tilde{S}$ は多次元の場合に方向性をもち，あまり好ましくない．そこで，積分の対象となる関数の範囲を更に延長する準備として，純位相的に規定される $\tilde{S}$ の一部分 $\mathcal{K}$ に考察の範囲をいったん縮小しよう．‘伸びんとすれば，まず屈せよ！’というわけ．

$\mathcal{K}$ は一般の位相空間でも意味のある範囲であるが，いま考えているのは数空間だから，

「有界な範囲でのみ0でない値をとりうる連続関数」

の全体といっても同じことになる．ただし，関数の定義域は空間全体とするから，たとえば有限直方体上の連続関数をその外で値を0にして延長したものなどは連続性がこわれるので駄目であることに注意されたい．

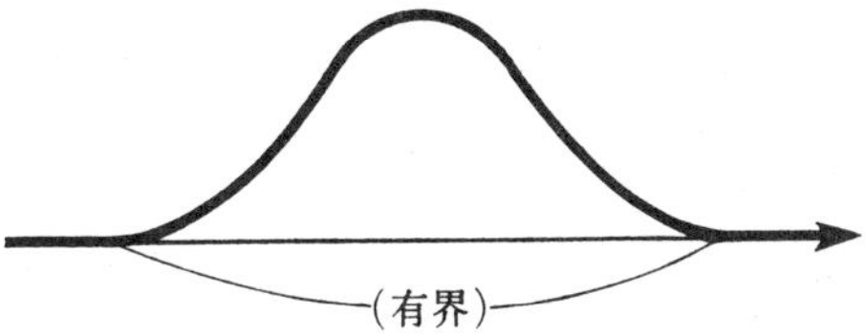

$\mathcal{K}$ が関数の集合としてもっている性質のうち，(1) の前半すなわち線形空間をつくることと，(2) の前半

「$\varphi \in \mathcal{K} \Rightarrow |\varphi| \in \mathcal{K}$」

が基本的である．なおこれらから，この項最後の問にある性質

「$\varphi, \psi \in \mathcal{K} \Rightarrow \varphi \wedge \psi, \varphi \vee \psi \in \mathcal{K}$」

が，形式的な手続だけで導かれることに注意しておこう．実際，

$$\varphi \wedge \psi = \frac{1}{2}(\varphi + \psi - |\varphi - \psi|), \quad \varphi \vee \psi = \frac{1}{2}(\varphi + \psi + |\varphi - \psi|)$$

という関係式をみれば明らかであろう．そして，こういうことは $\mathcal{K}$ に限らな

P139へ

まれるとする．一様連続性より，とくに

任意の $\varepsilon>0$ に対し，ある $\delta>0$ をとれば，

$$\|x-x'\|\leqslant\delta \Rightarrow |\rho(x,y)-\rho(x',y)|\leqslant\varepsilon \quad (y\in \boldsymbol{R}^t).$$

よって任意の $\varepsilon>0$ に対し，$\|x-x'\|\leqslant\delta \Rightarrow \left|\int\rho(x,y)\,dy - \int\rho(x',y)\,dy\right|\leqslant\int\varepsilon\chi_B=\varepsilon v(B)$．これは $\int\rho(\cdot,y)\,dy$ の（一様）連続性を示す．台は A に含まれる．〈終〉

> (4)　$\varphi_n\in\mathcal{K}$ が単調増加で $\varphi\in\mathcal{K}$ に収束すれば，
>
> $$\lim_n\int\varphi_n=\int\varphi.$$

〈証明〉 φ_1,φ の台を含む有限閉直方体 A をとれば，φ_n の台はすべて A に含まれる．そこで次の補題より，(φ_n) は φ に一様収束，よって

$$0\leqslant\int\varphi-\int\varphi_n=\int(\varphi-\varphi_n)$$

$$\leqslant\int\|\varphi-\varphi_n\|\chi_A=\|\varphi-\varphi_n\|v(A)\to 0.$$ 〈終〉

> **補題**　コンパクト集合 A 上の連続関数 φ,φ_n について，(φ_n) が単調増加して φ に収束すれば，それは一様収束である．

〈証明〉 任意の $\varepsilon>0$ をとる．任意の $a\in A$ に対し，ある整数 $n(a)$ をとれば

$$|\varphi_{n(a)}(a)-\varphi(a)|\leqslant\varepsilon/3.$$

$\varphi_{n(a)},\varphi$ の連続性より，a のある開近傍 $U(a)$ をとれば

$$|\varphi_{n(a)}(x)-\varphi_{n(a)}(a)|\leqslant\varepsilon/3,$$

$$(x\in U(a)).$$

$$|\varphi(x)-\varphi(a)|\leqslant\varepsilon/3$$

P140へ

い．$\mathcal{S}$ でも $\tilde{\mathcal{S}}$ でも，また後に述べる可積分関数全体 $\mathcal{L}$ でも同様である．

この項で新たにあげた積分の性質は (4) である．これは

‘積分と極限の可換性’

を目指す積分延長に推進力を与えるもので，極めて重要である．その証明に使われた補題は，ディニ (Dini) の定理ともよばれる．コンパクト性の重要な現われである．

さて，このあたりで‘**積分論**’なるものについて一言しておこう．積分論の形式にはいろいろなものがある．行きつくところに大差はないのだが，少なくとも体系としての導入部ではかなりの違いが目立つ．そのうち，もっとも著るしいのは

‘集合の測度から出発する’

かそれとも

‘関数の積分を直接に構成する’

かということ．前者は Lebesgue 式，後者は Daniel 式とよばれる．直観性を重んじて確率論の伝統的な定式化などとの関連をみるときは前者がよいが，論理的にいうと‘測度’と‘積分’で二度手間のようなところが生じる．それに対して後者は，直接に関数中心でやるから，ともかく早く積分概念に到達でき，必要な基本性質が得られる利点がある．集合より関数の方が演算が豊富なことによるのだろう．そして集合の測度は，その集合の特性関数の積分に他ならないから，あとでゆっくり必要に応じてやればいいというわけ．‘積分論’は準備段階がとかく長くなってあきやすいから，こういうことも無視できない．

積分論の‘いろいろ’が生じる要因は他にも‘いろいろ’あるが，ここでは詳しく述べない*．左では Daniel 式をとっている．そして，位相との関連も重んじて，基本となる関数の範囲をコンパクト台をもつ連続関数全体 $\mathcal{K}$ に設定した．しかし，それ以後（次項以後）の理論構成は，（位相との関連は別とし

*「森　毅：現代数学とブルバキ（東京図書）」「(同)：積分論入門」

P141へ

上記3不等式より

$$|\varphi_{n(a)}(x)-\varphi(x)|\leqslant\varepsilon\quad(x\in U(a)).$$

(φ_n) の単調性より，$n(a)\leqslant n\Rightarrow$

$$|\varphi_n(x)-\varphi(x)|\leqslant\varepsilon\quad(x\in U(a)).$$

さて，A の開被覆 $(U(a))_{a\in A}$ より有限被覆 $U(a_1)$, $\cdots, U(a_k)$ をとり出し，$n(a_1),\cdots,n(a_k)$ の最大数を n_0 とすれば，

$$n_0\leqslant n\Rightarrow|\varphi_n(x)-\varphi(x)|\leqslant\varepsilon\quad(x\in A)$$
$$\Rightarrow\|\varphi_n-\varphi\|\leqslant\varepsilon.$$

〈終〉

ここで後のために記号を準備する．関数 φ,ψ に対し，$\varphi\wedge\psi,\varphi\vee\psi$ を定義しよう：

$$(\varphi\wedge\psi)(x)=\inf(\varphi(x),\psi(x))$$
$$(\varphi\vee\psi)(x)=\sup(\varphi(x),\psi(x))$$

問5　$\varphi,\psi\in\mathcal{K}\Rightarrow\varphi\wedge\psi,\varphi\vee\psi\in\mathcal{K}.$　→

また，関数 φ に対し，

$$\varphi^+=\varphi\vee0,\quad\varphi^-=(-\varphi)\vee0$$

をそれぞれ φ の正部分，負部分という．

$$\varphi=\varphi^+-\varphi^-,\quad|\varphi|=\varphi^++\varphi^-$$

が成り立つ．

6.4 ‘ほとんどいたるところ’

数空間 $\boldsymbol{R}^s$ を固定し，その部分集合を扱う．集合 Z が**零集合**—あるいは**無視可能**— であるとは，次が成り立つことである：

「任意の $\varepsilon>0$ に対し，単調増加列 $0\leqslant\varphi_n\in\mathcal{K}$ が存在して　$\chi_Z\leqslant\sup_n\varphi_n,\quad\int\varphi_n\leqslant\varepsilon$　」

P142へ

て) 基本関数の有界性と積分の性質 (1), (2), (4) だけを利用する．((3) については後述) したがって，数空間に限らない抽象空間での積分論に転用できるものであることに注意しよう．

左でとった方針は上記の通りであるから，初等的な階段関数から連続関数へ進む段階と，それ以後の抽象的構成の段階とに分れることになった．そしてそれら2段階は別の原理で進められる．第1は「一様収束」であり，第2は「単調収束」である．もっとも段階を分けずに階段関数から一足とびに可積分関数へ移ることもできる．そのためには階段関数の積分について性質 (4) を証明しておかなければならない．それは幾分技術的な問題になる．また，連続関数を素通りしてしまうと，あとの応用，たとえば積分変数変換の公式などの扱いに際して，やや面倒が起こるのをさけられないようだ．

なお，目指すところのルベーグ積分では，「平均収束」が基本原理となる．それは，積分を既知とするとき，絶対値の積分をノルムとしての収束である．この原理を，まだ積分が延長されない段階からとりあげるのも，積分論構成の有意義な方法である．ただし，その場合は (外測度に相当する) ‘上積分’ の扱いに多少のごたごたを覚悟しなければならない*.

* 「Bourbaki : Intégration」. なお平均収束と単純収束を併用する ‘教育的’ な仕方について講義録「Dixmier : L'integrale de Lebesgue」をあげておく.

積分の対象とする関数の範囲を更に拡げる前に，‘積分論的無視可能性’ について述べておこう．それは，今回ではまだ扱わないが，積分の調子いいいくつかの性質を確立するときに威力を発揮するだろう．‘微細な違い’ を——明確な根拠の下でだが——無視することなくしては，ルベーグ積分のもつのびのびした自由さは享受できないのである．

左にあげた零集合の定義は，$\mathcal{K}$ の代りに $\mathcal{S}$ を使ってもよい．あるいはさか

P143へ

固6　有限直方体 A について，

零集合 $\iff v(A)=0$.

定理　1)　零集合の部分集合は零集合.

2)　可算個の零集合の合併は零集合.

〈証明〉 1) は明らか. 2) $Z_i(i=1,2,\cdots)$ を零集合とし，任意の $\varepsilon>0$ に対して i ごとに単調増加列 $0\leqslant\varphi_n{}^{(i)}\in\mathcal{K}$ をとって

$$\chi_{Z_i}\leqslant\sup_n\varphi_n{}^{(i)},\quad \int\varphi_n{}^{(i)}\leqslant\varepsilon/2^i$$

とする. $0\leqslant\varphi_n=\varphi_n{}^{(1)}+\cdots+\varphi_n{}^{(n)}\in\mathcal{K}$ は単調増加であって上の条件を満足する.　〈終〉

$\boldsymbol{R}^s$ の点に関する命題は，それが零集合の外で成り立つとき，**ほとんどいたるところ**成り立つという.

$\boldsymbol{R}^s$ 上の関数 f,g がほとんどいたるところ等しい値をとるとき $f\fallingdotseq g$ とかけば，

i)　$f\fallingdotseq f$

ii)　$f\fallingdotseq g \iff g\fallingdotseq f$

iii)　$f\fallingdotseq g,\ g\fallingdotseq h\Rightarrow f\fallingdotseq h$　✓

この性質より，$f\fallingdotseq g$ となる f,g を同一視することができる．この考えをとるときは，関数はほとんどいたるところ定義されていさえすればよい．なお今後便宜上関数値として $\pm\infty$ を許すが，原則的にはほとんどいたるところ有限（$\pm\infty$ でない）とする.

関数の和や積 —可算無限個の和や積— は，上の同一視 $\fallingdotseq$ と矛盾なく定まる. ✓

関数列 (φ_n) がほとんどいたるところ単調増加して関数 φ にほとんどいたるところ収束するとき，記法

P144へ

のぼって，直方体による被覆という形式で，次のように述べても同等である：

「任意の $\varepsilon>0$ に対し，有限直方体列 A_n が存在して

$$Z\subset\bigcup_n A_n,\qquad \sum_n v(A_n)<\varepsilon\qquad 」$$

これが零集合であるための十分条件であることは，次のように考えればわかる．各 n について，ある $0\leqslant\psi_n\in\mathcal{K}$ をとって

$$\chi_{A_n}\leqslant\psi_n,\qquad \int\psi_n\leqslant v(A_n)+\varepsilon/2^n$$

であるようにする．正確には次講で扱うが，直観的には明らかであろう．そのとき $\varphi_n=\psi_1+\cdots+\psi_n\in\mathcal{K}$ は単調増加で

$$\chi_Z\leqslant\sup\varphi_n,\qquad \int\varphi_n\leqslant 2\varepsilon.$$

必要条件であることの証明はもう少し面倒だから省略する．具体例を考えるには，上の十分性だけで十分であろう．

こういうわけで，零集合とは，粗雑にいって‘総体積がいくらでも小さい直方体列で覆える集合’のことである．たとえば s 次元空間での座標面に平行な超平面などは明らかに零集合である．斜めの平面でもよいことも容易に認められよう．実はもっと一般に，$s-1$ 次元以下の部分多様体はすべて零集合である．一般の場合の厳密な証明は次講以降にゆずらなければならないが，具体的に与えられた部分多様体についてチェックするのは容易である．たとえば数平面上の円周が零集合であることを確かめてみられたい．

もっと‘小さい’例をみよう．1点は勿論零集合である．したがって左の定理が示すように，可算集合は零集合である．ただし**可算**とは，自然数の集合と1対1対応がつくということ．無限の場合は自然数全体と1対1対応がつき，1, 2, 3, … と番号づけられるということに他ならない．たとえば座標が有理数の点――有理点――全体は可算であって(次講参照)，零集合である．これなどは，位相的にみて稠密に分布しているから，積分論的に無視できるとはいえ注意を要する場合であろう．

P145へ

$$\varphi_n \nearrow \varphi$$

を用いよう．$\varphi_n \searrow \varphi$ も同様である．この意味で積分の性質 (6.3) の (4) は拡張される：

> $\varphi, \psi, \varphi_n \in \mathcal{K}$ とする．
>
> 1)　ほとんどいたるところ $\varphi \leqslant \psi$ ならば
>
> $$\int \varphi \leqslant \int \psi.$$
>
> 2)　$\varphi_n \leqslant \varphi$ であって，$\varphi_n \nearrow \varphi$ ならば
>
> $$\lim_n \int \varphi_n = \int \varphi.$$

〈証明〉　まず (φ_n) がいたるところ単調増加の場合を考える．$\varphi_n(x) \to \varphi(x)$ でない点 x の集合 Z が零集合だから，任意の $\varepsilon > 0$ に対してある単調増加列 $\psi_n \in \mathcal{K}$ をとれば

$$\chi_Z \leqslant \sup_n \psi_n, \quad \int \psi_n \leqslant \varepsilon / M,$$

ただし M は $\varphi - \varphi_1$ の最大値より大とする．このとき $\varphi_n + M\psi_n \in \mathcal{K}$ はいたるところ単調増加で極限が $\geqslant \varphi$ となるゆえ

$$\varphi_n' = \varphi \wedge (\varphi_n + M\psi_n) \in \mathcal{K},$$

が単調増加で φ に収束，よって $\int \varphi_n' \to \int \varphi$．ところで

$$\int \varphi_n + \varepsilon \geqslant \int \varphi_n + M \int \psi_n \geqslant \int \varphi_n'. \quad \therefore \quad \lim_n \int \varphi_n \geqslant \int \varphi$$

しかるに $\int \varphi_n \leqslant \int \varphi$ ゆえ $\lim_n \int \varphi_n = \int \varphi$ を得る．

この辺で 1) を示そう．$\varphi_n = \psi (n = 1, 2, \cdots)$ とおくとき $\varphi_n \leqslant \varphi \vee \psi$ であって，上記より $\int \psi = \lim_n \int \varphi_n = \int \varphi \vee \psi$．

しかるに $\int \varphi \leqslant \int \varphi \vee \psi$．$\therefore$ $\int \varphi \leqslant \int \psi$．

P146へ

さて，零集合は‘無視可能’とみて，零集合の外を「ほとんどいたるところ」と表現するわけである．この言葉はいろいろな場面で有効に使われるが，さしあたりは関数の定義域および二つの関数の比較や算法について用いることになる．

まず，二つの関数がほとんどいたるところ等しい値をとるとき，これらを区別しないことにしよう．すなわち同一視しようというのであるが，一般に「同一視」が矛盾なく行なえるためには，左頁で ≒ について述べられた3法則——同値法則——が必要である．

こういう同一視をたえず行なうことにして得られる第一の利点は，関数の値を少しぐらいは無視できるということである．ほとんどいたるところで値が知られていれば，例外点では値が定義されていなくてもいいし，また必要に応じて変更してもよいということになる．更に，$\pm\infty$ という値も零集合の上では考えてもよい．そして，関数の間の代数的な算法も，値のないところや $\infty-\infty$ のように無意味なところをはずして行なえばよいから大変都合がよい．また，算法が可算無限個つながる場合も，次々の算法で除外される点集合が零集合で，それらの合併が零集合だから，確定した意味をもつことになるのである．

左にあげた積分の性質 (4) の拡張は，後に一般の可積分関数にまで更に拡張されるだろう．とくに 1) から，ほとんどいたるところ等しい二つの関数が同じ積分をもつことが結論される．このことが，上記で‘積分論的無視可能性’と述べた理由である．

最後に，$\varphi, \psi \in \mathcal{K}$ がほとんどいたるところ等しければ，全く等しいことに注意しておこう．すなわち，$\mathcal{K}$ 内では異なる関数は上の意味で同一視できないのである．実際 $0 \neq \varphi \in \mathcal{K}$ に対し，集合 $Z=\{x\,;\,\varphi(x)\neq 0\}$ は明らかに体積 >0 の有限直方体を含むが，それは零集合でないからである．この推論によって特に (6.3) (2′) は次のように拡張される．

P147へ

とくに $\varphi \fallingdotseq \psi \Rightarrow \int\varphi=\int\psi$ がわかる．

さて，2) の一般の場合であるが，零集合の外で φ_n を修正して，いたるところ単調増加するようにしても積分が変わらないから，上述に帰着する．　〈終〉

6.5　積分の延長 (2)　——ルベーグ積分——

数空間 $\boldsymbol{R}^s$ 上の関数を扱う．関数の範囲 $\mathcal{K}$ とそこでの積分の性質 (6.3) を基にし，2 段階に分けて積分を延長する．

(第一段)　関数列 $\varphi_n \in \mathcal{K}$ により

$$\text{i)}\quad \varphi_n \nearrow h, \qquad \text{ii)}\quad \int\varphi_n \text{ が有界,}$$

となる関数 h の全体を仮に $\bar{\mathcal{K}}$ と表わす．そして $h \in \bar{\mathcal{K}}$ の積分を

$$\int h=\lim_{n\to\infty}\int\varphi_n$$

と定義する．ただし，これが h のみで定まることを示さなければならない．なお h は，ほとんどいたるところ有限な値をとる．(一)

〈証明〉　少し一般化して $h \leqq k$ $(h, k \in \bar{\mathcal{K}})$ に対し，それぞれ i), ii) を満足する (φ_n), (ψ_n) をとる．n を固定して

$$\mathcal{K} \ni \varphi_n \wedge \psi_m \nearrow \varphi_n \quad (m\to\infty).$$

よって (6.4) より $\lim\limits_m \int\varphi_n\wedge\psi_m=\int\varphi_n$.

ところで $\varphi_n\wedge\psi_m \leqq \psi_m$ ゆえ，上式より

$$\int\varphi_n \leqq \lim_m\int\psi_m. \quad \therefore\quad \lim_n\int\varphi_n \leqq \lim_m\int\psi_m$$

P148へ

$$0 \neq \varphi \in \mathcal{K}, \qquad \varphi \geqq 0 \Rightarrow \int \varphi > 0.$$

すでに述べたように，関数の範囲 $\mathcal{K}$ を踏み台にして，積分の対象となる関数の範囲を飛躍的に拡大しようというのであるが，説明の便宜上，二つの段階に分けている：

$$\mathcal{K} \subsetneq \bar{\mathcal{K}} \subsetneq \mathcal{L}$$

後の部分は線形性による拡充であるが，前の部分が本質的である．その原理は，すでに $\mathcal{K}$ 内で成り立っている

‘積分と単調極限の可換性’

を保存しつつ，有限条件の下で単調極限に関して閉じた範囲を構成すること．

もう少し立ち入っていえば，単調極限関数そのものでは不十分で，前項の意味でのほとんどいたるところ単調極限に等しいものを考えるのが‘みそ’である．その有難味は，次講で明らかになろう．なお，ほとんどいたるところ等しい関数が同じ積分をもつから，左頁の条件 i) において，必要なら φ_n を $\varphi_1 \vee \cdots \vee \varphi_n$ でおきかえて，(φ_n) が‘いたるところ’単調増加としてよいことに注意しよう．

ここで，左頁で注意した事実

「$h \in \bar{\mathcal{K}}$ はほとんどいたるところ有限」

を示しておく．

〈証明〉 上の注意より (φ_n) はいたるところ単調増加としてよい．また φ_n, h を $\varphi_n - \varphi_1, h - \varphi_1$ でおきかえ，$\varphi_n \geqq 0$ と仮定してよい．集合 $Z = \{x ; h(x) = \infty\}$ が零集合であることを示すのであるが，零集合だけの調整によって，Z 上 φ_n

P149へ

$h=k$ のときは逆向きの不等号も成り立ち，結局等号が成り立つ．〈終〉

かくて $\mathcal{K}$ における積分が $\bar{\mathcal{K}}$ にまで延長された．なお上の証明から次が成り立つ．

$$h \leqslant k \Rightarrow \int h \leqslant \int k.$$

また，極限移行によって次が直ちにわかる．

$$h, k \in \bar{\mathcal{K}} \Rightarrow h+k \in \bar{\mathcal{K}},$$

$$\int (h+k) = \int h + \int k. \qquad \checkmark$$

$$\alpha > 0, h \in \bar{\mathcal{K}} \Rightarrow \alpha h \in \bar{\mathcal{K}},$$

$$\int (\alpha h) = \alpha \int h. \qquad \checkmark$$

（第二段） ほとんどいたるところ

$$f = h_1 - h_2 \quad (h_i \in \bar{\mathcal{K}})$$

と表わされる関数 f を（ルベーグ）**可積分**であるといいその全体を $\mathcal{L}$ と書こう．その積分は

$$\int f = \int h_1 - \int h_2$$

で定義される．ただし，これが f のみで定まることを示さなければならない．

〈証明〉 $f=h_1-h_2=k_1-k_2$ であれば $h_1+k_2=h_2+k_1$ ゆえ，（第一段）より

$$\int h_1 + \int k_2 = \int h_2 + \int k_1.$$

$$\therefore \int h_1 - \int h_2 = \int k_1 - \int k_2 \qquad \text{〈終〉}$$

注意 任意の $f \in \mathcal{L}, \varepsilon > 0$ に対し，ある $h_i \in \bar{\mathcal{K}}$ をとれば

$$f = h_1 - h_2, \quad h_2 \geqslant 0, \quad \int h_2 < \varepsilon.$$

P150へ

$\to\infty$ であるとしてよい．さて $\int\varphi_n\leqq M$ (定数>0) とすれば，任意の $\varepsilon>0$ に対して

$$\sup_n\frac{\varepsilon}{M}\varphi_n\geqq\chi_Z,\qquad\int\frac{\varepsilon}{M}\varphi_n\leqq\varepsilon$$

となる．これは Z が零集合であることを意味する． 〈終〉

左頁の手続きで $\mathcal{K}$ を含む「可積分関数」の範囲 $\mathcal{L}$ が得られるが，この中にはたしてどんなものが入っているだろうか？ まず第一に問題にしなければならないのは，階段関数である．われわれは階段関数の全体 $\mathcal{S}$ から出発して $\tilde{\mathcal{S}}$ に拡げ，次にその一部分 $\mathcal{K}$ に‘縮め’，しかるのち $\mathcal{L}$ にまで拡げた：

$$\begin{array}{ccccc}\mathcal{S} & \subsetneqq & \tilde{\mathcal{S}} & & \\ & & \cup & & \\ & & \mathcal{K} & \subsetneqq & \mathcal{L}\end{array}$$

したがって，まだ $\mathcal{S}$ 更に $\tilde{\mathcal{S}}$ が $\mathcal{L}$ に含まれているかどうかをチェックしてない．$\mathcal{S}\subset\bar{\mathcal{K}}(\subset\mathcal{L})$ であることは直観的にほぼ認められよう．きちんとした証明は次講で述べる．更に $\tilde{\mathcal{S}}\subset\mathcal{L}$ であることもルベーグの定理 (次講) から直ちに知られるだろう．そして積分も $\tilde{\mathcal{S}}$ で考えたもの (6.2) の延長になっている．

ここでは具体例をあげるに留める．たとえば $s>0$ として

$$f(x)=\begin{cases}e^{-x}x^{s-1} & (x>0)\\ 0 & (x\leqq 0)\end{cases}$$

は $\boldsymbol{R}^1$ 上の可積分関数である．こういうのは，次講でもっと統一的に扱う予定だが，上のように具体的に指示されれば，i) $\varphi_n\nearrow f$, ii) $\int\varphi_n$ 有界，となる $\varphi_n\in\mathcal{K}^1$ が存在することをみるのは容易であろう．

上の例は $x=0$ 以外で連続だが，いたるところで不連続な可積分関数もある．たとえば

$$f(x)=\begin{cases}1 & (x:\text{有理数})\\ 0 & (x:\text{無理数})\end{cases}$$

などは，ほとんどいたるところ値が 0 だから可積分である．そして積分は 0 ということになる．

P151へ

<証明>　$\mathcal{K} \ni \varphi_n \nearrow h_2$ について $\int \varphi_n \to \int h_2$ ゆえ，十分大きい n について，h_i を $h_i - \varphi_n$ でおきかえればよい．<終>

> **定理**　1)　$f, g \in \mathcal{L} \;\Rightarrow\; \alpha f + \beta g \in \mathcal{L}$,
>
> $$\int (\alpha f + \beta g) = \alpha \int f + \beta \int g.$$
>
> 2)　$f \in \mathcal{L} \;\Rightarrow\; |f| \in \mathcal{L}$,
>
> $$\left| \int f \right| \leqslant \int |f|.$$

〈証明〉 1) は（第一段）から直ちに導かれる．2) を示すため，$f = h_1 - h_2$ ($h_i \in \bar{\mathcal{K}}$) と表わせば，$|f| = h_1 \vee h_2 - h_1 \wedge h_2$．ところで $h_1 \underset{\wedge}{\vee} h_2 \in \bar{\mathcal{K}}$ は容易にわかる．✓
不等式は次の 2′′) に帰着する．　〈終〉

> 2′)　$f \in \mathcal{L}$, $f \geqslant 0 \;\Rightarrow\; \int f \geqslant 0$.
>
> 2′′)　$f, g \in \mathcal{L}$, $f \leqslant g \;\Rightarrow\; \int f \leqslant \int g$.
>
> 2′′′)　$f, g \in \mathcal{L} \;\Rightarrow\; f \wedge g, f \vee g \in \mathcal{L}$.

〈証明〉 $f = h_1 - h_2$ と書けば，（第一段）より $f \geqslant 0 \Rightarrow h_1 \geqslant h_2 \Rightarrow \int h_1 \geqslant \int h_2 \Rightarrow \int f \geqslant 0$. これと 1) から 2′′) が出る．2′′′) は 1), 2) の前半による．→ (6.3)　〈終〉

P152へ

最後に，本講の記事全体に関し，扱った関数が実数値（$\pm\infty$ を含む）に限られたことについて一言しておこう．一般にはベクトル値関数——とくに複素数値関数——に対しても考えられる．階段関数については全く同様．したがって $\tilde{S}$，その一部分である $\mathcal{K}$ でも同様である．ただし，関数値は完備ノルム空間からとらねばならない．もし座標の与えられた有限次元空間の場合ならば，結局のところ成分関数の扱いに帰着する．したがってその場合は，可積分性や積分も成分関数によって定めればよい．しかしながら，$\mathcal{K}$ から $\mathcal{L}$ への移行を成分によらずに内的に行おうとすれば，これはかなり問題がある．‘単調性’はもはや無力だから．こういう観点からは，前にちょっとふれたように，‘平均ノルム’$\|\ \|_1$ で定められる平均収束を基本原理として積分延長を行なうのがすっきりするであろう．

P153へ

第 7 講　積分の性質

7.1 項別積分——ルベーグの定理——

定理 1　$f_n \in \mathcal{L}$ がほとんどいたるところ単調増加(減少)で $\left(\int f_n\right)$ が有界ならば,

$$\lim_n f_n \in \mathcal{L}, \quad \int \lim_n f_n = \lim_n \int f_n.$$

系 1　$g_n \in \mathcal{L}$, $g_n \geqq 0$ に対し, 級数 $\sum_{n=1}^{\infty} g_n$ の部分和の積分が有界ならば,

$$\sum_n g_n \in \mathcal{L}, \quad \int \sum_n g_n = \sum_n \int g_n.$$

〈証明〉 まず関係 $f_n - f_{n-1} = g_n$ $(f_0 = 0)$ によって, 定理と系 1 が同等であることに注意する.

(第 1 段) $f_n \in \bar{\mathcal{K}}$, $f_n \nearrow f$ とする. ある $\varphi_n^{(m)} \in \mathcal{K}$ をとって $\varphi_n^{(m)} \nearrow f_n$ $(m \to \infty)$. そこで $\varphi^{(m)}, f'$ を次のように定める：

P154へ

前講では，積分の概念を定義し，その代数的性質‘線形性’と‘単調性’を示した．ここでは解析的な性質のいくつかを導く．まず‘項別積分可能性’が極めて重要である．次に，リーマン積分における一様収束に代って，‘平均収束’がルベーグ積分に本質的に係わるのを見る．ただし深入りしない．それから，位相的準備の後，可積分関数の実際的な例，とくに階段関数や連続関数との関係を明らかにする．最後の‘フビニの定理’は，次講で述べる‘変数変換公式’と共に，理論的に重要であるばかりでなく，積分計算の実行の際に有用である．

積分論構成の筋道を復習しよう．$\mathcal{K}$ をひとつの数空間上のコンパクトな台をもつ連続関数の全体とする．各関数 $\varphi\in\mathcal{K}$ には，実数値 $\int\varphi$ が対応して次の3性質が成り立つのであった．(前講の番号付けで (3) を省く.) α,β は実数を表わす．

(1) $\varphi,\psi\in\mathcal{K} \Rightarrow \alpha\varphi+\beta\psi\in\mathcal{K}$,

$$\int(\alpha\varphi+\beta\psi)=\alpha\int\varphi+\beta\int\psi.$$

(2) $\varphi\in\mathcal{K} \Rightarrow |\varphi|\in\mathcal{K}$,

$$\left|\int\varphi\right|\leqslant\int|\varphi|.$$

(4) $\varphi_n\in\mathcal{K}$ が単調増加で $\varphi\in\mathcal{K}$ に収束すれば

$$\sup_n\int\varphi_n=\int\varphi.$$

ここまでは‘リーマン積分’の領域に属する．これを基にして，‘ほとんどいたるところ’という概念を導入し，それを利用して，積分の対象となる関数の範囲を

P155へ

$$\varphi^{(m)}=\varphi_1{}^{(m)}\vee\cdots\cdots\vee\varphi_m{}^{(m)}\nearrow f'.$$

$\varphi^{(m)}\leqq f_m$ ゆえ $\left(\int\varphi^{(m)}\right)$ も有界で

$$f'\in\bar{\mathcal{K}},\qquad \int f'=\lim_m\int\varphi^{(m)}.$$

ところで $\varphi_n{}^{(m)}\leqq\varphi^{(m)}\leqq f_m$ $(n\leqq m)$ ゆえ

$$f_n\leqq f'\leqq f.$$

しかし $f_n\nearrow f$ ゆえ $f=f'\in\bar{\mathcal{K}}$ を得る．そして

$\int\varphi^{(m)}\leqq\int f_m\leqq\int f$ より

$$\int f=\lim_m\int f_m.$$

かくて $\bar{\mathcal{K}}$ で定理1，したがって系1が成り立つ．

（第2段）　各 n に対し

(1)　$g_n=h_n-k_n\qquad(h_n,k_n\in\bar{\mathcal{K}})$

と表わそう．ここで

(2)　$h_n,k_n\geqq 0,\qquad \int k_n\leqq 1/2^n$

であるようにできる(6.5)．このとき，h_n,k_n は共に系1の条件を満足する．✓　よって第1段より

(3)　$\sum h_n,\quad \sum k_n\in\bar{\mathcal{K}},$

$$\int\sum h_n=\sum\int h_n,\quad \int\sum k_n=\sum\int k_n.$$

(1),(3)より

$$\sum g_n=\sum h_n-\sum k_n\in\mathcal{L},$$

$$\int\sum g_n=\int\sum h_n-\int\sum k_n$$

$$=\sum\left(\int h_n-\int k_n\right)=\sum\int g_n.$$

〈終〉

系2　$0\leqq f\in\mathcal{L}$，$\int f=0$ ならば，ほとんどいたるところ $f=0$.

P156へ

$$\mathscr{K} \subsetneqq \bar{\mathscr{K}} \subsetneqq \mathscr{L}$$

と拡大した．こうして得られた可積分関数全体 $\mathscr{L}$ で，再び (1), (2) の成り立つことも示された．ここまでの構成は，$\mathscr{K}$ の具体的意味を離れて形式的に展開されたことを想い起こそう．いいかえれば，ある勝手な集合X上の有界関数の集合 $\mathscr{K}$ が与えられ，各 $\varphi \in \mathscr{K}$ に上の3条件を満足する‘積分’とよばれる実数 $\int \varphi$ が対応していればよいのである．その意味で，ここに展開しつつある‘ルベーグ積分論’は，数空間に限られないわけである．ただし‘基本関数’の集合 $\mathscr{K}$ は与えられなければならない．そして本講の (7.1), (7.2) の理論構成もこの考えの延長にある．

定理1はふつう**単調収束定理**とよばれる．あるいは人名をつけて **Beppo-Levi の定理**ともよばれる．上の性質 (4) は，ある意味で‘積分の連続性’を保証するものであったが，これをもっと強い形で可積分関数全体に拡張したものといえよう．

なお，前講で述べたように，関数が $\pm\infty$ という値をとることを許している．またほとんどいたるところ定義されていさえすればよいものとした．したがって，特に単調列 f_n の極限は常に存在している．しかし，無条件ではそれがほとんどいたるところ有限であるとは限らない．それに対して，可積分関数はほとんどいたるところ有限であった．

定理1の条件において，単調性をとり除き，積分の有界性をもう少し強い仮定でおきかえたものが定理2である．これは**支配** (dominated) **収束定理**ともよばれるが，人名をつけて **Lebesgue の定理**とよぶ方がふつうであろう．ルベーグ積分論の要に位置する定理である．$\int$ と lim の可換性がその本質なので，定理1と共に項別積分定理ともいわれる．これを結論するのに‘支配条件’は省けない．ただ，極限関数の可積分性を求めるだけなら，(7.2) 補題の形でよい．このあたりの具体例はあとでまとめて挙げよう．$f_n \geqq 0$ のとき，この補題を **Fatou の補題**とよぶこともある．

P157へ

〈証明〉 $nf\nearrow$, $\int nf=0$ ゆえ，定理1より $\lim_n nf$ は可積分，とくにほとんどいたるところ有限の筈．よって f はほとんどいたるところ $=0$. 〈終〉

問1　集合 Z が零集合 $\Longleftrightarrow$ $\chi_Z\in\mathcal{L}$, $\int\chi_Z=0$.

> **定理2**　(ルベーグ) $f_n\in\mathcal{L}$ がほとんどいたるところ収束して
>
> $$|f_n|\leqslant f_0\in\mathcal{L}$$
>
> ならば，
>
> $$\lim_n f_n\in\mathcal{L},\quad \int\lim_n f_n=\lim_n\int f_n.$$

〈証明〉 $0\leqslant f_0\in\mathcal{L}$ を固定して

$$\mathcal{L}_0=\{f\in\mathcal{L}\,;\,|f|\leqslant f_0\}$$

を考える．これは単調列の極限に関して閉じていて，定理1が適用される．

$$g_n=\inf_{n\leqslant m} f_m,\qquad h_n=\sup_{n\leqslant m} f_m$$

は単調減少または増加列

$$\left.\begin{array}{l} f_n\wedge f_{n+1}\wedge\cdots\cdots\wedge f_m\in\mathcal{L}_0 \\ f_n\vee f_{n+1}\vee\cdots\cdots\vee f_m\in\mathcal{L}_0 \end{array}\right.\qquad (m\to\infty)$$

の極限として $\in\mathcal{L}_0$ であり，

$$g_n\leqslant f_m\leqslant h_n\qquad (n\leqslant m).$$

ところで $g_n\nearrow, h_n\searrow$ は同じ極限 $\lim_m f_m$ を（ほとんどいたるところ）もち，

$$\lim\int g_n=\lim\int f_m=\lim\int h_n$$

となる．かくて

$$\lim f_n\in\mathcal{L},\quad \int\lim f_n=\lim\int f_n.$$ 〈終〉

P158へ

さて，このあたりで‘測度論’的観点との関係について述べておこう．われわれの立場は関数中心であったが，基本関数の積分を定義する段階では階段関数を利用したので，‘体積’との結びつきがある．すなわち，有限直方体 A に対して

$$v(A)=\int \chi_A$$

である．そこで，一般の集合 A に対しても，もしその特性関数 χ_A が可積分であれば，A も可積分とよび，その**測度** $v(A)$を 上式で定めよう．体積とよんでもいいわけだが，一般の可積分集合のうちには穴だらけのものなどもあり，あまり体積らしくない場合もある．

集合の可積分性とその測度については次が成り立つ．

(i) 可積分集合 A に対し $0\leqslant v(A)<+\infty$，とくに空集合 ϕ は可積分であって $v(\phi)=0$.

(ii) A, B が可積分ならば $A\cup B$, $A\cap B$, $A-B$ も可積分．

(iii) A_n $(n=1, 2, \cdots)$ が交わらない可積分集合で，$\sum_n v(A_n)<\infty$ ならば，$\bigcup_n A_n$ も可積分で

$$v(\bigcup_n A_n)=\sum_n v(A_n).$$

(iv) $A\subset B$ であって，B が可積分，$v(B)=0$ ならば，A も可積分で $v(A)=0$.

〈証明〉 (i) $\chi_\phi=0$ は勿論可積分で，$\int\chi_\phi=0$. また χ_A が可積分なら $\chi_A\geqslant 0$ より，積分の単調性を用いて $\int\chi_A\geqslant 0$.

(ii) $\chi_{A\cup B}=\chi_A\vee\chi_B$, $\chi_{A\cap B}=\chi_A\wedge\chi_B$, $\chi_{A-B}=(\chi_A-\chi_B)\vee 0$ であるから，可積分関数の性質に帰着する．

(iii) $A=\bigcup_n A_n$ とおくとき，$\chi_A=\sum_n\chi_{A_n}$ であり，その部分和の積分は，線形性より $\leqslant\sum_n v(A_n)<\infty$. よって系1より χ_A は可積分で，

$$\int\chi_A=\sum_n\int\chi_{A_n}=\sum v(A_n).$$

P159へ

注意　$f=\lim f_n$ の可積分性だけを導くには，仮定 $|f_n|\leqq f_0\in\mathcal{L}$ を

$$|f|\leqq f_0\in\mathcal{L}$$

でおきかえてよい．実際，このとき

$$g_n=(f_n\wedge f_0)\vee(-f_0)\in\mathcal{L}$$

$$|g_n|\leqq f_0\in\mathcal{L},\quad \lim_n g_n=f$$

であるゆえ，定理から $f\in\mathcal{L}$ を得る．

7.2* 平均収束と完備性

関数列 $f_n\in\mathcal{L}$ と $f\in\mathcal{L}$ に対し，

$$\int|f_n-f|\longrightarrow 0\qquad(n\to\infty)$$

であれば，(f_n) は f に**平均収束**するという．このとき，次が成り立つ．✓

$$\int f=\lim_n\int f_n$$

$\mathcal{L}$ において，ほとんどいたるところ等しい関数を同一視して得られる線形空間をLと書く．Lは**平均ノルム**

$$\|f\|_1=\int|f|$$

に関してノルム空間になる．✓　平均収束とは，このノルム空間での収束に他ならない．

定理1　Lは平均ノルムに関して完備．

〈証明〉　コーシー列 $f_n\in\mathcal{L}$ が平均収束する部分列を含めばよい．✓　てきとうに自然数列 $n_1<n_2<\cdots$ をえらべば

$$n_k\leqq n\ \Rightarrow\ \|f_n-f_{n_k}\|\leqq 1/2^k.$$

* この項は以下で用いられない．

P160へ

(iv) $0 \leqslant \chi_A \leqslant \chi_B$ であるが，$\int \chi_B = 0$ ゆえ，系 2 より $\chi_B \fallingdotseq 0$．∴ $\chi_A \fallingdotseq 0$ よって χ_A も可積分で $\int \chi_A = 0$．

次に，一般の**可測集合**は，任意の可積分集合との交わりが可積分なものとして定義される．可積分でない可測集合の測度は $+\infty$ と定める．そのとき，可測集合の全体 $\mathcal{M}$ について次が成り立つ．

(M 1) $\phi \in \mathcal{M}$.

(M 2) $A, B \in \mathcal{M} \Rightarrow A - B \in \mathcal{M}$.

(M 3) $A_n \in \mathcal{M} (n = 1, 2, \cdots) \Rightarrow \bigcup_n A_n \in \mathcal{M}$.

これらは定義からほとんど明らかであろう．また，これらから性質「$A, B \in \mathcal{M} \Rightarrow A \cup B,\ A \cap B \in \mathcal{M}$」が導かれる．一般にひとつの集合 X において，その部分集合の集合 $\mathcal{M}$ が上の 3 条件を満足するとき，$\mathcal{M}$ は**完全加法的集合環**とよばれる．

そして各 $A \in \mathcal{M}$ に数 $v(A)$ が対応して次の性質が成り立つ．

(M 4) $0 \leqslant v(A) \leqslant +\infty \quad (A \in \mathcal{M}), \qquad v(\phi) = 0$.

(M 5) $A_n \in \mathcal{M}\ (n = 1, 2, \cdots)$ が交わらないとき

$$v(\bigcup_n A_n) = \sum_n v(A_n).$$

(M 6) $A \subset B \in \mathcal{M}, \qquad v(B) = 0 \Rightarrow A \in \mathcal{M}$.

このとき，組 $(X, \mathcal{M}, v)$ を**測度空間**とよぶのである．ただし，(M 6) は省くこともある．これも成り立つものを**完備**というが，ノルム空間の完備性（定理 1）とは別の概念である．

さて，測度論的観点からは，こういうものを足がかりにして，X 上の‘可測関数’を，たとえば次の条件を満足する関数 f として定義する．

「任意の実数 a について $\{x \in X;\ f(x) > a\} \in \mathcal{M}$」

そして有限直方体の代りに，可測集合を用いて‘可測階段関数’を考え，任意の可測関数 $f \geqslant 0$ がこういうものの単調増加列 $\varphi_n \geqslant 0$ の極限であることを利用して，積分を

P161へ

とくに級数 $\sum_k |f_{n_{k+1}}-f_{n_k}|$ に (7.1) の系1を適用して，

$$\sum_k (f_{n_{k+1}}-f_{n_k})$$

がほとんどいたるところ収束することを知る．したがって (f_{n_k}) はほとんどいたるところある関数 f に (単純) 収束する．

k を固定するとき，ほとんどいたるところ

$$f_{n_p}-f_{n_k} \longrightarrow f-f_{n_k} \qquad (p\to\infty),$$

$$\int |f_{n_p}-f_{n_k}| \leqslant 1/2^k.$$

したがって次の補題より

$$f-f_{n_p}\in\mathcal{L}, \quad \int |f-f_{n_k}| \leqslant 1/2^k.$$

よって (f_{n_k}) は $f\in\mathcal{L}$ に平均収束． 〈終〉

補題 $f_n\in\mathcal{L}$ がほとんどいたるところ関数 f に収束し，$\int |f_n| \leqslant c$ ならば

$$f\in\mathcal{L}, \quad \int |f| \leqslant c.$$

〈証明〉 (7.1) 定理1より，$g_n=\inf_{n\leqslant m}|f_m|\in\mathcal{L}$．また，ほとんどいたるところ $g_n \nearrow |f|$, $\int g_n \leqslant c$ ゆえ

$$|f|\in\mathcal{L}, \quad \int |f| \leqslant c.$$

前半と (7.1) 定理2の注意より $f\in\mathcal{L}$． 〈終〉

定理1の証明から特に次を得る．✓

定理2 $f_n\in\mathcal{L}$ が $f\in\mathcal{L}$ に平均収束するとき，てきとうな部分列 (f_{n_k}) は f にほとんどいたるところ収束する．

P162へ

$$\int f=\lim_n\int\varphi_n$$

と定める．一般の可測関数に対しては

$$f=f^+-f^-\quad(\text{ただし } f^+=f\vee 0,\ f^-=(-f)\vee 0)$$

と分解して

$$\int f=\int f^+-\int f^-$$

と定めるのである．ただし，$\int f^+$, $\int f^-$ が共に $<\infty$ のとき，f を‘可積分’とよぶ．これが測度論的構成の筋書である．

われわれの立場では可積分性が先に定義され，それを用いて可測性が論じられるが，結果は同じである．その証明は省略するが，すでに左で準備が出来ているので困難はない．

可積分関数列 f_n の収束について，(7.1) 定理 2, (7.2) 補題，(7.2) 定理 2 と三つの異なる状況を見た．書き上げれば

（イ）　ほとんどいたるところ単純収束して　$|f_n|\leqq f_0\in\mathcal{L}$.

（ロ）　ほとんどいたるところ単純収束して　$\int|f_n|$ 有界.

（ハ）　可積分関数に平均収束する．(このとき　$\int|f_n|$ 有界).

これらの関係は次の通り：

（イ）↗（ロ）
（イ）↘（ハ）⇒ 項別積分可能

数直線上で少し例をあげよう．

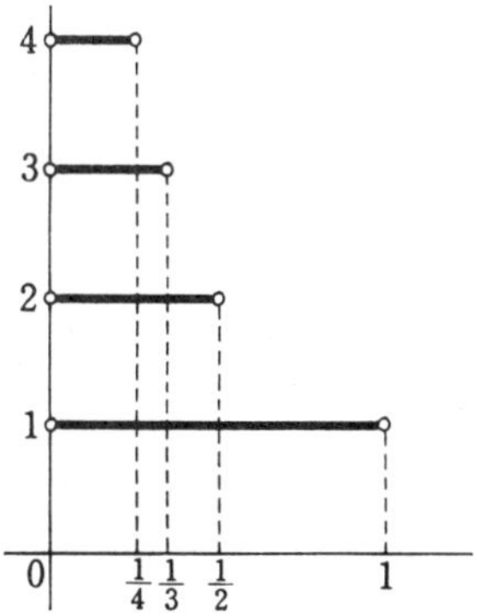

例 1　$f_n=n\chi_{]0,1/n[}$ は 0 に単純収束し，$\int|f_n|=1$. よって（ロ）が成立し，（ハ）が成立しない．更に項別積分不可能．

例 2　$f_n=\chi_{]r/2^e,(r+1)/2^e[}$.　ただし　$n=2^e+r$ $(0\leqq r<2^e)$.　これに対し $\int f_n=1/2^e\longrightarrow 0$ だから，（ハ）が成立するが，（ロ）は成立しない．

P163へ

注意　逆に $f_n \in \mathcal{L}$ がほとんどいたるところある関数 f に収束しても，$f \in \mathcal{L}$ とは限らない．このような（ほとんどいたるところ有限な）関数を**可測関数**とよぶ．これは $\varphi_n \in \mathcal{K}$ のほとんどいたるところの極限でもある．

$f \in \mathcal{L}$ であるための条件は補題にあげたが，$f \in \mathcal{L}$ であっても (f_n) が f に平均収束するとは限らない．ルベーグの定理 (7.1) の条件は平均収束の十分条件を与える．

7.3　位相的準備

補題 1　数空間 $\boldsymbol{R}^s$ の開集合の有限列 $(U_i)_{1 \leqslant i \leqslant m}$ が閉集合 F を覆っているとき，次の性質をもつ連続関数 p_i $(1 \leqslant i \leqslant m)$ が存在する：

i)　$\sum_{i=1}^{m} p_i(x) = 1$　　$(x \in F)$

ii)　p_i の台 $\subset U_i$　　$(1 \leqslant i \leqslant m)$

iii)　$0 \leqslant p_i \leqslant 1$　　$(1 \leqslant i \leqslant m)$

注意　このような (p_i) を F の開被覆 (U_i) に関する**1の分割**とよぶ．以下の証明からわかるように p_i は C^∞ 級にとれる．

〈証明〉　$U_0 = \boldsymbol{R}^s - F$ とおけば $\boldsymbol{R}^s$ の開被覆 $(U_i)_{0 \leqslant i \leqslant m}$ を得る．この場合に補題を示せばよい．✓　そこで $F = \boldsymbol{R}^s$ と仮定する．

コンパクト集合 A_n と開集合 O_n の無限列をてきとうにとり，

$$A_n \subset O_n, \qquad \bigcup_{n=1}^{\infty} A_n = \boldsymbol{R}^s$$

であって，任意のコンパクト集合が有限個の O_n のみと交わるようにする．→

次に n を固定する．各点 $x \in A_n$ はある $U_i \cap O_n = U$

P164へ

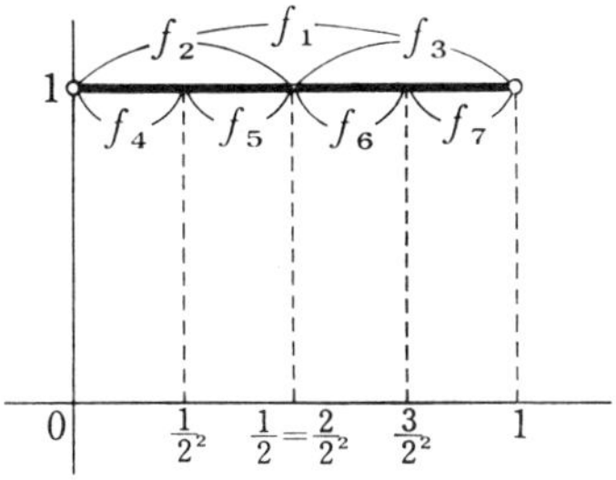

位相的準備として，さしあたりは，補題1の $m=1$ の場合が必要である．その場合を書き直せば次の通り．

「開集合 U が閉集合 F を含むとき，連続関数 p があって

i) $p(x)=1 \quad (x\in F)$

ii) p の台 $\subset U$ 　　　　iii) $0\leqq p\leqq 1$. 」

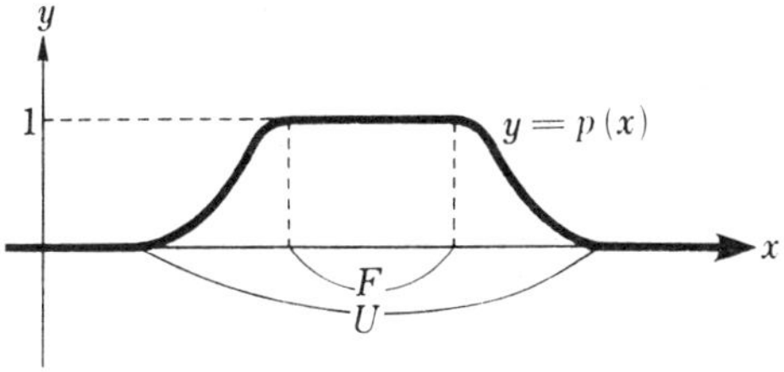

1次元の場合，直観的にはほぼ自明であろう．しかし多次元になると，F の形状が複雑になるので，証明を要する気が起る．まして $m>1$ となると，それ程明らかでなくなる．更に p_i が C^∞ 級にとれることも後の機会に必要である．

なお左では数空間で考えているが，そのことは，A_n, O_n の存在と局所的な関数 q_x の存在以外には用いられない．

A_n, O_n については，たとえば

$$A_n=\{x\in \boldsymbol{R}^s\,;\ n-1\leqq\|x\|\leqq n\}$$
$$O_n=\{x\in \boldsymbol{R}^s\,;\ n-2<\|x\|<n+1\} \qquad (n=1, 2, \cdots)$$

P165へ

に含まれるので,

$$q_x(x)>0,\qquad q_x \text{ の台 } \subset U$$

となる連続正値関数 q_x をつくる．一　いま $V_x=\{y;\ q_x(y)>0\}$ $(x\in A_n)$ はコンパクト集合 A_n の開被覆であるから，有限個の点 x_j をえらんで $A_n\subset\bigcup_j V_{x_j}$ となる．そこで

$$q_i^{(n)}=\sum_{q_{x_j}\text{の台}\subset U_i} q_{x_j}$$

と定めれば，これは連続正値で

$$\sum_{i=1}^{m} q_i^{(n)}(x)>0\qquad(x\in A_n),$$

$$q_i^{(n)} \text{ の台 } \subset U_i\cap O_n$$

となる．そこで，各 i に対し和

$$q_i=\sum_{n=1}^{\infty} q_i^{(n)}$$

を考えれば，これは O_n の条件から局所的に有限和で，再び連続正値であり，A_n の条件からいたるところ

$$q=\sum_{i=1}^{m} q_i>0.$$

よって $p_i=q_i/q$ と定めればよい．〈終〉

補題2　数空間 $\boldsymbol{R}^s$ の任意の開集合 B は，コンパクト集合の増加列 (A_n) の合併として表わされる．

〈証明〉 B に属する有理点——座標が有理数の点——の全体 $B_{\boldsymbol{Q}}$ は可算集合である．一　整数 $n>0$ と点 $a\in B_{\boldsymbol{Q}}$ に対し，$\boldsymbol{R}^s$ における a のコンパクト近傍

$$B_n(a)=\{x\in\boldsymbol{R}^s;\ \|x-a\|\leqslant 1/n\}$$

を考え，そのうち B に含まれるものの全体をとる．これは可算集合であるから，通し番号で $C_1, C_2, \cdots\cdots$ と表

P166へ

とすればよい．A_n は有界閉集合だからコンパクトであり，明らかに $\bigcup_n A_n = \boldsymbol{R}^s$ となる．また，任意のコンパクト集合は有界だから，ある n について $\{x \in \boldsymbol{R}^s ; \|x\| \leqslant n\}$ に含まれ，O_m $(m \geqslant n+2)$ とは交わらない．

次に q_x をつくろう．まず1変数関数

$$\rho(t) = \begin{cases} 0 & (t \leqslant 0) \\ e^{-1/t} & (t > 0) \end{cases}$$

は C^∞ 級である（問2）．これを用いて，任意の $\varepsilon > 0$ に対して s 変数関数

$$\varphi_\varepsilon(x_1, \cdots\cdots, x_s) = \prod_{i=1}^{s} \rho(\varepsilon + x_i)\rho(\varepsilon - x_i)$$

を考える．これも C^∞ 級である．√ そしてこの台は

$$\{(x_1, \cdots\cdots, x_s) ; |x_i| \leqslant \varepsilon \ (1 \leqslant i \leqslant s)\}.$$

そこで，点 $a \in U$ に対し，十分小さい ε をとって上の集合を a だけ平行移動したものが U に含まれるようにすれば，

$$q_a(x) = \varphi_\varepsilon(x - a)$$

が求める関数である．そして，これを使って定義される p_i も C^∞ 級になるわけ．

可算集合について整理しておこう．**可算集合**とは，自然数の集合との間に全単射が存在する集合，いいかえれば，自然数全体 $\boldsymbol{N}$ への単射が存在する集合である．

(1) 可算集合への単射が存在する集合は可算．

〈証明〉 A が可算なら単射 $\alpha: A \to \boldsymbol{N}$ が存在，いま単射 $f: B \to A$ があれば，合成 $\alpha \circ f: B \to \boldsymbol{N}$ も単射である．

(2) 可算集合からの全射が存在する集合は可算．

〈証明〉 いま A を可算とし，全射 $f: A \to B$ があるとして，$b \in B$ と $f(a) = b$ となる $a \in A$ を対応させて写像 $g: B \to A$ をつくれば，これは単射ゆえ，(1) より B は可算．

(3) 可算集合 A, B の直積集合 $A \times B$ は可算．

P167へ

わせる．⌐ そして $(C_n{}^\circ)$ の合併が B となる．✓ そこで

$$A_n = C_1 \cup \cdots\cdots \cup C_n$$

とおけばよい．〈終〉

問 3 数空間 $\boldsymbol{R}^s$ の開集合系 $(U_\lambda)_{\lambda\in\Lambda}$ に対し，可算個の部分系 $(U_{\lambda_n})_{n\in \boldsymbol{N}}$ があって $\bigcup_{\lambda\in\Lambda} U_\lambda = \bigcup_{n=0}^{\infty} U_{\lambda_n}$.

関数 f が点 a で**下半連続**とは，

「任意の $\varepsilon>0$ に対し，a のある近傍 $U(a)$ をとれば

$$f(x) > f(a) - \varepsilon \qquad (x \in U(a))$$
」

が成り立つことである．上半連続も同様．

問 4 開(閉)集合の特性関数は下(上)半連続．

補題 3 数空間上の下半連続関数 $g \geqq 0$ は単調増加列 $\varphi_n \in \mathcal{K}$ の極限である．

〈証明〉 単調増加列 $\varphi_n \in \mathcal{K}$ の極限全体 $\bar{\mathcal{K}}$ は「単調増加列の極限」に関して閉じていることにまず注意する．実際，$f_n \in \bar{\mathcal{K}}$ が単調増加ならば，f_n に収束する単調増加列 $\psi_n{}^{(m)} \in \mathcal{K}$ $(m\to\infty)$ をとり，単調増加列

$$\varphi_n = \psi_1{}^{(n)} \vee \cdots\cdots \vee \psi_n{}^{(n)} \in \mathcal{K}$$

をつくれば，これは $\lim f_n$ に収束する．✓

さて任意に固定した $\varepsilon>0$ に対し，

$$B(\varepsilon) = \{x\,;\ \varepsilon < g(x)\}$$

は開集合ゆえコンパクト集合の増加列 (A_n) の合併となる (補題 2)．$A_n, B(\varepsilon)$ に補題 1 $(m=1)$ を適用して得られる関数 $\rho_n \in \mathcal{K}$ を用いて

$$\sigma_n = \rho_1 \vee \cdots\cdots \vee \rho_n \in \mathcal{K}$$

をつくれば，これは単調増加で $\chi_{B(\varepsilon)}$ に収束する．よっ

P168へ

〈証明〉 A, B から $\boldsymbol{N}$ への単射 α, β をとり，写像 $\gamma: A\times B\to\boldsymbol{N}$ を次のように定める：

$$\gamma(a,b)=\frac{(\alpha(a)+\beta(b))(\alpha(a)+\beta(b)+1)}{2}+\alpha(a)$$

これが単射であることは簡単な計算でわかる．この式の意味は図を参照されたい．(なお，α, β が全単射なら，γ も全単射である.)

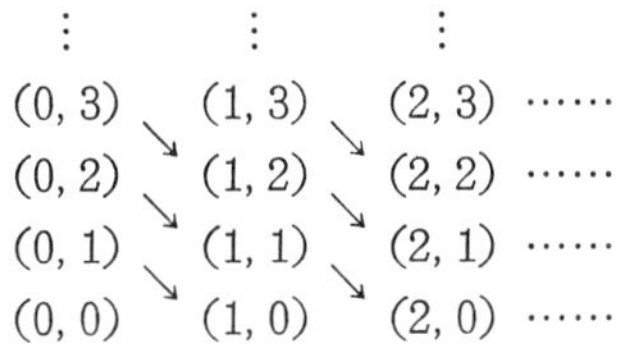

さて，有理数全体 $\boldsymbol{Q}$ に対しては，全射

$$\boldsymbol{N}\times(\boldsymbol{N}-\{0\})\longrightarrow\boldsymbol{Q}$$

が $(x,y)\longmapsto x/y$ により定まる．ここで $\boldsymbol{N}$, $\boldsymbol{N}-\{0\}$ が可算 (1)，それらの直積が可算 (3)，よって $\boldsymbol{Q}$ が可算である (2).

そこで，左で扱った $B_{\boldsymbol{Q}}$ は $\boldsymbol{Q}\times\cdots\times\boldsymbol{Q}$ (s 個の直積) の部分集合として (1), (3) より可算 (s に関する帰納法)．また，$B_n(a)$ ($n\in\boldsymbol{N}-\{0\}$, $a\in B_{\boldsymbol{Q}}$) は可算集合の直積を添数としているから (2), (3) より可算個あり，条件 $B_n(a)\subset B$ を満足するものはその一部分だから (1) より再び可算個である.

補題2の性質を，数空間の開集合は遠可算であるといい表わすことがある．積分論には本質的に可算性がつきまとうので，位相との関連を考えるとき，この性質が有効に働くのである.

下 (上) 半連続は勿論連続性より弱い性質である．補題3と逆に，連続関数——あるいはもっと一般に下半連続関数——の単調増加列 (φ_n) の極限は，必ず下半連続である．上半連続性については減少列を考えて同様.

〈証明〉 (φ_n) の極限を f とする．点aにおいて数列 $(\varphi_n(a))$ が $f(a)$ に収束するから，任意の $\varepsilon>0$ に対し，ある n をとれば

$$f(a)-\varepsilon<\varphi_n(a)$$

ところで φ_n の下半連続性より，a のある近傍 $U(a)$ をとれば

P169へ

て $\chi_{B(s)} \in \bar{\mathcal{K}}$.

次に n を固定して，上述より

$$f_n = \frac{1}{2^n}\sum_{m=1}^{\infty}\chi_B(m/2^n) \in \bar{\mathcal{K}}.$$

この関数列 (f_n) は単調増加で g に収束する．$\checkmark$ よって上述より $g \in \bar{\mathcal{K}}$.　〈終〉

7.4　可積分関数

可積分関数はすでに(6.5)で定義されたが，(6.3)の記号で

$$\tilde{\mathcal{S}} \subset \mathcal{L}$$

であって，$\mathcal{L}$ における積分が $\tilde{\mathcal{S}}$ で定められた積分の延長であることを確認しよう．

〈証明〉　まず $\mathcal{S} \subset \tilde{\mathcal{S}}$ で考える．積分(6.2)と積分(6.5)の線形性から，有限直方体 A に対して次を示せばよい．

$$\chi_A \in \mathcal{L}, \qquad \int \chi_A = v(A)$$

有限閉直方体の増加列 A_n をとって

$$\bigcup_n A_n = A^\circ, \qquad v(A_n) \longrightarrow v(A)$$

であるようにする．$\checkmark$　更に $\varphi_n \in \mathcal{K}$ をてきとうにとって

$$\chi_{A_n} \leqslant \varphi_n \leqslant \chi_{A^\circ}$$

であるようにする(7.3)．必要なら $\varphi_1 \vee \cdots \vee \varphi_n$ を考えて，(φ_n) は単調増加としてよい：

$$\varphi_n \nearrow \chi_{A^\circ}, \qquad \int \varphi_n \longrightarrow v(A)$$

ところで $A - A^\circ$ は零集合である(下の補題参照　→)．すなわち，ほとんどいたるところ $\varphi_n \nearrow \chi_A$．かくて

P170へ

$$x \in U(a) \Rightarrow \varphi_n(a) - \varepsilon < \varphi_n(x) \leqq f(x).$$

$$\therefore \quad x \in U(a) \Rightarrow f(a) - 2\varepsilon < f(x)$$

これは，f が a で下半連続であることを意味する．〈終〉

なお，下(上)半連続性は，関数の値として $+\infty(-\infty)$ を許しても自然に定義される．上の性質および左の補題3はその意味でも成り立つことに注意しておこう．

この項では，すでに前講で予告され，右頁では使ってきた事実

「階段関数は可積分であり，積分は延長されている」

をまずキチンと証明する．あとは，一様収束で進むので，ルベーグの定理が適用されて，‘準連続関数’，まで可積分になる．

証明で用いられた性質

「有限直方体 A について $A-A^\circ$ が零集合」

は直観的には明らかだろう．この種のことがらをチェックする一般原理が使い易い形で補題としてあげられている．すなわち，‘総体積がいくらでも小さい直方体群で覆われる’ということだが，$A-A^\circ$ は厚みがないばかりでなく平坦であるから簡単．(6.1) で示したように，$A-A^\circ$ は互いに素な有限個の直方体 $C_1, \cdots, C_n$ の合併であり，

$$v(A) = v(A^\circ) + v(C_1) + \cdots\cdots + v(C_n).$$

ところで $v(A) = v(A^\circ)$ だから $v(C_i) = 0$ $(1 \leqq i \leqq n)$．すなわち総体積‘0’の‘有限個’の直方体で覆われる．

可積分関数の範囲 $\mathscr{L}$ は広大だが，左の定理は，卑近な関数の可積分性をチェックする際に有用である．たとえば，一般に数空間の部分集合 X 上の関数 f に対して，X の外で値 0 として数空間全体に延長した関数を $\bar{f}$ で表わすことにして，次を得る．

P171へ

$$\chi_A \in \bar{\mathcal{K}}, \qquad \int \chi_A = v(A).$$

次に，任意の $f \in \tilde{\mathcal{S}}$ は，台が一定の有限閉直方体 A に含まれる $\varphi_n \in \mathcal{S} \subset \mathcal{L}$ の一様収束極限である．そして定数 M があって

$$\|\varphi_n\|_\infty \leqq M \qquad (n=1, 2, \cdots).$$

よって

$$|\varphi_n| \leqq M\chi_A \in \mathcal{L}.$$

したがって定理 2 (7.1) より

$$f \in \mathcal{L}, \qquad \int f = \lim \int \varphi_n. \qquad \text{〈終〉}$$

補題 次を満足する集合 Z は零集合．
「任意の $\varepsilon > 0$ に対し，直方体列 (A_n) が存在して
$Z \subset \bigcup_n A_n$, $\sum v(A_n) \leqq \varepsilon$」

〈証明〉 $\bar{A}_n \subset B_n$, $v(B_n) \leqq v(A_n) + \varepsilon/2^n$ となる有限開直方体 B_n がある．✓ これに補題 1 (7.3) を適用して，条件

$$\chi_{A_n} \leqq \psi_n \leqq \chi_{B_n}$$

を満足する $\psi_n \in \mathcal{K}$ を得る．このとき

$$0 \leqq \varphi_n = \psi_1 + \cdots\cdots + \psi_n \in \mathcal{K}$$

は単調増加で，$\chi_Z \leqq \sup_n \varphi_n$, $\int \varphi_n \leqq 2\varepsilon$. 〈終〉

定理 コンパクトな台をもつ下半または上半連続有界関数は可積分である．

〈証明〉 関数 f の台 A がコンパクトとし，定数 m, $M > 0$ をとって

P172へ

> 有界な開または閉集合 X 上の有界連続関数 f に対し，$\bar{f}$ は可積分である．

〈証明〉 $f=f^+-f^-$ と分解するとき，$\bar{f}=\bar{f^+}-\bar{f^-}$ だから，はじめから $f\geqq 0$ と仮定してよい．そのとき

$$\bar{f}\text{ は，}X\text{ が}\begin{cases}\text{開集合のとき下半連続}\\ \text{閉集合のとき上半連続}\end{cases}$$

となるので，定理より可積分である． 〈終〉

ここで，いわゆる‘変格積分’について述べよう．必ずしも有界でない集合 X の上で，必ずしも有界でない連続関数 f が与えられたとし，$\bar{f}$ の可積分性と積分を考えるのである．なお，$\bar{f}$ が可積分のとき，f は‘X 上可積分’といい，積分 $\int\bar{f}$ を $\int_X f$ と書くことにする．このような用語と記法の根拠についてては次回でキチンと述べる予定．

> **定理** 数空間の開集合 X がコンパクト集合の増加列 (A_n) の合併であるとき，X 上の連続関数 f について
>
> $$f\text{ が }X\text{ 上可積分}\iff\int_{A_n}|f|\text{ 有界 }(n=1,2,\cdots).$$
>
> また，この条件が成り立つとき
>
> $$\int_X f=\lim_n\int_{A_n}f.$$

〈証明〉 f を A_n に制限した関数を f_n と書こう．f_n はコンパクト（＝有界閉）集合上連続だから有界であり，上述より $\bar{f_n}$ が可積分．よって $|\bar{f_n}|$ も可積分である．そして上の記法で

$$\int\bar{f_n}=\int_{A_n}f,\qquad\int|\bar{f_n}|=\int_{A_n}|f|.$$

なお $\lim_n\bar{f_n}=\bar{f}$ である．

いま $\bar{f}$ が可積分とすれば，$|\bar{f}|$ も可積分で，積分の単調性より

$$\int_{A_n}|f|\leqq\int_X|f|<\infty$$

P173へ

$$-m \leqslant f \leqslant M$$

とする．A 上で値1をとる関数 $0 \leqslant \varphi \in \mathcal{K}$ をとれば (7.3)，$-m\varphi \leqslant f \leqslant M\varphi$．いま

$$g=\begin{cases} m\varphi+f & (f\text{: 下半連続}) \\ M\varphi-f & (f\text{: 上半連続}) \end{cases}$$

とおけば，g は下半連続で，

$$0 \leqslant g \leqslant (m+M)\varphi \in \mathcal{K}.$$

g は単調増加列 $\varphi_n \in \mathcal{K}$ の極限であり (7.3)，$g \in \bar{\mathcal{K}} \subset \mathcal{L}$．ところで $m\varphi, M\varphi \in \mathcal{L}$ ゆえ $f \in \mathcal{L}$ を得る．　〈終〉

7.5　フビニの定理

定理　f を $\boldsymbol{R}^{s+t}$ 上の可積分関数とする．

1)　ほとんどすべての $x \in \boldsymbol{R}^s$ に対して $\boldsymbol{R}^t$ 上の関数 $f(x, \cdot)$ が可積分である．

2)　$\boldsymbol{R}^s$ 上の関数*

$$x \longmapsto \int f(x, y)\,dy$$

は可積分である．

3)　$\displaystyle\int f=\int\left(\int f(x, y)\,dy\right)dx$

なお，x, y を入れかえても同様である．

〈証明〉　1), 2), 3) の成り立つ可積分関数 f の全体を $\mathcal{L}'$ とし，$\mathcal{L}'=\mathcal{L}$ を示そう．まず $\mathcal{L}'$ が線形，すなわち

(1)　$f, g \in \mathcal{L}' \Rightarrow \alpha f+\beta g \in \mathcal{L}'$

を満足することは直ちに知られる．$\checkmark$　次に

(2)　$f_n \in \mathcal{L}'$ が単調増加（減少）で $\int f_n$ が有界なら

* この関数は 1) よりほとんどいたるところ定義される．

P174へ

すなわち有界性がわかる．逆に $\int_{A_n}|f|$ の有界性を仮定すれば，(7.2) 補題より $\bar{f}$ したがって $|\bar{f}|$ も可積分である．ところで

$$|\bar{f}_n|\leqq|\bar{f}|$$

であるから，(7.1) 定理2より lim と $\int$ が可換で，

$$\int\bar{f}=\lim_n\int\bar{f}_n.$$

これは定理の結論式を意味する． 〈終〉

上の定理によれば，f が X 上可積分のとき，極限

$$\lim_n\int_{A_n}f$$

が，(A_n) のとり方によらず常に存在して同じ値ということになる．定式化を変えよう．X に含まれるコンパクト集合全体のつくる有向集合 (5.6) を Λ とする．そのとき，有向系

$$\left(\int_A f\right)_{A\in\Lambda}$$

の収束を，‘**変格積分可能**’というわけだが，$|f|$ の変格積分可能性——それを f の**絶対変格積分可能性**という——が十分条件であり，それが f の可積分性と同等になる．(ただし f の連続性は仮定している．)

こういう次第で，リーマン積分でいうところのいわゆる‘条件収束’変格積分は，ルベーグ積分の範囲には入って来ない．ルベーグ積分というのは本質的に‘絶対収束’積分なのである．なお誤解のないように付け加えるが，リーマン積分というのは，連続関数以外も扱うわけだが，その本質は連続関数周辺にあるので，本稿では一般論にふれなかった．しかし，たとえば有限閉直方体上で考えるとすれば，リーマン積分可能な関数はルベーグ積分も可能——可積分——であって，両者の積分の値は一致するのである．そして変格積分になるとこの関係がくずれる．ただし大雑把にいって絶対収束の場合はよいというわけ．

P175へ

ば，$f=\lim_n f_n \in \mathcal{L}'$.

を示そう．定理1 (7.1) より

$$f \in \mathcal{L}, \qquad \int f = \lim_n \int f_n$$

であるが，$\boldsymbol{R}^s$ 上の単調増加(減少)関数列

$$g_n(x) = \int f_n(x, y)\,dy$$

について仮定より $\int g_n = \int f_n$. したがって再び定理1 (7.1) より

$$g = \lim_n g_n \in \mathcal{L}(\boldsymbol{R}^s), \qquad \int g = \int f.$$

$g(x)$ が定義され有限であるような x に対し $f_n(x, \cdot)$ は単調増加(減少)でその積分は $\leqslant(\geqslant) g(x)$. よって再び定理1 (7.1) より

$$f(x, \cdot) \in \mathcal{L}(\boldsymbol{R}^t),$$

$$\int f(x, y)\,dy = \lim_n \int f_n(x, y)\,dy = g(x).$$

$$\therefore \quad \int \left(\int f(x, y)\,dy \right) dx = \int g(x)\,dx = \int f$$

かくて $f \in \mathcal{L}'$. 次に

(3) $f \fallingdotseq 0 \Rightarrow f \in \mathcal{L}'$.

を示そう．まず零集合 Z に関して $0 \leqslant f \leqslant \chi_Z$ の場合を考える．任意の整数 $m>0$ に対し単調増加列 $\varphi_n{}^{(m)} \in \mathcal{K}$ $(n \to \infty)$ があって

$$\int \varphi_n{}^{(m)} \leqslant \frac{1}{m}, \qquad h^{(m)} = \lim_n \varphi_n{}^{(m)} \geqslant \chi_Z.$$

$\varphi_n{}^{(m)}$ は m に関し単調減少と仮定してよい．$\mathcal{K} \subset \mathcal{L}'$ (6.3) であるから，(2) より $h^{(m)} \in \mathcal{L}'$. またこれが単調減少ゆえ，その極限 $h \in \mathcal{L}'$. しかも

P176へ

フビニ (Fubini) の定理は，x, y を入れかえても成り立つから，結局，f が可積分のとき次の両辺は意味をもって等しいということになる：

$$\int\left(\int f(x, y)\,dy\right)dx=\int\left(\int f(x, y)\,dx\right)dy$$

これは‘積分の順序交換’ができることを意味する．

さて，左にあげた形式は，関数の可積分性をまず仮定している．しかし実際問題としては，この仮定がはじめからは簡単に確認されないこともある．累次積分——部分の変数で順次に行なう積分——の実行はできても，全変数でまとめて可積分かどうかがわからないのでは，結局積分計算ができない．その点を以下で補おう．ただし可測性は仮定する．可測関数とは可積分関数列の（ほとんどいたるところの）極限であった．これは非常に広い．たとえば開または閉集合上の連続関数 f を延長した $\bar{f}$ は常に可測である．

実際，f の定義域はコンパクト集合の増加列 (A_n) の合併であるから，f の A_n への制限を f_n と書くとき，

$$\bar{f}=\lim_n \bar{f}_n$$

であり，$\bar{f}_n$ は (7.4) 定理より可積分である．

「$f\geqslant 0$ が可測 (7.2) とする．そのとき定理の 1), 2) の仮定の下で f は可積分である．」

〈証明〉 可積分関数列 $f_n\geqslant 0$ が f にほとんどいたるところ収束するとき，$g_n=f_n\wedge f$ も可積分 (何故なら可測は明らかだが，$g_n\leqslant f_n\in\mathcal{L}$ だから (7.1) 定理 2 の注意による）で f に収束．ところで定理より

$$\int|g_n|=\int g_n=\int\left(\int g_n(x, y)\,dy\right)dx$$

$$\leqslant\int\left(\int f(x, y)\,dy\right)dx.$$

よって (7.2) 補題より $f\in\mathcal{L}$. 〈終〉

特殊だが実用的な例をあげておこう．U を $\boldsymbol{R}^s$ の開集合，φ, ψ を U 上の連続関数で $\varphi<\psi$ としよう．そのとき

P177へ

$$\int\left(\int h(x,y)\,dy\right)dx=\int h=\lim_m\int h^{(m)}$$
$$=\lim_m\left(\lim_n\int\varphi_n{}^{(m)}\right)=0.$$

ところで $h\geqslant 0$ ゆえ，$\int h(x,y)\,dy$ はほとんどすべての x について0，そのような x について，$h(x,y)$ はほとんどすべての y について0となる (7.1)．$0\leqslant f\leqslant h$ ゆえ f も同じ性質をもつ．そして

$$\int f=0=\int\left(\int f(x,y)\,dy\right)dx.\quad ✓$$

かくて $f\in\mathcal{L}'$．次に一般の $f\fallingdotseq 0$ に対しては，$f=f^+-f^-$ と分解して f^+, f^- を別々に考えればよいから $f\geqslant 0$ とする．f が零集合 Z の外で0であるとき，

$$f=\lim_n n\left(\chi_Z\wedge\frac{1}{n}f\right)$$

となるから，上記の $0\leqslant f\leqslant\chi_Z$ の場合と，(1), (2) より $f\in\mathcal{L}'$ を知る．

さて，以上示された (1), (2), (3) により $\bar{\mathcal{K}}\subset\mathcal{L}'$ が容易に知られる．✓　そして (1) より $\mathcal{L}\subset\mathcal{L}'$．すなわち $\mathcal{L}=\mathcal{L}'$．〈終〉

問5　開集合 W が不等式 $x+y+z<1,\ x>0,\ y>0,\ z>0$ で定められるとき，積分 $\iiint_W xyz\,dxdydz$ を求めよ．

問6　開集合 $]-1,1[\times]0,1[$ 上で関数 $f(x,y)=y^{\sqrt{|x|}-1}$ の積分を調べよ．

P178へ

$$W=\{(x,y)\in \boldsymbol{R}^{s+1};\ x\in U,\ \varphi(x)<y<\psi(x)\}$$

は $\boldsymbol{R}^{s+1}$ の開集合となるが，その上の連続関数 f が2条件

1) 任意の $x\in U$ について，一変数関数 $f(x,\cdot)$ が開区間 $]\varphi(x),\psi(x)[$ 上絶対変格積分可能．(たとえば有界ならよい．)

2) U 上の関数

$$x \longmapsto \int_{\varphi(x)}^{\psi(x)} f(x,y)\,dy$$

が可積分．

を満足すると仮定する．そのとき f は W 上可積分であって

$$\int_W f=\int_U\left(\int_{\varphi(x)}^{\psi(x)} f(x,y)\,dy\right)dx$$

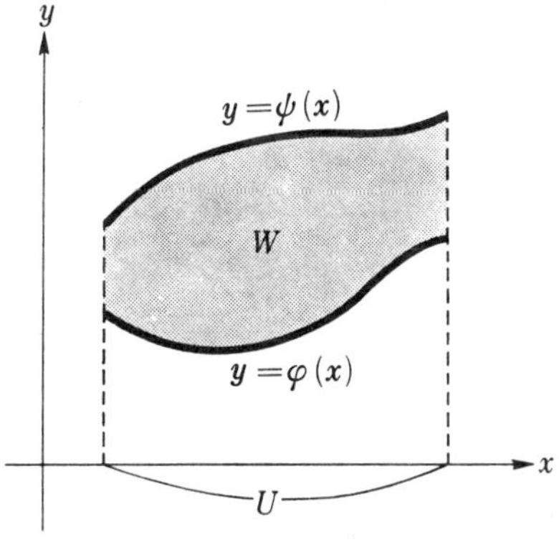

P179へ

第 8 講　積分変数変換と線・面積分

8.1　数空間の開集合上の積分

数空間 $\boldsymbol{R}^s$ の開集合 X をとり，(X における) 台がコンパクトな X 上の連続関数全体を $\mathcal{K}(X)$ とする．

一般に，X 上の関数 f を，X の外での値を 0 として $\boldsymbol{R}^s$ 上に延長したものを $\bar{f}$ と書く．

とくに

$$f \in \mathcal{K}(X) \Rightarrow \bar{f} \in \mathcal{K}(=\mathcal{K}^s) \qquad \checkmark$$

に注意して，f の‘X 上の積分’を

(0)　$\displaystyle\int_X f = \int \bar{f}$　($\boldsymbol{R}^s$ 上の積分)

と定めよう．そのとき $\mathcal{K}$ について述べた積分の基本性質(6.3)(1), (2), (4) が $\mathcal{K}(X)$ についてもそのまま成り立つ．したがって積分の延長 (6.4) (6.5) およびその性質 (7.1) (7.2) もそのまま通用する．とくに $\bar{\mathcal{K}}, \mathcal{L}$ に対応するものを $\bar{\mathcal{K}}(X)$, $\mathcal{L}(X)$ とかき，$f \in \mathcal{L}(X)$ を X

P180へ

ルベーグの意味での可積分関数のもつ基本的性質は前講で述べた．それは，個々の関数の積分の性質ではなく，積分される関数全体についての構造論的考察であった．

本講は，視点を積分域に転ずる．どれだけの関数が積分の対象になるかを問題にするのではなく，ひとつの関数の積分が，その積分域の座標変換——一般には微分可能な変換——によって，どんな影響を受けるかというのが問題の出発点である．そして，数空間やその開集合と限らず，曲線や曲面——一般にいえば多様体——の上での積分が扱われる．とくに定数関数1を積分することにより，曲線の長さや曲面の面積——一般にいえば s 次元多様体の s 次元体積——が得られる．

最後に，数空間に埋め込まれていないという意味での抽象多様体の扱い方を述べるだろう．そこでは現代的な‘層’の概念が自然に現われる．多様体上の積分の進んだ理論，とくに微分形式の積分については，次講以降にゆずろう．

本講の話題にはいる前に，復習を兼ねて，フビニの定理の応用例をあげよう．フビニの定理は多次元積分を1次元積分のくり返しに帰着させる原理であったが，1次元積分をくり返す順序の交換が出来ることをも示していた．

いまある区間 I 上の連続関数 f と1点 $a\in I$ が与えられたとする．f の原始関数で a における値が0になるものは一意的で，積分

(1)　$$F_1(x)=\int_a^x f(t)\,dt \qquad (x\in I)$$

で与えられる．これはすでに述べた．関数 F_1 は条件

$$F_1'=f;\qquad F_1(a)=0$$

で特徴づけられる．それでは，条件

$$F_2''=f;\qquad F_2(a)=F_2'(a)=0$$

を満足する関数 F_2 はどうか？　これを求めるには，上記で f の代りに F_1 を考えればよいわけだから，当然

$$F_2(x)=\int_a^x F_1(t)\,dt=\int_a^x\left(\int_a^t f(s)\,ds\right)dt$$

P181へ

上で可積分といい，その積分 $\int_X f$ を X **上の積分**とよぼう．これについて次が基本的である．

> **定理**　開集合 X 上の関数 f について
> $$f\in\mathcal{L}(X) \iff \bar{f}\in\mathcal{L}$$
> であり，$f\in\mathcal{L}(X)$ に対し (0) が成立．

〈証明〉　X をコンパクト集合の増加列 (A_n) の合併で表わし（補題 2 (7.3)），増加列 $\alpha_n\in\mathcal{K}(X)$ をとって

$$\alpha_n(x)=1 \quad (x\in A_n), \qquad 0\leqslant\alpha_n\leqslant 1$$

であるようにする（補題 1 (7.3)）．

まず，$\mathcal{K}(X)$ から定義される‘X における’零集合が，X に含まれる零集合に他ならないことに注意する．実際，零集合 $Z\subset X$ をとれば，任意の $\varepsilon>0$ に対し，単調増加である $0\leqslant\varphi_n\in\mathcal{K}$ があって

$$\chi_Z\leqslant\sup\varphi_n, \qquad \int\varphi_n\leqslant\varepsilon.$$

よって $\varphi_n\alpha_n$ の X への制限 $\in\mathcal{K}(X)$ をとって，類似の式が成り立ち，Z は X における零集合となる．逆は明らか．かくて，‘ほとんどいたるところ’という用語は $\boldsymbol{R}^s$ と X のどちらで考えても同じ．

次に，X 上の関数 f について，$\bar{f}\in\mathcal{L}$ ならば，ほとんどいたるところ

$$\bar{f}=h-k \qquad (h, k\in\bar{\mathcal{K}})$$

と表わせる．ここで $f\geqslant 0$ と仮定してよいから，$\sqrt{}$ h, $k\geqslant 0$ と仮定できる．（注意 (6.5)）．ある $\varphi_n, \psi_n\in\mathcal{K}$ をとって

$$\varphi_n \nearrow h,\ \psi_n \nearrow k\ ;\ \int\varphi_n, \int\psi_n\ 有界,$$

P182へ

ということになる．この右辺を計算するのに，積分変数の順序交換をしよう．まず $a<x$ とする．

定理の使われ方を明確にするため，数平面 $\boldsymbol{R}^2$ 上の関数

$$\varphi(s,t)=\begin{cases} f(s) & (a\leqq s\leqq t\leqq x) \\ 0 & (\text{それ以外}) \end{cases}$$

を考える．これは有界閉集合上の（必然的に有界な）連続関数を値 0 で延長したものだから，可積分である．よってフビニの定理より，φ の積分が次の二通りに書ける：

$$\int\left(\int\varphi(s,t)\,ds\right)dt=\int\left(\int\varphi(s,t)\,dt\right)ds$$

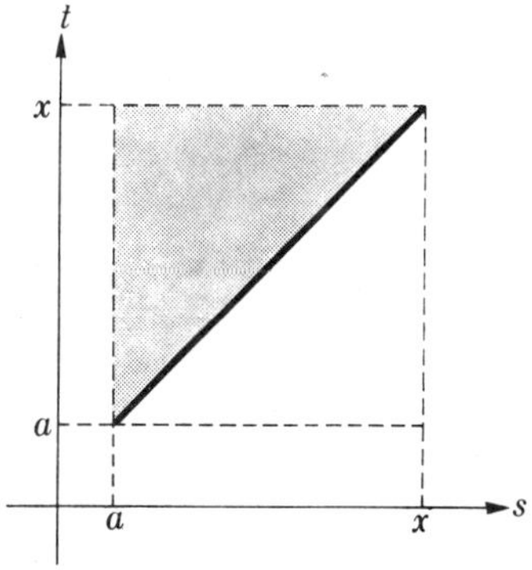

左辺はすでに書いた $F_2(x)$ の式に等しい．右辺を詳しく書くと，

$$\int_a^x\left(\int_s^x f(s)\,dt\right)ds=\int_a^x f(s)(x-s)\,ds.$$

したがって記号を変えて公式

(2) $$F_2(x)=\int_a^x f(t)(x-t)\,dt$$

を得る．$x\leqq a$ の場合も同様で同じ式に到達する．

これを拡張して，条件

$$F_n^{(n)}=f;\quad F_n(a)=F_n'(a)=\cdots=F_n^{(n-1)}(a)=0$$

を満足する関数 F_n は，次の公式で与えられる：

P183へ

であるが，$\varphi_n, \psi_n \geqq 0$ としてよく，上と同様に $\varphi_n\alpha_n, \psi_n\alpha_n$ の X への制限 p_n, $q_n \in \mathcal{K}(X)$ をとれば，$p = \sup_n p_n$, $q = \sup_n q_n \in \bar{\mathcal{K}}(X)$ とおいて，ほとんどいたるところ

$$f = p - q$$

と書ける．かくて，$f \in \mathcal{L}(X)$ であり，

$$\bar{f} = \bar{p} - \bar{q} \qquad (\bar{p}, \bar{q} \in \bar{\mathcal{K}})$$

より次を得る：

$$\int_X f = \int_X p - \int_X q = \int \bar{p} - \int \bar{q} = \int \bar{f}.$$

なお $f \in \mathcal{L}(X) \Rightarrow \bar{f} \in \mathcal{L}$ は容易にわかる．　〈終〉

8.2　積分変数の変換

定理　$\xi: T \longrightarrow X$

を数空間の開集合の間の C^1 同形，f を X 上の可積分関数とする．そのとき，T 上の関数 $(f\circ\xi)|\det \xi'|$ は可積分で

$$\int_X f = \int_T (f\circ\xi)|\det \xi'|.^*$$

〈証明〉　X, T を $\boldsymbol{R}^s$ の開集合とする．一般に，X 上の関数 f に対して，$T = \xi^{-1}(X)$ 上の関数 $(f\circ\xi)|\det \xi'|$ を f^ξ と略記する．

* $|\det \xi'|$ は，$t \in T$ に行列 $\xi'(t)$ の行列式の絶対値を対応させる関数を表わす．

P184へ

(n)　$$F_n(x)=\int_a^x \frac{f(t)}{(n-1)!}(x-t)^{n-1}dt$$

問1　n に関する帰納法でこれを導け.

注意　これからテイラーの公式(3.5)における残余項の積分表示が得られる：

$$g(x)=\sum_{k=0}^{p}\frac{g^{(k)}(a)}{k!}(x-a)^k+\int_a^x \frac{g^{(p+1)}(t)}{p!}(x-t)^p dt$$

実際，最後の項が上の記号で $f=g^{(p+1)}$ に対する F_{p+1} であり，右辺全体 F は

$$F^{(p+1)}=g^{(p+1)};\quad F^{(k)}(a)=g^{(k)}(a)\qquad (0\leqslant k\leqslant p)$$

を満足する．これより $F=g$ を得る．✓

さて，ウオーミング・アップはこの位にして，本講の話題にはいろう．前講でも，‘右側’ではすでに開集合上の積分に言及している．本講は，‘左側’でその合理性を保証しようというのである．実際，左の定理は，数空間の開集合 X を数空間と形式上全く同様に扱うことによって，X 上の関数の積分が内的に特徴づけられることを述べている.

1次元積分——定積分——についての‘置換積分法’は次の通り.

> 区間 $[\alpha,\beta]$ 上の微分可能な関数 ξ と $\xi([\alpha,\beta])$ を含む区間上の関数 f が与えられ，f,ξ' が連続ならば
>
> $$\int_{\xi(\alpha)}^{\xi(\beta)} f(x)\,dx=\int_\alpha^\beta (f\circ\xi)(t)\,\xi'(t)\,dt.$$

注意　$a>b$ のとき $\int_a^b$ は $-\int_{[b,a]}$ で定義される.

この公式では ξ について C^1 級であることだけが仮定される．これは，注意で述べたように，積分域の方向性が考慮されているからであり，本質的に‘方向づけられた多様体上の微分形式の積分’を（一般論はのちに）扱っている．それに反して，左の公式では‘体積密度に関する関数の積分’（次項参照）を扱っ

P185へ

まず $f\in\mathcal{K}(X)$ に対して $f^{\xi}\in\mathcal{K}(\xi^{-1}(X))$ は明らかである．このとき上の等式すなわち

$$(*)\qquad \int_X f=\int_{\xi^{-1}(X)} f^{\xi}$$

を証明しよう．

$s=1$ の場合をまず見る．f の台の各点に対し，それを含み閉包が X に含まれる有限開区間をとる．f の台はコンパクトなので，これらのうちの有限個 $]a_i, b_i[$ $(1\leqslant i\leqslant n)$ が f の台を覆う．これに関する1の分割 (p_i) をとろう．そのとき

$$\int_X f=\int_X \sum_{i=1}^{n} fp_i=\sum_{i=1}^{n}\int_{]a_i,b_i[} fp_i$$

となる．ここで C^1 同形 ξ による $[a_i, b_i]$ の逆像を考えれば，有限閉区間 $[\alpha_i, \beta_i]$ を得るが，この上で ξ' は一定符号をもち，その正負にしたがって $\xi(\alpha_i)=a_i$, $\xi(\beta_i)=b_i$ または $\xi(\alpha_i)=b_i$, $\xi(\beta_i)=a_i$ である．✓ いずれにしても

$$\int_{a_i}^{b_i} f(x)p_i(x)\,dx$$
$$=\int_{\alpha_i}^{\beta_i} f(\xi(t))p_i(\xi(t))|\xi'(t)|\,dt$$

が成り立つ．⇀ よって上の計算とつなげて

$$\int_X f=\sum_{i=1}^{n}\int_{]\alpha_i,\beta_i[}(f\circ\xi)(p_i\circ\xi)|\xi'|$$
$$=\int_T (f\circ\xi)|\xi'|$$

を得る．✓

次に $s>1$ として，$s-1$ に対して成り立つと仮定する．場合を分けよう．

i）ξ が s 文字 $1,\cdots,s$ の置換 σ から引き起される写

P186へ

ているので，ξ の可逆性が省けない．たとえば

$$\xi(t)=t^3-t$$

は C^1 級関数で，全射

$$\xi:\ ]-2,2[\ \longrightarrow\ ]-6,6[$$

を与えるが，単射ではない．そして

$$\int_{]-6,6[}1=\int_{-6}^{6}1\,dx=12$$

$$\int_{]-2,2[}(1\circ\xi)|\xi'|=\int_{-2}^{2}|3t^2-1|dt$$

$$=12+\frac{8}{9}\sqrt{3}\,.$$

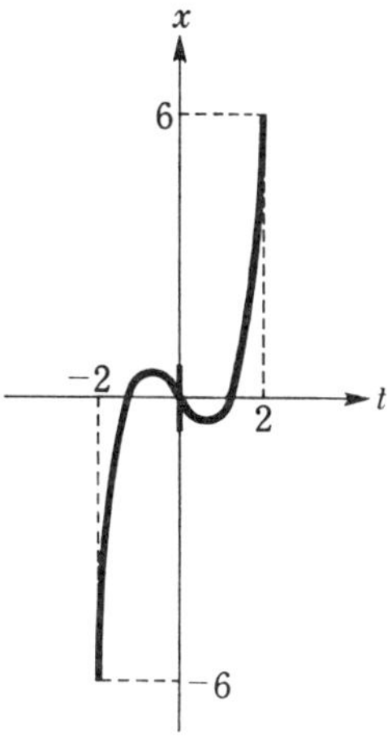

2 式の違いは，区間]-6, 6[の一部分(太線部分)の‘長さ’が 3 重に測られることによる．

一般に，X 上の関数 1 の積分は X の‘体積’であり，公式より

$$v(X)=\int_T|\det\xi'|$$

と表わされる．たとえば ξ 自身が線形写像であれば，$\xi'(a)\,(a\in T)$ は一定の行列で線形写像 ξ を表わす．具体的に書けば，

$$\xi(t_1,\cdots,t_s)=\left(\sum_{j=1}^{s}\alpha_{1j}t_j,\ \cdots,\ \sum_{j=1}^{s}\alpha_{sj}t_j\right)$$

であるとき，

$$\xi(T)\ \text{の体積}=(T\ \text{の体積})\times\text{abs.}\begin{vmatrix}\alpha_{11}\cdots\alpha_{1s}\\ \cdots\cdots\cdots\cdots\\ \alpha_{s1}\cdots\alpha_{ss}\end{vmatrix}$$

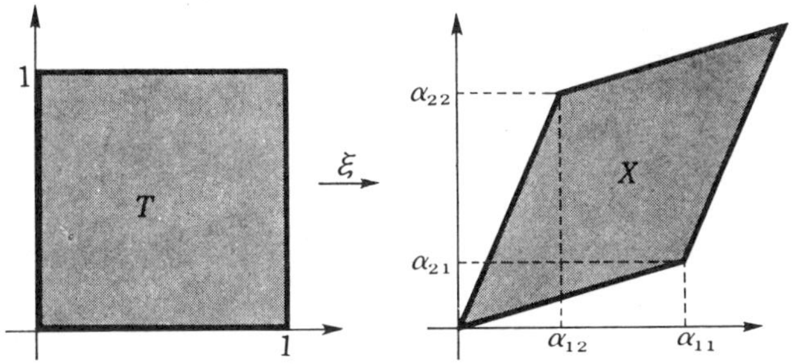

P187へ

像——同じ記号 σ で表わす——

$$\sigma(x_1, \cdots, x_s)=(x_{\sigma(1)}, \cdots, x_{\sigma(s)})$$

である場合．まず階段関数 φ に対して $\varphi^{\xi}=\varphi\circ\xi$ も階段関数で，明らかに

$$\int_X\varphi=\int_{\zeta^{-1}(X)}\varphi\circ\xi=\int_{\xi^{-1}(X)}\varphi^{\xi}. \quad \surd$$

そこで，階段関数列の一様収束極限にうつって，(*) が成り立つ．

ii)　ある i, j について $\xi_i(t)=t_j$ である場合．$\sigma(s)=i$, $\tau(j)=s$ となる置換 σ, τ をとって

$$(\sigma\circ\xi\circ\tau)(t)=(\cdots\cdots, t_s)$$

となるから，i）とあわせて，はじめから

$$\xi_s(t)=t_s$$

である場合に帰着する．$\surd$

任意の実数 u に対して $\boldsymbol{R}^{s-1}$ の開集合

$$X(u)=\{(x_1, \cdots, x_{s-1})\,;\,(x_1, \cdots, x_{s-1}, u)\in X\}$$

を考える．$T(u)$ も同様．そして

$$f_u(x_1, \cdots, x_{s-1})=f(x_1, \cdots, x_{s-1}, u)$$

によって $f_u\in\mathcal{K}(X(u))$ を定める．また C^1 同形

$$\xi_u : T(u) \longrightarrow X(u)$$

を対応 $(t_1, \cdots, t_{s-1}) \longmapsto$

$$(\xi_1(t_1, \cdots, t_{s-1}, u), \cdots, \xi_{s-1}(t_1, \cdots, t_{s-1}, u))$$

で定める．そのとき帰納法の仮定より

$$\int_{X(u)}f_u=\int_{T(u)}(f_u\circ\xi_u)|\det\xi_u'|.$$

ところで，

$$\int_X f=\int_{-\infty}^{+\infty}\left(\int_{X(u)}f_u\right)du$$

P188へ

となる (abs. は絶対値を表わす). とくに，数ベクトル $a_1, \cdots, a_s \in \boldsymbol{R}^s$ で‘張られる平行体’

$$\{\lambda_1 a_1 + \cdots + \lambda_s a_s\ ;\ 0 \leqq \lambda_i \leqq 1 \quad (1 \leqq i \leqq s)\}$$

の体積は $|\det(a_1, \cdots, a_s)|$ で与えられるわけ.

問2　X を不等式 $0<x+y<1, 0<x-y<1$ で定められる開集合とするとき，次の積分を計算せよ.

$$\iint_X (x^2-y^2)\,dxdy$$

次に $|\det \xi'|$ が一定でない例をあげよう.

2次元極座標への変換

$$\xi(r, \phi) = (r\cos\phi,\ r\sin\phi)$$

に対して明らかに

$$\det\xi'(r, \phi) = r$$

であるから，たとえば

$$T = \{(r, \phi)\ ;\ r>0,\ 0<\phi<2\pi\}$$

$$X = \boldsymbol{R}^2 - \{(x, y)\ ;\ x \geqq 0, y=0\}$$

とおけば，$\xi : T \longrightarrow X$ が C^1 同形を与える.

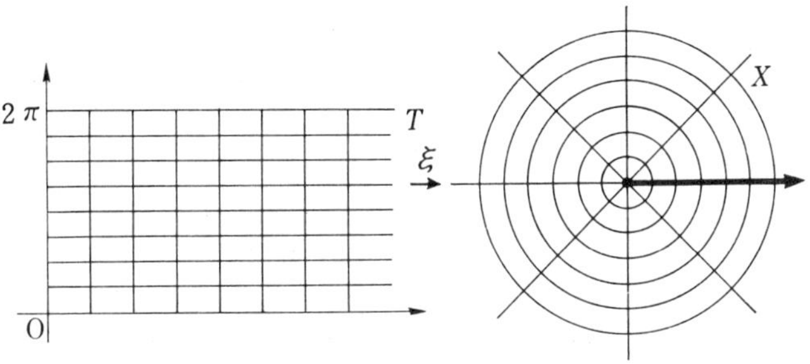

ところで $\boldsymbol{R}^2 - X$ は零集合なので $\boldsymbol{R}^2$ 上の関数 f の可積分性と積分は，X へ制限しても変わらない. かくして次の等式を得る.

$$\iint_{\boldsymbol{R}^2} f(x, y)\,dxdy = \iint_T f(r\cos\phi, r\sin\phi)\,rdrd\theta$$

問3　不等式 $(x^2+y^2)^3 < 4x^2y^2$, $x>0$, $y>0$ で定められる開集合の面積を求めよ.

P189へ

$$\int_T f^{\xi}=\int_{-\infty}^{+\infty}\left(\int_{T(u)}(f\circ\xi)_u|\det\xi'|_u\right)du$$

$$=\int_{-\infty}^{+\infty}\left(\int_{T(u)}(f_u\circ\xi_u)|\det\xi_u'|\right)du$$

である．✓ よって(*)が成り立つ．

iii) 一般の場合．$\det\xi'\neq 0$ ゆえ，任意の $a\in T$ について，ある i,j をとれば $D_j\xi_i(a)\neq 0$．そこで写像 ${}_a\eta$: $T\longrightarrow \boldsymbol{R}^s$ を

$${}_a\eta(t)=(t_1,\cdots,\underset{(j\text{ 番目})}{\xi_i(t)},\cdots,t_s)$$

と定めれば，$\det{}_a\eta'(a)\neq 0$ ✓．したがって，a の開近傍 ${}_aT$ が存在して

$${}_a\eta:\ {}_aT\longrightarrow {}_aY\subset\boldsymbol{R}^s$$

が C^1 同形となる（逆写像定理(4.1)）．よって，

$${}_a\zeta=\xi\circ{}_a\eta^{-1}:\ {}_aY\longrightarrow {}_aX=\xi({}_aT)$$

も C^1 同形である．なお，${}_aT$ の閉包が T に含まれコンパクトであるようにしておく．

さて f の台は有限個の ${}_{a_1}X,\cdots,{}_{a_n}X$ で覆われる．これに関する1分割 (p_i) をとろう(7.3)．以下 ${}_{a_i}X=X_i$, ${}_{a_i}\eta=\eta_i$ と略記する．T_i,ζ_i も同様．そのとき

$$\int_X f=\sum_i\int_X fp_i=\sum_i\int_{X_i}fp_i$$

$$=\sum_i\int_{Y_i}(fp_i\circ\xi_i)|\det\zeta_i'|$$

$$=\sum_i\int_{T_i}[\{(fp_i\circ\zeta_i)|\det\zeta_i'|\}\circ\eta_i]|\det\eta_i'|$$

（実際，${}_a\zeta,{}_a\eta$ が ii) の場合である．）

$$=\sum_i\int_{T_i}(fp_i\circ\zeta_i\circ\eta_i)|\det(\zeta_i\circ\eta_i)'|$$

$$=\sum_i\int_{T_i}(fp_i\circ\xi)|\det\xi'|$$

P190へ

応用例をひとつあげよう．

例題 $\int_{-\infty}^{+\infty} e^{-x^2}dx$ を求めよ．

〈解〉 $\boldsymbol{R}^2$ 上の連続関数

$$f(x, y)=e^{-x^2-y^2}$$

を考える．極座標への変換により，T 上の関数

$$g(r, \phi)=e^{-r^2}r$$

が対応する．これは勿論可測で $\geqq 0$，また $g(r, \cdot)$ が可積分で積分は r の関数として可積分になる(下の計算参照)．よって g が可積分となり((7.5) 注意)，フビニの定理より

$$\int_T g=\int_0^{\infty}\left(\int_0^{2\pi} e^{-r^2}\cdot r d\phi\right)dr=\int_0^{\infty} 2\pi e^{-r^2} r dr$$

$$=\lim_{R\to\infty}\left[-\pi e^{-r^2}\right]_0^R=\pi.$$

f の可積分性もわかったから，これに対してフビニの定理より

$$\int_{R^2} f=\int_{-\infty}^{+\infty}\left(\int_{-\infty}^{+\infty} e^{-x^2-y^2}dy\right)dx=\int_{-\infty}^{+\infty} e^{-x^2}dx\int_{-\infty}^{+\infty} e^{-y^2}dy.$$

とくに1次元積分の可能性もチェックされた．そしてこれが上の $\int_T g$ に等しいから，>0 に注意して $\int_{-\infty}^{+\infty} e^{-x^2}dx=\sqrt{\pi}$ を得る．

問4 $\Gamma(s)=\int_0^{\infty} e^{-x}x^{s-1}dx$ （**ガンマ関数**）に対し次を示せ．

$$\Gamma(p)\Gamma(q)=\Gamma(p+q)\int_0^1 x^{p-1}(1-x)^{q-1}dx$$

〈ヒント〉 変換 $x=u^2$, v^2 によって左辺を (u, v) 空間上の積分に変換し，更に極座標 (r, ϕ) に変換する．他方右辺第2因子——**ベータ関数**——では $x=\cos^2\phi$ と変換する．

3次元極座標（球座標）への変換

$$\xi(r, \theta, \phi)=(r\sin\theta\cos\phi,\ r\sin\theta\sin\phi,\ r\cos\theta)$$

に対して，容易に

$$\det \xi'(r, \theta, \phi)=r^2\sin\theta$$

であるから，たとえば

P191へ

$$=\int_T (f\circ\xi)|\det\xi'|=\int_{\xi^{-1}(X)} f^{\xi}.$$

さて，$f\in\mathcal{K}(X)$ について(*)が示されたので，次に $f\in\bar{\mathcal{K}}(X)$ をとろう．

$$\varphi_n\nearrow f,\qquad \int_X\varphi_n\quad \text{有界}$$

となる $\varphi_n\in\mathcal{K}(X)$ が存在するが，上述より

$$\varphi_n{}^{\xi}\in\mathcal{K}(\xi^{-1}(X)),\quad \int_X\varphi_n=\int_{\xi^{-1}(X)}\varphi_n{}^{\xi}.$$

ところで $\varphi_n{}^{\xi}\nearrow f^{\xi}$ であるから，

$$f^{\xi}\in\bar{\mathcal{K}}(\xi^{-1}(X)),\quad \int_X f=\int_{\xi^{-1}(X)} f^{\xi}$$

を得る．一般の $f\in\mathcal{L}(X)$ に対しては，表示 $f=h-k$ $(h,k\in\bar{\mathcal{K}}(X))$ より

$$f^{\xi}=h^{\xi}-k^{\xi}\qquad (h^{\xi},k^{\xi}\in\bar{\mathcal{K}}(\xi^{-1}(X)))$$

であるゆえ，$f^{\xi}\in\mathcal{L}(\xi^{-1}(X))$ であって

$$\int_X f=\int_X h-\int_X k=\int_{\xi^{-1}(X)} h^{\xi}-\int_{\xi^{-1}(X)} k^{\xi}=\int_{\xi^{-1}(X)} f^{\xi}$$

となる．〈終〉

問5　不等式 $x^2+y^2+z^2<9$，$x^2+y^2<z^2$，$z>0$ で定められる開集合の体積を求めよ．

8.3　多様体上の積分

M を数空間 $\boldsymbol{R}^n$ における s 次元の C^r 級多様体(4.3)とする．任意の点 $c\in M$ に対し，てきとうな開集合 $X\subset\boldsymbol{R}^s$ から M における c の開近傍 U への C^r 級全単射で逆も連続なもの

P192へ

$$T=\{(r,\theta,\phi)\,;\ r>0,\ 0<\theta<\pi,\ 0<\phi<2\pi\}$$

$$X=\boldsymbol{R}^3-\{(x,y,z)\,;\ x\geqq 0,\ y=0\}$$

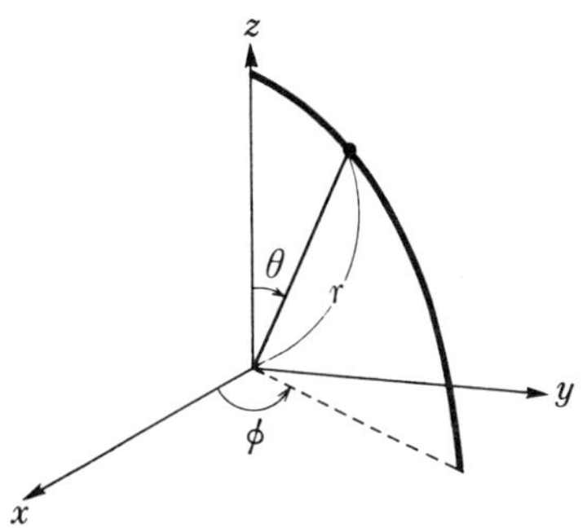

とおけば，$\xi\colon T\to X$ が C^1 同形を与える．ところで $\boldsymbol{R}^3-X$ は零集合なので，$\boldsymbol{R}^3$ 上の関数 f の可積分性と積分は，X へ制限しても変わらない．そして次の等式を得る．

$$\iiint_{\boldsymbol{R}^3} f(x,y,z)\,dxdydz$$
$$=\iiint_T f(r\sin\theta\cos\phi,\ r\sin\theta\sin\phi,\ r\cos\theta)\,r^2\sin\theta\,drd\theta d\phi$$

計算例をひとつ．半径 a の球

$$A=\{(x,y,z)\,;\ x^2+y^2+z^2\leqq a^2\}$$

の体積を求める．それには特性関数の延長 $\tilde{\chi}_A$ を $\boldsymbol{R}^3$ 上積分すればよいが，

$$\xi^{-1}(A)=\{(r,\theta,\phi)\,;\ 0<r\leqq a,\ 0<\theta<\pi,\ 0<\phi<2\pi\}.$$

（正確には上の記号で $A\not\subset X$ だから，$\xi^{-1}(A\cap X)$ とかくべき．）

$$\therefore\quad v(A)=\iiint_T \chi_{\xi^{-1}(A)}=\int_0^a\left(\int_0^\pi\left(\int_0^{2\pi} r^2\sin\theta\,d\phi\right)d\theta\right)dr$$
$$=\int_0^a\left(\int_0^\pi 2\pi r^2\sin\theta\,d\theta\right)dr=\int_0^a 4\pi r^2dr=\frac{4}{3}\pi a^3.$$

数空間 $\boldsymbol{R}^n$ における s 次元部分多様体 M をとり，M の中だけの話として積分を考えようというのである．もし M の外を考え，M 上の関数を値 0 で延長して積分するなら，$s<n$ のとき常に 0 になってしまう．とくに M の $\boldsymbol{R}^n$ における体積は 0．このことを一般に確認しておこう．

P193へ

(1) $$g: X \longrightarrow U$$

が存在して，

$$(dg)_x: \boldsymbol{R}^s \longrightarrow \boldsymbol{R}^n \quad \text{単射} \quad (x \in X)$$

となる (4.4)．こういうものを，U の（s 次元）**忠実パラメータ表示**とよぶ．

M における台がコンパクトな M 上の連続関数 φ の全体を $\mathcal{K}(M)$ とし，$\varphi \in \mathcal{K}(M)$ の積分 $\int_M \varphi$ を定義しよう．まず，φ の台が忠実パラメータ表示 (1) をもつ開集合 U に含まれる場合，X 上の積分 (8.1) によって

(2) $$\int_M \varphi = \int_X (\varphi \circ g) D_g$$

と定める．ただし

(3) $$D_g(x) = \sqrt{\det {}^t g'(x) g'(x)} \ (x \in X)$$

とする(→)．積分は φ のみで定まる．

〈証明〉 まず X をもっと小さい開集合でおきかえても，g による像が φ の台を含む限り積分 (2) は変わらない．そこで，二つの忠実パラメータ表示が共通の U をもつとする：

$$g: X \longrightarrow U, \quad h: T \longrightarrow U$$

そのとき

$$\xi = g^{-1} \circ h: T \longrightarrow X$$

は C^r 同形となる．(4.5) 参照．✓ したがって定理 (8.2) より

$$\int_X (\varphi \circ g) D_g = \int_T (\varphi \circ h)(D_g \circ \xi) |\det \xi'|.$$

そこで次の等式に帰着する：

(4) $$D_h = (D_g \circ \xi) |\det \xi'|$$

これは，定義 (3) から容易にわかる．✓ 〈終〉

P194へ

> $s<n$ のとき，$\boldsymbol{R}^n$ における s 次元多様体は零集合．

〈証明〉 s 次元多様体 $M \subset \boldsymbol{R}^n$ の各点 c に対し，開近傍 Z_c から $\boldsymbol{R}^n$ の開集合への C^1 同形

$$F_c : Z_c \longrightarrow W_c$$

が存在して

$$F_c(Z_c \cap M) = W_c \cap (\boldsymbol{R}^s \times \{0\}).$$

いま Z_c に含まれ c を含む開球で，中心が有理点で半径が有理数のものをとり，Z_c をこれでおきかえる．そのとき $(Z_c)_{c \in M}$ は M を覆い，可算個から成る．ところで可算個の零集合の合併が零集合だから，$Z_c \cap M$ が零集合ならよい．添数 c を省略しよう．Z が有界開集合ゆえ，その上の関数 $\chi_{Z \cap M} = \chi$ は可積分であり，

$$v(Z \cap M) = \int_Z \chi = \int_W (\chi \circ F^{-1}) |\det F^{-1\prime}|.$$

しかし $\chi \circ F^{-1} = \chi_{W \cap (\boldsymbol{R}^s \times \{0\})}$ ゆえ，右辺はフビニの定理より 0 になることが容易にわかる．　〈終〉

こういうわけで，M 上の関数の積分を考えるには，M の次元 s に即応した積分概念の構成が必要である．n 次元的拡がりではなく，s 次元的拡がりに関して積分を考えるのである．

$M = \boldsymbol{R}^n$ の場合は，関数 $\varphi \in \mathcal{K}(M)$ を階段関数で近似して，その積分を代数的に定義したわけだが，その考え方を粗雑にいうと，M を細分し：

$$M = \bigcup_i U_i,$$

その各小部分 U_i の‘体積’$v(U_i)$ を重みとして，関数を‘加重平均’することであった：

$$(1) \qquad \int_M \varphi \fallingdotseq \sum_i \varphi(u_i) v(U_i) \qquad (u_i \in U_i)$$

P195へ

次に一般の $\varphi\in\mathcal{K}(M)$ であるが，その台 F はコンパクトなので，忠実パラメータ表示されるような（M の）開集合の有限系 (U_i) で覆われる．いま $U_i=U_i'\cap M$ となる $\boldsymbol{R}^n$ の開集合系 (U_i') に関する1の分割 (p_i) をとり (7.3)，これを M に制限して M 上の関数とみよう．そのとき

$$\varphi=\sum_i \varphi p_i,\quad \varphi p_i \text{ の台 } \subset U_i$$

となる．上述より φp_i の積分は定義されているから，

$$\int_M \varphi=\sum_i \int_M \varphi p_i$$

と定める．これは φ のみで定まる．

〈証明〉 別の有限系 (V_j) に対応して1の分割 (q_j) をとるとき

$$\varphi p_i=\sum_j \varphi p_i q_j,\quad \varphi p_i q_j \text{ の台 } \subset U_i$$

ゆえ，

$$\int_M \varphi p_i=\sum_j \int_M \varphi p_i q_j$$

同様に

$$\int_M \varphi q_j=\sum_i \int_M \varphi p_i q_j$$

したがって

$$\sum_i \int_M \varphi p_i=\sum_j \int_M \varphi q_j. \qquad \text{〈終〉}$$

さて，上で定義された積分は，$\mathcal{K}^s$ の場合は (6.3)，$\mathcal{K}(X)$ の場合は (8.1) を使って，次の性質をもつ．✓

(i) $\varphi, \psi\in\mathcal{K}(M) \Rightarrow \alpha\varphi+\beta\psi\in\mathcal{K}(M)$,

$$\int_M(\alpha\varphi+\beta\psi)=\alpha\int_M\varphi+\beta\int_M\psi.$$

(ii) $\varphi\in\mathcal{K}(M) \Rightarrow |\varphi| \in\mathcal{K}(M)$,

P196へ

この考え方は，M の次元が下がっても変える必要がない，というより変えない方がよい．ただし，微小部分 U_i の‘s 次元的体積’をどう評価するかが本質的問題である．s 次元的評価であるから，$\boldsymbol{R}^s$ の開集合との対応を見なければならない．これが忠実パラメータ表示である：

$$\begin{array}{cccc} g: & X & \longrightarrow & U \\ & \cap & & \cap \\ & \boldsymbol{R}^s & & M \subset \boldsymbol{R}^n \end{array}$$

いま1点 $a \in X$ の近くで近似式

$$g(x) \fallingdotseq g(a) + (dg)_a(x-a)$$

に注目しよう．右辺の与える（アフィン）写像を

$$\tilde{g}: \boldsymbol{R}^s \longrightarrow \boldsymbol{R}^n$$

としよう．$\tilde{g}(X)$ は $g(X)=U$ に接する s 次元空間の一部となる．

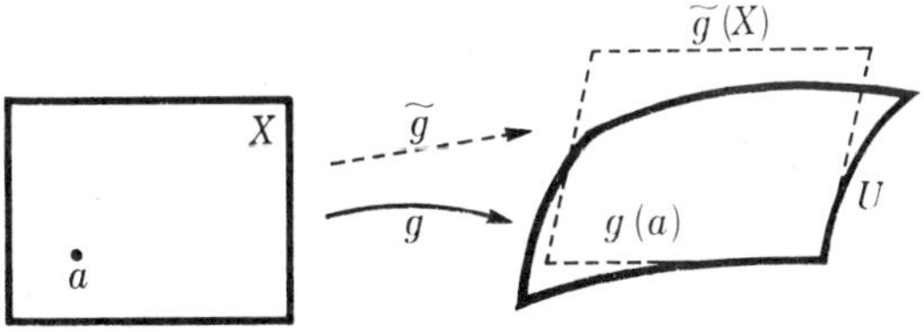

そこで次のように考えるのは自然であろう：

$$U \text{ の } s \text{ 次元体積} \fallingdotseq \tilde{g}(X) \text{ の } s \text{ 次元体積}.$$

U は一般に‘曲って’いるが，$\tilde{g}(X)$ は平坦だから，右辺の意味を定めることは難しくない．以下左の記号 D_g を用いて

(2)　　$\tilde{g}(X)$ の s 次元体積 $= D_g(a) \times (X$ の体積$)$

となることの必然性を示すだろう．このことを認めれば，(1) が

$$\sum_i \varphi(g(a_i))D_g(a_i)v(X_i) \qquad (a_i \in X_i)$$

で近似されることになり，その極限として

$$\int (\varphi \circ g)\, D_g$$

が M 上の φ の積分としてふさわしいことを知るわけである．

P197へ

$$\left|\int_M \varphi\right| \leqq \int_M |\varphi|.$$

(iii)　$\varphi_n \in \mathcal{K}(M)$ が単調増加して $\varphi \in \mathcal{K}(M)$ に収束すれば，$\lim_n \int \varphi_n = \int \varphi.$

これら3性質だけに基づいて，M 上の関数についての積分の延長を行ない，その性質を導くことは，(6.4)(6.5), (7.1)(7.2) の手続をそのまま適用すればよい．

多様体 M 上の積分は，特に M が曲線，曲面であるとき，それぞれ**線積分**，**面積分**とよばれる．⇀

特に s 次元多様体 M 上の定数関数1が可積分であるとき，積分 $\int_M 1$ を M の **s 次元体積**という．M が曲線，曲面の場合は，それぞれその**長さ**，**面積**とよばれる．⇀

問6　パラメータ表示 $x=a(t-\sin t)$, $y=a(1-\cos t)$ $(0<t<2\pi)$ で与えられる平面曲線（サイクロイド）の長さを求めよ．$(a>0)$

問7　極座標 (r, θ) に関し，$r=g(\theta)$ $(\alpha<\theta<\beta)$ と表わされる平面曲線の長さは次式で与えられる．ただし g は C^1 級とする．

$$\int_\alpha^\beta \sqrt{g(\theta)^2+g'(\theta)^2}\,d\theta$$

問8　開集合 $X \subset \boldsymbol{R}^n$ における C^1 関数 F のグラフである $\boldsymbol{R}^{n+1}$ における超曲面の‘面積’（n 次元体積）は次式で与えられる：

$$\int \cdots \int_X \sqrt{\left(\frac{\partial F}{\partial x_1}\right)^2+\cdots+\left(\frac{\partial F}{\partial x_n}\right)^2+1}\; dx_1 \cdots dx_n$$

問9　次の空間曲面の面積を求めよ．ただし $a>0$ とする．

1)　$x^2+y^2+z^2=a^2$, $x^2+y^2<ax$

2)　$x^2+y^2+z^2<a^2$, $x^2+y^2=ax$

P198へ

ユークリッド空間における積分

上の記号で $\tilde{g}(X)$ は s 次元空間 $E\subset \boldsymbol{R}^n$ にのっているが，E に先天的な座標がない．しかし $\boldsymbol{R}^n$ の一部として‘ユークリッドの距離’はある．これだけを基にして（s 次元）体積を考えることはできそうである．一般にユークリッド空間の定義はしないが，その本質は，距離が与えられていて全単射

$$\rho:\ \boldsymbol{R}^s \longrightarrow E \qquad (\text{直交座標系})$$

が‘存在’することにある．ただし ρ によって両者の距離が保たれなければならない．この ρ によって $\boldsymbol{R}^s$ 上の‘積分論’を E 上にうつすならば，E 上の関数 f の可積分性は $f\circ\rho$ の可積分性で定められ，その積分は

$$\int_E f=\int_{\boldsymbol{R}^s} f\circ\rho$$

と定められることになる．しかし座標系 ρ はきまっていないので，別の座標系 $\sigma:\ \boldsymbol{R}^s \longrightarrow E$ を使ったらどうなるかを見なければならない．ところが

$$\xi=\rho^{-1}\circ\sigma:\ \boldsymbol{R}^s \longrightarrow \boldsymbol{R}^s$$

は合同変換ゆえ，C^1 同形であり，$|\det \xi'|=1$ に注意して，変数変換公式から，$f\circ\rho$ と $f\circ\sigma$ の可積分性は同等で

$$\int_{\boldsymbol{R}^s} f\circ\rho=\int_{\boldsymbol{R}^s} f\circ\sigma$$

を得る．これでよい．E 上の‘積分論’は座標系のとり方に関係なく展開されることになった．すなわち積分は‘幾何学的概念’である．簡単な例でいえば，直方形の面積は，たとえ‘斜め’になっていても，(タテ)×(ヨコ) で計算されるというわけ．

平行体の体積

s 次元ユークリッド空間 E における s 個のベクトル $b_1,\cdots,b_s$ で‘張られる平行体’（頂点 O とする）

$$A=\{O+\lambda_1 b_1+\cdots+\lambda_s b_s\,;\ 0\leqslant\lambda_i\leqslant 1\ \ (1\leqslant i\leqslant s)\}$$

の体積は次式で与えられる*．

* $\langle b_i, b_j\rangle$ は内積を表わす．これを (i,j) 成分とする行列式の平方根である．

P199へ

8.4 抽象多様体

数空間における s 次元 C^r 級多様体 M をとり，それに付随した基本概念を抽出しよう．

まず，M における開集合の全体を $\mathrm{top}\,M$ と書く．これは次の性質をもつ．

T0)　$\phi, M \in \mathrm{top}\,M$

T1)　$\mathrm{top}\,M$ に属する任意個の集合の合併は $\mathrm{top}\,M$ に属する．

T2)　$\mathrm{top}\,M$ に属する有限個の集合の交わりは $\mathrm{top}\,M$ に属する．

T3)　異なる2点 $a, b \in M$ に対し，

$$a \in U,\quad b \in V,\quad U \cap V = \phi$$

となる $U, V \in \mathrm{top}\,M$ が存在．

定義1　集合 M において条件 T0)—3) を満足する部分集合の集合 $\mathrm{top}\,M$ が与えられたとき，M を**位相空間**という．

$\mathrm{top}\,M$ に属する集合を開集合とよぶ．1点 $a \in M$ に対し，それを含むある開集合を含む集合を a の近傍とよぶ．

注意　そのとき，(1.3) の5条件が成り立つ．逆に (1.3) の5条件を満足する近傍概念から開集合を定めれば上記の条件が満足される．このようにして，近傍概念を与えることと開集合概念を与えることは同等である．したがって (1.3) の注意で述べた位相空間の定義は上の定義と同等である．

なお，位相空間 M の部分集合 N に対し，

$$\mathrm{top}\,N = \{U \cap N\,;\ U \in \mathrm{top}\,M\}$$

P200へ

$$v(A)=\sqrt{\det(\langle b_i, b_j\rangle)}$$

〈証明〉 直交座標系 $\rho: \boldsymbol{R}^s \longrightarrow E$（原点を O とする）によって $\boldsymbol{R}^s$ 内の問題に変換される．$a_1, \cdots, a_s$ を対応する数ベクトルとすれば，すでに述べたように $v(A)=|\det(a_1, \cdots, a_s)|$.

$$\therefore\quad v(A)=\sqrt{\det {}^t(a_1, \cdots, a_s)(a_1, \cdots, a_s)}=\sqrt{\det(\langle a_i, a_j\rangle)}$$ 〈終〉

さて，以上の準備の下で (2) の説明に立ち戻ろう．$\tilde{g}$ が（アフィン）写像だから，X として単位立方体をとり，$\tilde{g}(X)=D_g(a)$ を示せばよい．$\tilde{g}$ の線形写像部分は行列 $g'(a)$ で表わされるから，平行体 $\tilde{g}(X)$ は $g'(a)$ の列ベクトルで張られる．よって上述より

$$\tilde{g}(X) \text{ の } s \text{ 次元体積}=\sqrt{\det {}^t g'(a) g'(a)}=D_g(a).$$

具体例をあげる前に，次の事実に注意しておこう．いずれも局所的考察に帰着できるので容易に確かめられよう．✓

> $s<n$ のとき，s 次元多様体はそれを含む n 次元多様体における零集合である．

> 多様体 M がひとつの忠実パラメータ表示 $g: X \longrightarrow M$ をもてば，M 上の関数 f について
>
> $$f \in \mathcal{L}(M) \iff (f\circ g)D_g \in \mathcal{L}(X)$$
>
> であり，$\displaystyle\int_M f=\int_X (f\circ g)D_g.$

曲線の長さ　$\boldsymbol{R}^n$ における曲線が C^1 級写像 $f: I \longrightarrow \boldsymbol{R}^n$ で与えられるとき，その長さは次式で与えられる：

$$\int_I \sqrt{f_1'(x)^2+\cdots+f_n'(x)^2}\,dx$$

P201へ

はやはり上の諸条件を満足するので，Nは位相空間となる．top N は (1.6) の意味で N における開集合の集まりである．位相空間の間の写像

$$\rho: M \longrightarrow N$$

の連続性は，(1.6) を参照して，次の条件の成立で定義される：

$$V \in \mathrm{top}\, N \Rightarrow \rho^{-1}(V) \in \mathrm{top}\, M.$$

ρ が全単射で，ρ, ρ^{-1} が共に連続のとき，ρ を**位相同形**(写像)という．

さて，次に多様体 M から 'C^r 級微分構造' を抽出する．M の開集合 U 上の関数 f が C^r 級であるとは，U の各点で ――その近傍で定義された関数として―― C^r 級ということであるが，それは，その点を含む忠実パラメータ表示 $g: X \longrightarrow M$ について，合成関数 $f \circ g$ が C^r 級であることを意味する．

いま空でない $U \in \mathrm{top}\, M$ をとり，U 上の C^r 級関数全体を $C^r(U)$ と書く．これらは次の性質をもつ．

C^r1)　$U, V \in \mathrm{top}\, M$, $U \supset V$ のとき $f \in C^r(U)$ の V への制限は $\in C^r(V)$.

C^r2)　$U, V_i \in \mathrm{top}\, M\ (i \in I)$, $U = \bigcup_i V_i$ のとき，U 上の関数 f の V_i への制限が $\in C^r(V_i)\ (i \in I)$ ならば $f \in C^r(U)$.

C^r3)　いくつかの $U_i \in \mathrm{top}\, M$ と位相同形 $\rho_i: U_i \longrightarrow X_i \in \mathrm{top}\, \boldsymbol{R}^s$ があって

i)　$\bigcup_i U_i = M$.

ii)　任意の $V \in \mathrm{top}\, U_i$ に対し，対応 $f \longrightarrow f \circ \rho_i$ は次の全単射をひき起こす．

$$\rho_i{}^*: C^r(\rho_i(V)) \longrightarrow C^r(V)$$

P202へ

曲面の面積　$\boldsymbol{R}^n$ における曲面が C^1 級写像 $F: X \longrightarrow \boldsymbol{R}^n$ で与えられるとき，その面積は次式で与えられる：

$$\iint_X \sqrt{\sum_{i=1}^n \left(\frac{\partial F_i}{\partial x}\right)^2 \sum_{i=1}^n \left(\frac{\partial F_i}{\partial y}\right)^2 - \left(\sum_{i=1}^n \frac{\partial F_i}{\partial x}\frac{\partial F_i}{\partial y}\right)^2}\, dxdy$$

これは次のように変形される．

$$\iint_X \sqrt{\sum_{i<j} \left(\frac{\partial F_i}{\partial x}\frac{\partial F_j}{\partial y} - \frac{\partial F_i}{\partial y}\frac{\partial F_j}{\partial x}\right)^2}\, dxdy$$

例題　球面 $x^2+y^2+z^2=a^2$ $(a>0)$ の面積を求めよ．

〈解〉　$F(\theta, \phi)=(a\sin\theta\cos\phi,\ a\sin\theta\sin\phi,\ a\cos\theta)$

$X=\{(\theta, \phi)\ ;\ 0<\theta<\pi,\ 0<\phi<2\pi\}$

とおくとき，$F: X \longrightarrow \boldsymbol{R}^3$ の像は球面 S の開集合．その補集合は 1 次元多様体 $\{(x, y, z)\ ;\ x^2+y^2+z^2=a^2,\ x>0,\ y=0\}$ と 0 次元多様体 $\{(0, 0, -a), (0, 0, a)\}$ の合併ゆえ，S における零集合である．また F は $F(X)$ の忠実パラメータ表示ゆえ，S の面積は次の積分で与えられる：

$$\iint_X \sqrt{\left(\frac{\partial x}{\partial\theta}\frac{\partial y}{\partial\phi} - \frac{\partial x}{\partial\phi}\frac{\partial y}{\partial\theta}\right)^2 + \left(\frac{\partial y}{\partial\theta}\frac{\partial z}{\partial\phi} - \frac{\partial y}{\partial\phi}\frac{\partial z}{\partial\theta}\right)^2 + \left(\frac{\partial x}{\partial\theta}\frac{\partial z}{\partial\phi} - \frac{\partial x}{\partial\phi}\frac{\partial z}{\partial\theta}\right)^2}\, d\theta d\phi$$

$$= \cdots\cdots \surd \cdots\cdots = 4\pi a^2.$$

〈終〉

いままで多様体といえば，ある数空間の部分多様体のことであった．これからは，必ずしも数空間に埋め込まれていない「抽象多様体」を扱う．これは，いままでのもの以外に一般的に新しいものを考えるというよりも，いままで扱って来たものの属性の一部を捨てるという考え方——抽象——に重点がある．

実は，ちょっとした条件の下で，任意の抽象多様体が数空間の部分多様体として‘具体化’されることが知られている．その意味では，何も「抽象多様体」を考えなくてもよいといえる．しかしながら，‘抽象化’というのは，本質を

P203へ

定義 2　位相空間 M において，任意の開集合 $U \neq \phi$ に対し U 上の関数の集合 $C^r(U)$ が与えられて，条件 C^r 1)-3) を満足するとき，M を s 次元 C^r 級（**抽象**）**多様体**という．

いままでの数空間の‘部分’多様体は，その「開集合」とその上の「C^r 級関数」の概念だけに注目して，他を捨象するとき，‘抽象’多様体になっているわけである．今後は原則的に抽象多様体を扱うが，それは数空間の部分多様体として‘実現’されているとみなしてよい．一ただし，これが数空間に埋められている仕方を問題にせず，もっぱら開集合と C^r 級関数だけで構成される概念と性質に目を向けようというのである．

多様体 M において，C^r3) の ii) を満足する ρ_i のような同相写像を M 上の C^r 級**局所座標系**という．数空間の部分多様体については，忠実パラメータの逆写像に他ならない．

問10　ドーナツ面を多様体として正確に定義せよ．

二つの C^r 級多様体の間の写像

$$\rho: M \longrightarrow N$$

が C^r 級であるとは，連続であって，任意の $V \in \mathrm{top}\, N$, $f \in C^r(V)$ に対し $f \circ \rho$ の $\rho^{-1}(V) \in \mathrm{top}\, M$ への制限が $\in C^r(\rho^{-1}(V))$ となることである．特に N が数空間 $\boldsymbol{R}^n$ の部分多様体のときは，成分関数 $\rho_1, \cdots, \rho_n$ が C^r 級であること，更に M が数空間の開集合なら，数空間の間ですでに扱ってきた C^r 級の概念と一致する．✓

P204へ

ぬき出すことである．具体化されているときには気がつきにくい概念の本質が，抽象化によって浮び上がってくるのである．その一例が左に述べた「積分」概念にまつわる事情．

多様体をその内的な概念である「位相」と「可微分関数」によって把握するとき，たとえば「距離」概念がなくなっていることに注意しよう．そのため，‘体積’を計る基準を失い，単なる関数はもはや積分できないのである．関数の積分が定義されるためには，少なくとも局所的には何等かの‘計量’が必要であり，その概念の付加された多様体を**リーマン空間**とよぶ．計量概念のない抽象多様体では，左に述べたような「密度」の積分を考えることしかできない．いいかえれば，数空間の部分多様体のように計量をもつ多様体では，自然に定義された「体積密度」——左の記号で D_g—— に関して関数が積分できるわけである．

数空間に埋め込まないで，直接に定義される抽象多様体の例をあげておこう．

メービウスの帯

$\boldsymbol{R}^2$ における直方形

$$X=]-a,2a[\times]-1,1[$$

において，次の2点を同一視する．ただし，$a<x<2a$，$-1<y<1$.

$$(x,y),\quad(x-2a,-y)$$

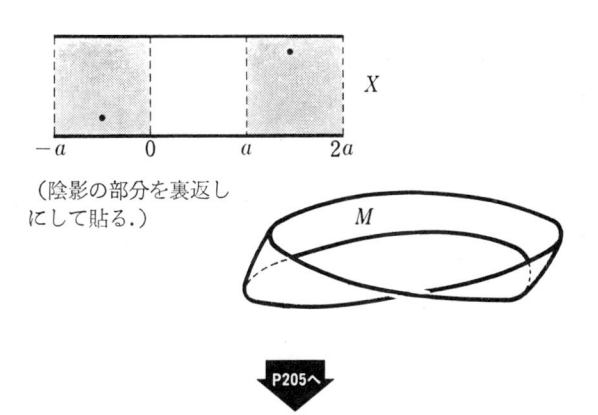

（陰影の部分を裏返しにして貼る.）

P205へ

さて，‘抽象’多様体の上では，概念不足のため(一)，関数 φ の積分は定義されない．しかし‘部分’多様体の場合に忠実パラメータ表示 g ごとに $(\varphi\circ g)D_g$ を考え，それが変換法則(8.3)の(4)を満足したのに注目しよう．‘抽象’多様体 M の上でも，もし各局所座標系 (U,ρ) ごとに $\rho(U)$ 上の関数 δ_ρ が与えられて変換法則

$$\delta_\sigma=(\delta_\rho\circ\rho\circ\sigma^{-1})|\det(\rho\circ\sigma^{-1})'|$$

(σ は他の局所座標系とする)

を満足していれば，その台がコンパクトであるとき積分 $\int_M\delta$ が同様に定義される．ただし，δ は系 (δ_ρ)——これを**密度**という——を表わし，その台とは集合

$$\{x\in M;\ \delta_\rho(\rho(x))\neq 0\}$$

の閉包である．

のちに，‘向きづけられた’ s 次元抽象多様体上の s 次‘微分形式’の積分が，上の考え方に基づいて扱われるだろう．

P206へ

自然な全射 $p: X \longrightarrow M$ をとる．M の位相は，M の部分集合 U で，逆像 $p^{-1}(U) \subset X$ が開集合になるものを開集合と定めることによって与えられる．また，U 上の C^r 級関数 f は，合成 $f \circ p$ が $p^{-1}(U)$ 上 C^r 級であるものとして定められる．

こうして得られた多様体 M をメービウスの帯という．X として採用した直方形の形状は本質的でない．また，直観的に明らかなように，M は $\boldsymbol{R}^3$ の部分多様体として実現される．しかし，埋め込み方はきまっていないから，‘面積’概念が先天的には与えられないことに注意されたい．なお M は‘向きづけ’ができない．このことの正確な意味はのちに述べる．

P207へ

第 9 講　微　分　形　式

−コーシーの積分定理−

9.1　多様体上の微分

簡単のため，C^∞ 級抽象多様体 (8.4) を単に**多様体**とよぶ*.

s 次元多様体 M の 1 点 a を固定し，a の近傍で定義された関数のみを考え，a の十分小さい近傍で値の一致する関数は同一視する．この同一視の下で，a の近傍上の関数を a における M 上の**関数の芽**とよぶ.

任意の $0\leqslant r\leqslant\infty$ に対し，a の近傍での C^r 級関数の定める関数の芽全体を $C_a{}^{(r)}$ —詳しくは $C_{a,M}{}^{(r)}$—と書こう．開集合 U 上の関数 f について

* 任意の $1\leqslant t\leqslant\infty$ を固定して，C^t 級抽象多様体を考えてもよい．ただしその上の C^r 級関数の概念は，$r\leqslant t$ であるときだけ意味をもつ.

P208へ

（有限次元の）‘微積分法’が行なわれる場は，局所的には数空間だが，大局的観点からは「多様体」に拡げることが望ましい．多様体には，固定された座標系がないが，‘微分構造’はある．それは「開集合」とその上の「微分可能関数」の指定によって与えられる．

数空間上の関数 f の1点 a における微分 $(df)_a$ とは，a における f の線形化物であった．その‘働く場’は数空間自身だが，一般の多様体で同様に考えるとすれば，各点ごとに別の‘働く場’——接空間——を想定しなければならない．本書では，もっと直接的な微分 $(df)_a$ の構成を本論とする．点 a で線形化されて同じになるべき関数を同一視するのである．

微分形式とは，各点にひとつずつ与えられる微分の集まりのこと．ただし，それらは‘滑らか’につながっているとする．これは1次微分形式である．高次のものは次講で扱う．一般に s 次の微分形式は，向きづけられた s 次元多様体の上で積分されるように作られた概念である．1次のものは，1次元多様体——曲線——上で積分されるわけだが，多次元多様体上の1次微分形式 ω が1次元部分多様体にひき起す1次微分形式を考えることは興味がある．

ただし本講では，他の応用のためもあって，パラメータ表示 γ に依存する積分 $\int_\gamma \omega$ を扱う．それは数直線上で通常の‘微積分法の基本定理’を含む．数平面上では，実質的にグリーンの定理（詳しくは次講）の一部を含む．その応用として，複素関数論における基本定理であるコーシーの積分定理を導くだろう．

左では一般の多様体を扱っているが，大抵は数空間 $\boldsymbol{R}^s$ の開集合 M で考えていると思ってよい．その場合は，大局的にひとつの座標系が標準的に与えられてあり，点 $x \in M$ の座標を $x_1, \cdots, x_s$ と書き，同じ記号で座標関数 $x \longmapsto x_i$ をも表わすことにしよう．

1点 $a \in M$ の近傍で定義された関数 f のとり扱いに際して，たとえば偏微係数

$$\frac{\partial f}{\partial x_j}(a) \qquad (1 \leqq j \leqq s)$$

を求めるときのように，a のごく近くでの関数値だけが問題になる場合がある．そういうときは，f の定義域を明確に意識する必要はなく，a の近傍で一致する関数は同一視してもよい．

P209へ

$$f:\ C^r\text{ 級} \iff f \in \mathcal{C}_x^{(r)} \quad (x \in U)$$

は明らかである．✓　関数の芽の間で，加法と乗法は自然に定義され（→），$\mathcal{C}_a^{(r)}$ はそれに関して閉じている．

二つの多様体の間の連続写像

$$\varphi: M \longrightarrow N$$

は，各 $a \in M$ について，対応

$$f \longmapsto f \circ \varphi$$

によって算法を保つ写像（→）

$$\varphi_a^*: \mathcal{C}_{\varphi(a), N}^{(0)} \longrightarrow \mathcal{C}_{a, M}^{(0)}$$

をひき起こす．そして次が成り立つ．✓

$$\varphi:\ C^r\text{ 級} \iff \varphi_x^*(\mathcal{C}_{\varphi(x)}^{(r)}) \subset \mathcal{C}_x^{(r)} \quad (x \in M)$$

1点 $a \in M$ を含む局所座標系 (U, ρ) をとる．a における M 上の関数の芽 f に対応する $\rho(U) \subset \boldsymbol{R}^s$ 上の（$\rho(a)$ における）関数の芽 $(\rho^{-1})_{\rho(a)}^*(f)$ を f^ρ と略記しよう：

$$f = f^\rho \circ \rho.$$

f^ρ の偏導関数（の芽）により，f の ρ に関する偏導関数（の芽）を定めよう：

$$\frac{\partial f}{\partial \rho_j} = (D_j f^\rho) \circ \rho \qquad (1 \leqq j \leqq s)$$

他の局所座標系 (V, σ) については

$$(1) \qquad \boxed{\frac{\partial f}{\partial \sigma_i} = \sum_{j=1}^{s} \frac{\partial f}{\partial \rho_j} \frac{\partial \rho_j}{\partial \sigma_i}} \qquad (1 \leqq i \leqq s)$$

が成り立つ．

任意の $f \in \mathcal{C}_a^{(1)}$ に対し，数空間 $\boldsymbol{R}^s$ 上の関数の芽 f^ρ

P210へ

このことをキチンといおう．1点 a を固定し，a を含む開集合上定義される関数の全体を $\mathscr{F}_a$ とする．$f, g \in \mathscr{F}_a$ の定義域の共通部分に含まれる a の‘ある’近傍で f, g の値が等しいとき，$f \underset{a}{\sim} g$ と書こう．この関係 $\underset{a}{\sim}$ は同値法則

i) 任意の f について $f \underset{a}{\sim} f$,

ii) $f \underset{a}{\sim} g \Rightarrow g \underset{a}{\sim} f$,

iii) $f \underset{a}{\sim} g,\ g \underset{a}{\sim} h \Rightarrow f \underset{a}{\sim} h$

を満足する．すなわち同値関係である．したがって，$f \underset{a}{\sim} g$ となる f, g を同じ類に入れることにより，$\mathscr{F}_a$ の類別ができる．こうして得られた各類——同値類——を a における「関数の芽」とよぶのである．

あいまいさをさけるため，$f \in \mathscr{F}_a$ が属する類——f の定める関数の芽——を f_a と書いて，f と区別すれば，

$$f \underset{a}{\sim} g \iff f_a = g_a$$

というわけである．

さて，二つの関数の芽の和と積は，それらを定める関数 f, g を共通の定義域をもつようにとって $f+g, fg$ をつくり，それらの定める関数の芽として定義される．こうして得られるものは，f, g のとり方によらずに，はじめの二つの関数の芽によって定まることに注意すべきである．

次に，$\varphi : M \longrightarrow N$ がひき起す関数の芽の間の対応 $\varphi_a{}^*$ であるが，これは上の記法で

$$\varphi_a{}^* f_{\varphi(a)} = (f \circ \varphi)_a \qquad (f \in \mathscr{F}_{\varphi(a)})$$

という関係で特徴づけられる．このことと和・積の定義から

$$\varphi_a{}^*(f+g) = \varphi_a{}^* f + \varphi_a{}^* g,$$
$$\varphi_a{}^*(fg) = (\varphi_a{}^* f)(\varphi_a{}^* g)$$

が確認されよう．この性質を「$\varphi_a{}^*$ は算法を保つ」といい表わすわけだが，代数学では**準同形**(写像)という用語を用いる．

P211へ

の $\rho(a)$ における微分 (3.1) は意味をもつ．そこで，f, $g\in C_a^{(1)}$ の間の関係

$$(df^{\rho})_{\rho(a)}=(dg^{\rho})_{\rho(a)}$$

を考えよう．これは次と同等である：

$$\frac{\partial f}{\partial \rho_j}(a)=\frac{\partial g}{\partial \rho_j}(a) \qquad (1\leqslant j\leqslant s)$$

したがって，(1) により，上の関係は局所座標系 ρ のとり方によらない．この関係にある f, g を同一視して，ひとつの (M 上の a における) **微分**を定めると考えよう：

$$(df)_a=(dg)_a$$

これは，数空間上で定義された微分の概念と矛盾しない．

点 a における M 上の微分の全体を $\mathscr{D}_1(a)$ —詳しくは $\mathscr{D}_1(a\,;\,M)$ —と書く．対応

$$f \longmapsto (df)_a$$

の定める写像

$$C_a^{(1)} \longrightarrow \mathscr{D}_1(a)$$

によって，加法とスカラー乗法を導入する：

(i)　$(d(f+g))_a=(df)_a+(dg)_a$,

(ii)　$(d(\lambda f))_a=\lambda(df)_a$.

これにより $\mathscr{D}_1(a)$ は線形空間になる．更に

(iii)　$(d(fg))_a=(df)_a g(a)+f(a)(dg)_a$

が成り立つ．

問1　これを示せ．

定理　s 次元多様体 M 上の 1 点 a を含む局所座標系 (U,ρ) をとる．

そのとき，$f\in C_a^{(1)}$ に対し

P212へ

φ が $a\in M$ の近傍で C^r 級のとき，$\varphi(a)$ の近傍上の C^r 級関数 f に対して $f\circ\varphi$ が a の近傍上やはり C^r 級となる：

$$\varphi_a{}^*(\mathcal{C}_{\varphi(a)}{}^{(r)})\subset\mathcal{C}_a{}^{(r)}.$$

逆にこれが成り立てば，とくに N 上の座標関数 $y_i\in o_{\varphi(a)}{}^{(r)}$ に対して $y_i\circ\varphi=$ (φ の第 i 成分関数) が a の近傍で C^r 級，すなわち φ は a の近傍で C^r 級となる．

1点 $a\in M$ における微分と共に，それと密接な関係にある**接ベクトル**の概念をみよう．M が数空間 $\boldsymbol{R}^s$ の開集合のとき，関数 f の微分 $(df)_a$ とは，

$$f(x)=f(a)+(df)_a(x-a)+o(x-a)$$

となる「線形関数」のことであった (3.1)．ここで $x-a=\xi$ は点 a における‘増分ベクトル’である．このように点 a を指定した上でベクトル ξ を考えるとき，これを点 a における接ベクトルとよぼう．上の漸近式では，ξ は非常に小さいが，線形関数 $(df)_a$ が作用する対象とみれば，大きくても一向差支えない．こうして，接ベクトル全体は線形空間をつくると考えられ，これを点 a における M の**接空間**とよぶのである．

さて，上に述べたのは定義といい難い．説明をもっと感覚的文学的にしたところで概念が明確になるわけでもない．数空間ならまだましだが，一般の多様体でも通用する概念規定の方法を求める方が，概念の本質をつくことになる．そもそも数学上の概念を明確にするというのは，そのもの自体を形而上学的に論ずることではない．そのもの自体を表わす形式よりも，他の概念との関係，いいかえればその概念の機能の方に重点をおくべきである．

「微分」を「接ベクトル」全体のつくる接空間上の線形関数としてとらえることが期待される．しかるに接ベクトルの方に不安がある．それでは微分の方を直接に定義して，それから接ベクトルを考えてもいいではないかという考えが生じる．双対性の原理である．

微分に対する左の定義をもっとキチンと述べるには，上で関数の芽に対して

P213へ

(2)　$(df)_a = \sum_{j=1}^{s} \frac{\partial f}{\partial \rho_j}(a)\ (d\rho_j)_a.$

更に，次は $\mathscr{D}_1(a)$ の基底である．

$$(d\rho_1)_a, \cdots, (d\rho_s)_a$$

〈証明〉　まず次の等式に注意する：

$$\frac{\partial \rho_i}{\partial \rho_j}(a) = \delta_{ij} \qquad \text{（クロネッカー記号）}$$

そこで，二つの関数

$$f,\ \sum_{j=1}^{s} \frac{\partial f}{\partial \rho_j}(a)\rho_j$$

は同じ‘偏微係数’をもち，(2) を得る．

$(d\rho_1)_a, \cdots, (d\rho_s)_a$ は，まず (2) より $\mathscr{D}_1(a)$ を生成するが，スカラー λ_j について

$$0 = \sum_j \lambda_j (d\rho_j)_a = d(\sum_j \lambda_j \rho_j)_a$$

$$\Rightarrow 0 = \frac{\partial}{\partial \rho_i}(\sum_j \lambda_j \rho_j)(a) = \lambda_i$$

であるから線形独立，よって基底．　〈終〉

二つの多様体の間の C^1 級写像

$$\varphi : M \longrightarrow N$$

が与えられたとする．$a \in M$, $\varphi(a) \in N$ をそれぞれ含む M, N 上の局所座標系 (U, ρ), (V, σ) をとろう．そのとき $f \in C_{\varphi(a)}{}^{(1)}$ に対し次が成り立つ．

$$\frac{\partial}{\partial \rho_j}(\varphi_a{}^* f) = \sum_i \varphi_a{}^*\left(\frac{\partial f}{\partial \sigma_i}\right) \cdot \frac{\partial}{\partial \rho_j}(\varphi_a{}^* \sigma_i)$$

問2　これを示せ．

上式により，$f, g \in C_{\varphi(a)}{}^{(1)}$ が同じ微分を定めれば $\varphi_a{}^* f$, $\varphi_a{}^* g$ が同じ微分を定めることを知る．すなわち線形写像

P214へ

行なったと同様に，‘同じ微分を定める’べき条件によって同値関係を定義し，それによる C^1 級関数（の芽）の同値類を「微分」と名づけるという手続をふめばよい．そして f の属する同値類を $(df)_a$ と書いて，「f の定める微分」とよぶことになる．

左の定理が示すように，a における微分の全体 $\mathcal{D}_1(a)$ は，有限次元の線形空間をつくる．このことが肝要である．その結果，線形代数から知られるように，$\mathcal{D}_1(a)$ 上の線形関数全体のつくる線形空間——$\mathcal{D}_1(a)$ の**双対空間**——は同次元であって，更にその上の線形関数全体は元の $\mathcal{D}_1(a)$ と同一視される．だから $\mathcal{D}_1(a)$ 上の線形関数を「接ベクトル」と定義し，その全体を「接空間」とよべばよいわけである．いま，接空間を $T(a)$——詳しくは $T(a;M)$——とかくとき，$\omega_a \in \mathcal{D}_1(a)$ を $T(a)$ 上の線形関数とみる仕方は次式で与えられる（右辺によって左辺を定める）：

(1)　$$\omega_a(X_a) = X_a(\omega_a) \qquad (X_a \in T(a))$$

上では，接ベクトルは微分に作用するものとして定義された．ところで微分は関数の芽の同値類だから，接ベクトルは関数の芽あるいは更にさかのぼって関数に直接作用すると考えてよい．数空間の場合にその模様を具体的にみよう．

いま数ベクトル $\xi \neq 0$ をとり，a において ξ 方向の微係数を求める作用

$$f \longmapsto D_\xi f(a)$$

を考えよう．これは偏微係数で定まるから，同じ微分を定める関数（の芽）に対して同じ作用をもち，したがって微分の作用をひき起こす．それは勿論線形だから，接ベクトルである：

$$X_a : (df)_a \longmapsto D_\xi f(a).$$

双対性 (1) によって，$(df)_a$ がこの接ベクトル X_a に作用するという形に書き直せば，

$$(df)_a : X_a \longmapsto D_\xi f(a).$$

ところで $(df)_a(\xi) = D_\xi f(a)$ であった (3.1)．したがって，上記の接ベクトル

P215へ

$$\varphi_a{}^*:\ \mathscr{D}_1(\varphi(a)\,;\,N) \longrightarrow \mathscr{D}_1(a\,;\,M)$$

がひき起こされる．そして上の定義から

$$\boxed{\varphi_a{}^*((df)_{\varphi(a)}) = d(\varphi_a{}^* f)_a.} \tag{3}$$

を得る．

9.2　1次の微分形式

M を s 次元多様体とする．各点 $x \in M$ に微分 $\omega_x \in \mathscr{D}_1(x)$ が対応づけられているとき，系 $\omega = (\omega_x)_{x \in M}$ を M 上の1次の**微分形式**という．

点 $a \in M$ を含む局所座標系 (U, ρ) をとり，

$$\omega_x = \sum_{j=1}^{s} f_j(x)(d\rho_j)_x \qquad (x \in U)$$

と表わして，a における関数の芽

$$f_1, \cdots, f_s$$

を定めよう．これが C^r 級，すなわち $\in \mathcal{C}_a{}^{(r)}$ であるかどうかは (U, ρ) のとり方によらない．実際，他の (V, σ) に関して関数の芽 $g_1, \cdots, g_s$ を得るならば，関係式

$$\boxed{g_i = \sum_{j=1}^{s} f_j \frac{\partial \rho_j}{\partial \sigma_i}} \qquad (1 \leqq i \leqq s)$$

が成り立つからである．✓　さて上の条件が成り立つとき，ω は a において C^r 級であるといい*，M の各点で

* M を C^t 級多様体とするときは，$r \leqq t-1$ としなければならない．

P216へ

X_a は数ベクトル ξ と同一視できる．このことが，数空間 $\boldsymbol{R}^s$ の開集合 M の各点における接空間を，数空間 $\boldsymbol{R}^s$ 自身と同一視できる理由である．

なお，特別な接ベクトル

$$\left(\frac{\partial}{\partial x_i}\right)_a : f \longmapsto \frac{\partial f}{\partial x_i}(a) \qquad (1 \leqslant i \leqslant s)$$

は接空間 $T(a)$ の基底となるが，線形代数の用語では，$\mathscr{D}_1(a)$ の基底 $(dx_j)_a$ $(1 \leqslant j \leqslant s)$ の**双対基底**になっている：

$$(dx_j)_a\left(\left(\frac{\partial}{\partial x_i}\right)_a\right) = \left(\frac{\partial}{\partial x_i}\right)_a((dx_j)_a) = \delta_{ij}.$$

数空間 $\boldsymbol{R}^s$ の開集合 M において，任意の1次微分形式は

(1)　$$\omega = \sum_{j=1}^{s} f_j dx_j$$

と一意的に表わされる．f_j は M 上の（s 変数）関数である．

これに対して，各点での接ベクトルの系 $X = (X_x)_{x \in M}$ を**ベクトル場**とよぶ．これも同様に

(2)　$$X = \sum_{j=1}^{s} f_j \frac{\partial}{\partial x_j}$$

と一意的に表わされる．

いずれも関数ベクトル $(f_1, \cdots, f_s)$ を用いて表わされているが，新しい座標系に変換して座標関数 $y_1, \cdots, y_s$ で書き直せば

(1′)　$$\omega = \sum_{i=1}^{s} g_i dy_i$$

(2′)　$$X = \sum_{i=1}^{s} h_i \frac{\partial}{\partial y_i}$$

であるとして，一般には異なる変換法則

$$\boxed{g_i = \sum_j f_j \frac{\partial x_j}{\partial y_i}} \qquad \boxed{h_i = \sum_j f_j \frac{\partial y_i}{\partial x_j}}$$

P217へ

C^r 級ならば M 上で C^r 級という．そういうもの全体を $\mathcal{D}_1^{(r)}(M)$ で表わす．

$\mathcal{D}_1^{(r)}(M)$ では加法とスカラー乗法が自然に定められて線形空間になる：✓

$$\begin{aligned}(\omega+\eta)_x&=\omega_x+\eta_x\\(\lambda\omega)_x&=\lambda\omega_x\end{aligned}\qquad(x\in M)$$

更に C^r 級関数 f を乗ずることができる：

$$(f\omega)_x=f(x)\omega_x\qquad(x\in M)$$

今後，M 上の C^r 級関数全体を $\mathcal{D}_0^{(r)}(M)$ と書くことにする．任意の $f\in\mathcal{D}_0^{(r)}(M)$ $(r\geqslant 1)$ に対し，微分形式

$$df=((df)_x)_{x\in M}$$

は $\mathcal{D}_1^{(r-1)}(M)$ に属する．✓

$$\omega=df,\qquad f\in\mathcal{D}_0^{(r)}(M)$$

と表わされる $\omega\in\mathcal{D}_1^{(r-1)}(M)$ を**完全**であるといい，f をその**原始関数**とよぶこともある．

完全性に対する必要十分条件が，局所的には次のように与えられる．

定理　$r\geqslant 2$ とするとき，C^{r-1} 級の1次微分形式 ω が点 a のある開近傍上で完全であるためには，a を含む局所座標系 (U,ρ) に関して次の条件の成り立つことが必要かつ十分である：

「
$$\omega=\sum_j f_j d\rho_j$$
と表わすとき，(a における関数の芽として)

(1)
$$\frac{\partial f_i}{\partial\rho_j}=\frac{\partial f_j}{\partial\rho_i}\qquad(1\leqslant i,\ j\leqslant s).$$
」

〈証明〉　必要性は，$\omega=df$ と書けるとき $f_j=\dfrac{\partial f}{\partial\rho_j}$ で

P218へ

にしたがうことが容易に確かめられる．

ところで行列 $\left(\dfrac{\partial y_i}{\partial x_j}\right)$ が直交行列ならば，$g_i=h_i$ である．たとえば，M が「ユークリッド空間」E の開集合である場合，ベクトルの内積を利用して「直交座標系」の概念が定まる．そして直交座標系のみを考える限り，1次微分形式とベクトル場は常に‘同じ’表示をもつ．もっと内的にいえば，点空間 E に付随するベクトル空間をすべての接空間と同一視するとき，X に対応する ω を，条件

「任意のベクトル場 Y に対して $\omega_a(Y_a)=\langle X_a, Y_a\rangle$」

によって定めることができる．つまりユークリッド空間の‘自己双対性’によって，1次微分形式とベクトル場の幾何学的対応が得られるのである*．したがって，どちらを主体にして議論を進めてもよい．

この考えは，各点 $a\in M$ ごとに適用できるから，多様体 M の各接空間に内積があって，それらが滑らかにつながっていさえすればよい．それが**リーマン空間**である．

さて，数空間 $\boldsymbol{R}^s$ の開集合 M に戻って，C^1 級関数 f の定める1次微分形式 $df=((df)_a)_{a\in M}$ は

(3)　$$df=\sum_{j=1}^{s}\frac{\partial f}{\partial x_j}dx_j$$

と表わされる．これは f の**全微分**または**外微分**とよばれる．また

(4)　$$\operatorname{grad} f=\sum_{j=1}^{s}\frac{\partial f}{\partial x_j}\frac{\partial}{\partial x_j}$$

を f の**勾配**（ベクトル場）とよぶ．

1次微分形式は Pfaff 形式ともいう．そういうものいくつかで

(5)　方程式 $\omega_1=\omega_2=\cdots=\omega_k=0$

を考える．これを**全微分方程式**または Pfaff 方程式という．ただし，その解とは，M の部分多様体 N であって，埋め込み写像 $\iota: N \longrightarrow M$ に関して

(6)　‘等式’　$\iota^*\omega_1=\iota^*\omega_2=\cdots=\iota^*\omega_k=0$

* たとえば「岩堀長慶：ベクトル解析（裳華房）」

P219へ

あるから，次に帰着する：

$$\frac{\partial^2 f}{\partial \rho_j \partial \rho_i} = \frac{\partial^2 f}{\partial \rho_i \partial \rho_j} \tag{3.4}$$

十分性を示そう．問題は局所的なので $U \subset \boldsymbol{R}^s$ とみなしてよく，更に U は a を中心とする星形で，U 上 (1) が成り立つとする．任意の $x \in U$ に対して

$$f(x) = \sum_{j=1}^{s} (x_j - a_j) \times \int_0^1 f_j(a + t(x-a))\,dt$$

と定めれば，積分記号下の微分法（一）より

$$\begin{aligned} D_i f(x) &= \int_0^1 f_i(a+t(x-a))\,dt \\ &\quad + \sum_{j=1}^{s} (x_j - a_j) \int_0^1 D_i f_j(a+t(x-a))\,t\,dt \\ &= \int_0^1 \{ f_i(a+t(x-a)) \\ &\quad + \sum_{j=1}^{s} (x_j - a_j) D_j f_i(a+t(x-a))\,t \}\,dt \\ &= \int_0^1 \frac{d}{dt} \{ f_i(a+t(x-a))\,t \}\,dt = f_i(x), \end{aligned}$$

すなわち $df = \omega$ を得る．　〈終〉

各点で定理の条件を満足する微分形式 ω は**閉微分形式**とよばれる．

注意　閉微分形式であるという条件 (1) は定理より局所座標系のとり方によらないが，これは直接確かめることも容易である．✓

なお，この条件は ω の「外微分」(次講参照) とよばれる2次の微分形式 $d\omega$ が0になることを意味する．

問4　$\boldsymbol{R}^3$ 上の次の微分形式が完全であれば原始関数を求めよ．

1)　$yzdx + zxdy + xydz$

2)　$(y^2+z^2)dx + (z^2+x^2)dy + (x^2+y^2)dz$

二つの多様体の間の C^1 級写像

P220へ

が成り立つもののことである．N を (5) の**積分多様体**ともいう．

方程式 (5) を考えるのに各 ω_i に関数を乗じておいてもよい．そうすることにより，各 ω_i が df_i の形——完全微分形式——であれば，方程式系

$$f_1=c_1,\quad f_2=c_2,\quad \cdots,\quad f_k=c_k \qquad (c_i \text{ は定数})$$

の定める部分多様体が解になる．

問3　3次元数空間で次の全微分方程式を解け．(座標面を除く)

$$\frac{dx}{yz}+\frac{dy}{zx}+\frac{dz}{xy}=0$$

左で引用した‘積分記号下の微分法’を述べておこう．必要なのは $[0,1]$ 上の積分だが，延長して $\boldsymbol{R}$ 上で扱えばよい．また，同じことだから数空間 $\boldsymbol{R}^t$ 上で記述する．

定理　$\boldsymbol{R}^{1+t}$ 上の関数 $f(x,y)$ が条件

i)　任意の $x\in\boldsymbol{R}$ に対し，$f(x,\cdot)$ が可積分，

ii)　ほとんどすべての y に対し，$f(\cdot,y)$ が微分可能，

iii)　$\boldsymbol{R}^t$ 上の可積分関数 $h\geqq 0$ が存在して

$$\left|\frac{\partial f}{\partial x}(x,\cdot)\right|\leqq h \qquad (x\in\boldsymbol{R}),$$

を満足すれば，任意の $x\in\boldsymbol{R}$ について

$$\frac{\partial f}{\partial x}(x,\cdot) \qquad \text{は可積分}$$

であり，関数

$$F(x)=\int f(x,y)\,dy$$

は微分可能であって次が成り立つ：

$$F'(x)=\int\frac{\partial f}{\partial x}(x,y)\,dy$$

〈証明〉 ii) より，$\dfrac{\partial f}{\partial x}(x,\cdot)$ はほとんどいたるところ定義され，可積分関数列

P221へ

$$\varphi : M \longrightarrow N$$

が与えられたとき，N 上の1次微分形式 ω に対して，各点ごとに定まる微分 $\varphi_x{}^*\omega_{\varphi(x)}$ $(x\in M)$ (9.1) によって，M 上の微分形式 $\varphi^*\omega$ が定められる：

$$(\varphi^*\omega)_x = \varphi_x{}^*\omega_{\varphi(x)} \qquad (x\in M)$$

いま (U,ρ), (V,σ) をそれぞれ M, N 上の局所座標系とすれば，局所的に

$$\omega = \sum_i f_i d\sigma_i \qquad \text{ならば}$$

(2)
$$\boxed{\varphi^*\omega = \sum_j \sum_i (f_i\circ\varphi)\frac{\partial}{\partial\rho_j}(\sigma_i\circ\varphi)d\rho_j}$$

と表わされる．✓　これから，対応 $\omega \longmapsto \varphi^*\omega$ が次の線形写像を与える $(r\geqq 1)$：

$$\varphi^* : \mathscr{D}_1{}^{(r-1)}(N) \longrightarrow \mathscr{D}_1{}^{(r-1)}(M)$$

9.3　弧とその上の積分

M を位相空間とする．有限閉区間からの連続写像

$$\gamma : [a,b] \longrightarrow M$$

を，M における（連続）弧という．

γ の**逆弧** γ° を次のように定める：

$$\gamma^\circ(t) = \gamma(a+b-t) \qquad (a\leqq t\leqq b)$$

二つの弧

$$\gamma_1 : [a_1, b_1] \longrightarrow M$$
$$\gamma_2 : [a_2, b_2] \longrightarrow M$$

において，$b_1 = a_2$, $\gamma_1(b_1) = \gamma_2(a_2)$ のとき，**接合弧** $\gamma_1 \vee \gamma_2$

P222へ

$$n\left(f\left(x+\frac{1}{n},\cdot\right)-f(x,\cdot)\right)$$

の極限である．よって iii) とあわせて，ルベーグの定理への注意 (7.1) からその可積分性を知る．

次に x を固定して，それに収束する任意の数列 (x_n) をとる．

$$\frac{1}{|x_n-x|}\left|F(x_n)-F(x)-(x_n-x)\int\frac{\partial f}{\partial x}(x,y)dy\right|$$

$$\leqq\int_{R^t}\frac{1}{|x_n-x|}\left|f(x_n,y)-f(x,y)-(x_n-x)\frac{\partial f}{\partial x}(x,y)\right|dy$$

において，右辺の積分記号下の関数はほとんどいたるところ $\longrightarrow 0\ (n\to\infty)$ であり，更に

$$\leqq\sup_{x\leqq\xi\leqq x_n}\left|\frac{\partial f}{\partial x}(\xi,y)-\frac{\partial f}{\partial x}(x,y)\right|\leqq 2h.$$

したがってルベーグの定理より積分が $\longrightarrow 0\ (n\to\infty)$．$(x_n)$ は任意であったから，x' の連続的変動に対しても

$$\frac{1}{x'-x}\left|F(x')-F(x)-(x'-x)\int\frac{\partial f}{\partial x}(x,y)dy\right|\longrightarrow 0\ (x'\to x)$$

を得る．すなわち $F'(x)$ が存在して $=\int\frac{\partial f}{\partial x}(x,y)dy.$ 〈終〉

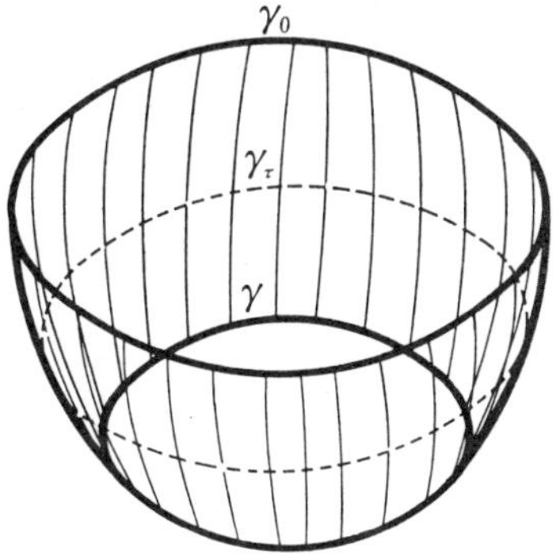

いままで同様，数空間内の開集合 M を想い浮べることにする．M における二つの弧 γ_0,γ が M で同位とは，パラメータ τ と共に‘連続的に移動’する弧

$$\gamma_\tau(t)=\Phi(t,\tau)$$

があって，はじめが γ_0，おわりが γ になることである．閉弧として同位とは，途中でも閉弧になっていること．

単純な形の M が単連結かどうかは，

P223へ

が次のように定められる．

$$(\gamma_1 \vee \gamma_2)(t) = \begin{cases} \gamma_1(t) & (a_1 \leqq t \leqq b_1) \\ \gamma_2(t) & (a_2 \leqq t \leqq b_2) \end{cases}$$

二つの弧 γ_0, γ が同じ区間 $[a, b]$ で定義されているとき，てきとうな連続写像

$$\Phi : [a, b] \times [0, 1] \longrightarrow M$$

が存在して，条件

$$(1) \qquad \begin{aligned} \Phi(t, 0) &= \gamma_0(t) \\ \Phi(t, 1) &= \gamma(t) \end{aligned} \qquad (a \leqq t \leqq b)$$

が満足されるならば，γ_0, γ は M において**同位**であるという．

また，$\gamma(a) = \gamma(b)$ であるような弧 γ を**閉弧**とよぶ．閉弧 γ_0, γ に対し，(1) と共に条件

$$(2) \qquad \Phi(a, \tau) = \Phi(b, \tau) \qquad (0 \leqq \tau \leqq 1)$$

を満足する Φ が存在すれば，γ_0, γ は閉弧として同位であるという．更に，

$$\gamma_0(t) = 一定$$

であるとき，γ は**一点に収縮可能**という．

M が連結で，任意の閉弧が一点に収縮可能のとき，M は**単連結**であるという．

問 5　数空間の星形集合は単連結である．

以後 M を多様体としよう．M における弧 $\gamma : [a, b] \longrightarrow M$ が**滑らか**とは，$[a, b]$ を含む開区間——1次元多様体—— から M への C^1 級写像に γ を延長できること．(一)

もう少し弱く，ある分割

$$a = t_0 < t_1 < \cdots < t_n = b$$

P224へ

直観的に明らかなことが多い．粗雑にいって，穴のあいた集合は駄目である．たとえば，平面上で二つの同心円に挾まれた部分とか，空間内のドーナツ曲面など．

さて，「弧」の一般的な定義 ——連続性—— の下では，あまり弧らしくないものもでてくる．たとえば平面上で正方形内部を埋めつくす Peano 曲線とよばれるものもあり，その像は‘1次元’と限らない．そこでわれわれは，1次元多様体または それに‘近い’ものを目標にして，「滑らかな弧」を考える．左に述べた定義は，γ が $]a,b[$ 上 C^1 級でかつ片側極限

$$\lim_{t\to a+0}\gamma'(t),\qquad \lim_{t\to b-0}\gamma'(t)$$

が存在することと同等である．すなわち，実際には $[a,b]$ の外まで考える必要はない．また，滑らかな弧をつなぐ必要が起こるので，はじめから「区分的に滑らかな弧」を扱っておくのが好都合である．その像は，$\gamma'(t)$ が存在して $\neq 0$ の点 ——正則点—— の近傍で1次元多様体であることをすでにみた (4.6)．

次に，数平面上の1次微分形式

$$\omega=f(x,y)\,dx+g(x,y)\,dy$$

を滑らかな弧

$$t\longrightarrow \gamma(t)=(p(t),q(t))\qquad (0\leqq t\leqq 1)$$

の上で積分しよう．まず $\gamma^*\omega$ とは何か？ 各点 t で

$$\begin{aligned}(\gamma^*\omega)_t&=\gamma_t{}^*\omega_{\gamma(t)}\\&=\gamma_t{}^*((f\circ\gamma)(t)(dx)_{\gamma(t)}+(g\circ\gamma)(t)(dy)_{\gamma(t)})\\&=(f\circ\gamma)(t)d(x\circ\gamma)_t+(g\circ\gamma)(t)d(y\circ\gamma)_t\\&=(f\circ\gamma)(t)(dp)_t+(g\circ\gamma)(t)(dq)_t\\&=((f\circ\gamma)p'+(g\circ\gamma)q')(t)(dt)_t.\end{aligned}$$

$$\therefore\quad \gamma^*\omega=((f\circ\gamma)p'+(g\circ\gamma)q')\,dt$$

したがって定義より，次の計算式を得る．

$$\int_\gamma\omega=\int_0^1\{f(p(t),q(t))p'(t)+g(p(t),q(t))q'(t)\}\,dt$$

P225へ

をとって，γ の各小区間 $[t_{i-1}, t_i]$ への制限 γ_i $(1\leqslant i\leqslant n)$ が滑らかであるとき，γ は**区分的に滑らか**であるという．

さて M 上に C^0 級の1次微分形式 ω が与えられたとする．そのとき，上の記号の下で $]t_{i-1}, t_i[$ 上の C^0 級微分形式 $\gamma_i{}^*\omega$ を得る．これを標準座標系（恒等写像）により

$$\gamma_i{}^*\omega = f_i(x)\,dx$$

と書き，形式的に積分記号の中に入れて，弧 γ 上の ω の積分

$$\int_\gamma \omega = \sum_{i=1}^{n} \int_{t_{i-1}}^{t_i} \gamma_i{}^*\omega = \sum_{i=1}^{n} \int_{t_{i-1}}^{t_i} f_i(x)\,dx$$

を定義しよう．この値は，γ の定義域の分割によらずに，ω, γ のみで定まる．このことは，分割を細分して，γ_1, γ_2, $\gamma_1\vee\gamma_2$ が滑らかな場合に次を示すことに帰着する．✓

(3)
$$\int_{\gamma_1\vee\gamma_2} \omega = \int_{\gamma_1} \omega + \int_{\gamma_2} \omega$$

この等式は，γ_1, γ_2 が区分的に滑らかで接合できる一般の場合にも成り立つ．

次の線形性も定義から明らかである．

(4)
$$\int_\gamma (\alpha\omega + \beta\eta) = \alpha\int_\gamma \omega + \beta\int_\gamma \eta$$

次の事実は基本的である．

定理　多様体 M 上の C^1 級関数 f と区分的滑らかな弧 $\gamma:[a, b] \longrightarrow M$ について

$$\int_\gamma df = f(\gamma(b)) - f(\gamma(a)).$$

P226へ

この辺で，弧の上の積分が，向きづけを別にして本質的には幾何学的に定まることに注意しよう．すなわち，滑らかな二つの弧

$$\gamma : [a, b] \longrightarrow M, \qquad \gamma_1 : [a_1, b_1] \longrightarrow M$$

に対し，C¹ 級同形

$$\varphi : [a_1, b_1] \longrightarrow [a, b]$$

があって $\gamma_1 = \gamma \circ \varphi$ ならば，二つの場合

$$\text{i)}\quad \varphi(a_1) = a,\ \varphi(b_1) = b\,; \qquad \text{ii)}\quad \varphi(a_1) = b,\ \varphi(b_1) = a$$

に分けて，それぞれ

$$\int_{\gamma\circ\varphi} \omega = \int_\gamma \omega \qquad \text{または} \qquad -\int_\gamma \omega$$

となる．これは定義に戻って容易に確かめられる．✓ そしてこのことは，‘向きづけられた’1次元多様体上で1次微分形式が積分されることを示唆する．その一般次元でのとり扱いは次講にゆずろう．

いままで関数はすべて実数値として来たが，ベクトル値関数についても，その「芽」「微分」は全く同様に扱われる．ここでは特に複素数値関数の場合をみよう．1点 a における微分の全体は自然な仕方で，すなわち

$$f \longmapsto (df)_a$$

が複素線形であるように，複素線形空間の構造をもつ．それは $\mathscr{D}_1(a)$ を含み，定理 (9.1) がそのまま成り立つ．

さて，特に複素平面 $\boldsymbol{C}$ を数平面と同一視して，その上で複素数値関数やその微分を考えよう．恒等写像 $z : \boldsymbol{C} \longrightarrow \boldsymbol{C} = \boldsymbol{R}^2$ はその成分関数 x, y によって

$$z = x + iy$$

と表わされる．よって1次複素微分形式の表示

$$dz = dx + idy$$

を得る．

例 $c \in \boldsymbol{C}$ を中心とする半径 ε の円弧とは，

$$\Gamma_\varepsilon(c) : \theta \longmapsto c + \varepsilon(\cos\theta + i\sin\theta) \qquad (0 \leqq \theta \leqq 2\pi)$$

P227へ

注意　数直線上で，これは‘微積分法の基本定理’(6.2)を示す．

〈証明〉 (3)より，γ は滑らかとしてよい．更にコンパクト集合 $\gamma([a,b])$ が有限個の局所座標系で覆えるから，再び(3)より γ の像がひとつの局所座標系 (V,σ) に含まれるとしてよい．そのとき(9.2)の(2)より

$$
\begin{aligned}
\int_\gamma df &= \int_a^b \gamma^*(df) \\
&= \int_a^b \sum_i \left(\frac{\partial f}{\partial \sigma_i}\circ\gamma\right)(t)\,(\sigma_i\circ\gamma)'(t)\,dt \\
&= \int_a^b \frac{d}{dt} f^\sigma(\sigma\circ\gamma)(t)\,dt \quad \checkmark \\
&= f^\sigma(\sigma(\gamma(b))) - f^\sigma(\sigma(\gamma(a))) \\
&= f(\gamma(b)) - f(\gamma(a)).
\end{aligned}
$$

〈終〉

問6　始点(1,1,1)，終点(2,2,2)の滑らかな弧 γ の上で次の積分を計算せよ．

$$\int_\gamma \frac{1}{xyz}\left(\frac{dx}{x}+\frac{dy}{y}+\frac{dz}{z}\right)$$

系　連結多様体上の C^1 級関数 f に対し

$$df=0 \quad \Rightarrow \quad f=\text{一定}.$$

〈証明〉 連結多様体の任意の2点は，区分的滑らかな弧で結べるから．〈終〉

9.4 原始関数

多様体上の C^1 級の1次微分形式が局所的に原始関数をもつ条件はすでに述べた(9.2)．この項では，大局的に次の事実を導く．

定理　単連結多様体上の C^1 級の1次閉微分形式は

P228へ

を意味するとし，次の積分を計算する．

$$\int_{\Gamma_\varepsilon(c)} \frac{dz}{z-c}$$

まず微分形式の部分について，($\Gamma_\varepsilon(c)=\gamma$ と略記して)

$$\begin{aligned}\gamma^*\left(\frac{1}{z-c}dz\right) &= \varepsilon^{-1}(\cos\theta+i\sin\theta)^{-1}(d(x\circ\gamma)+id(y\circ\gamma))\\ &= \varepsilon^{-1}(\cos\theta+i\sin\theta)^{-1}\{(\varepsilon\cos\theta)'+i(\varepsilon\sin\theta)'\}\,d\theta\\ &= id\theta.\end{aligned}$$

$$\therefore\quad \int_\gamma \frac{dz}{z-c} = \int_0^{2\pi} id\theta = 2\pi i.$$

この積分の値は，円弧の大きさによらない．この例が示すように，ある種の微分形式の積分は，弧のてきとうな変形によって変化しないのである．その際，微分形式に課される条件は‘閉’すなわち局所的な原始関数の存在である．定理 (9.2) 参照．また，許される弧の変形は‘閉弧としての同位’である．補題 2 (9.4) 参照．

ここでは応用としても，もっぱら複素1変数の複素数値関数——複素関数と略称する——に関する基本的な考察をする．

複素平面 $\boldsymbol{C}$ の開集合 D で定義された複素関数 f は，表示

(0) $$f(x+iy)=\varphi(x,y)+i\psi(x,y)$$

によって，2実変数の2次元ベクトル値関数 (φ,ψ) と同一視される．この意

P229へ

原始関数をもつ*.

〈証明〉　次の二つの補題に帰着する.　〈終〉

補題1　連結多様体 M 上の C^0 級の1次微分形式 ω について，次は同等.

i)　ω は原始関数をもつ.

ii)　任意の区分的滑らかな閉弧 γ について

$$\int_\gamma \omega = 0.$$

〈証明〉　i) ⇒ ii)　$\omega = df$ とおけば，f は C^1 級であって，定理 (9.3) より

$$\int_\gamma \omega = f(\gamma(b)) - f(\gamma(a)) = 0.$$

ii) ⇒ i)　任意の2点 $a, b \in M$ に対し，a を b に結ぶ M 上の区分的滑らかな弧 γ の上の積分 $\int_\gamma \omega$ は，a, b のみで定まる．実際，そのような別の弧 γ_1 に対し，変数の平行移動で γ° と接合できるようにしたものを γ_2 とするとき，$\gamma_2 \vee \gamma^\circ$ が閉弧だから，次を得る.

$$\begin{aligned} 0 = \int_{\gamma_2 \vee \gamma^\circ} \omega &= \int_{\gamma_2} \omega + \int_{\gamma^\circ} \omega \\ &= \int_{\gamma_1} \omega - \int_\gamma \omega \end{aligned}$$

そこで上の積分を次のように表わそう.

$$\int_a^b \omega$$

さて，$x_0 \in M$ を固定して関数 f を

$$f(x) = \int_{x_0}^x \omega \qquad (x \in M)$$

* 証明からわかるように，'閉' という条件を '局所的な原始関数の存在' とみなせば，C^0 級でよい.

P230へ

味での‘微分可能性’はすでに(3.1)で扱われた．ところが複素数の間では加法と共に乗法も与えられているので，形式上は実数と同様に扱うことができる．すなわち，点

$$c=a+ib$$

において，ある複素数 $f'(c)$ が存在して

(1) $$f(z)=f(c)+f'(c)(z-c)+o(z-c)$$

となるとき，f は c で**複素微分可能**ということにする．これは勿論

(1′) $$\lim_{z\to c}(f(z)-f(c))/(z-c)=f'(c)$$

と同等である．

これはかなり強い条件である．実際，それは次と同等．

「ベクトル値関数 $(\varphi,\psi): D \longrightarrow \boldsymbol{R}^2$ が (a,b) で微分可能で

(2) $$\boxed{\frac{\partial\varphi}{\partial x}=\frac{\partial\psi}{\partial y},\qquad -\frac{\partial\varphi}{\partial y}=\frac{\partial\psi}{\partial x}.}$$ 」

〈証明〉 $f'(c)=\alpha+i\beta$ と書く．(1)の実部，虚部を比較し

$$\varphi(x,y)=\varphi(a,b)+\alpha(x-a)-\beta(y-b)+o(x-a,y-b),$$

$$\psi(x,y)=\psi(a,b)+\beta(x-a)+\alpha(y-b)+o(x-a,y-b).$$

よって φ,ψ は微分可能で(2)が成立．逆も成り立つ． 〈終〉

D の各点で複素微分可能で，D 上の複素関数 f' が連続である——φ,ψ が C^1 級である——とき，f を**正則関数**とよぼう*.

さて，D 上の正則関数 f に対して，複素微分形式

$$f(z)\,dz=(\varphi+i\psi)\,dx+(-\psi+i\varphi)\,dy$$
$$=(\varphi dx-\psi dy)+i(\psi dx+\varphi dy)$$

を考える．ここで二つの実微分形式

$$\varphi dx-\psi dy,\quad \psi dx+\varphi dy$$

は，条件(2)によって閉微分形式である．したがって左の補題2から次の

---

* 実は f が D 上複素微分可能ならば，必然的に f' もそうであり，とくに連続であることが知られている．

P231へ

と定め，$df=\omega$ を示そう．任意の $a\in M$ に対し，

$$f(x)=f(a)+\int_a^x \omega$$

であるので，a を含む局所座標近傍 U で考えればよく，更に U は a を中心とする $\boldsymbol{R}^s$ の星形開集合とみなしてよい．

$$\omega=\sum_{i=1}^{s} f_i dx_i$$

と表わし，a を x に結ぶ弧

$$\gamma(t)=a+t(x-a) \qquad (0\leqslant t\leqslant 1)$$

の上で積分すれば

$$\begin{aligned} f(x)-f(a)&=\int_a^x \omega=\int_0^1 \gamma^*\omega \\ &=\sum_{i=1}^{s}\int_0^1 f_i(\gamma(t))(x_i-a_i)dt. \end{aligned}$$

さて，f_i は C^0 級なので，任意の $\varepsilon>0$ に対してある $\delta>0$ をとり

$$|x-a|<\delta \Rightarrow |f_i(x)-f_i(a)|<\varepsilon$$

とする．そのとき，

$$\begin{aligned} &\left|f(x)-f(a)-\sum_{i=1}^{s} f_i(a)(x_i-a_i)\right| \\ &\leqslant \sum_{i=1}^{s}\int_0^1 |f_i(\gamma(t))-f_i(a)|dt\ |x_i-a_i| \\ &\leqslant \varepsilon\sum_{i=1}^{s}|x_i-a_i|. \end{aligned}$$

$$\therefore \quad \frac{\partial f}{\partial x_i}(a)=f_i(a) \qquad (1\leqslant i\leqslant s)$$

これは $(df)_a=\omega_a$ を意味する．　〈終〉

問7　$M=\boldsymbol{R}^2-\{(0,0)\}$ 上の微分形式

$$\omega=\frac{ydx-xdy}{x^2+y^2}$$

は原始関数をもつか．

P232へ

Cauchy の定理を得る．それは複素関数論の基本定理ともいうべき重要な事実である．

定理 1．f を開集合 D 上の正則関数，γ_0, γ を D における区分的滑らかな閉弧とする．もし γ_0, γ が D で閉弧として同位ならば次式が成り立つ：

$$\int_{\gamma_0} f(z)\,dz = \int_{\gamma} f(z)\,dz$$

これから直ちに次を得る．

系　f を開集合 D 上の正則関数，γ を D における区分的滑らかな閉弧で1点に収縮可能とすれば，

$$\int_{\gamma} f(z)\,dz = 0.$$

とくに D が単連結ならば，任意の区分的滑らかな閉弧 γ について上の等式が成り立つわけである．この事実を Cauchy の積分定理という場合もある．上の事実の実際的応用には，次の**積分公式**を導いておくのがよい．

定理 2．f を開集合 D 上の正則関数，γ を1点 $c \in D$ を通らない D における区分的滑らかな閉弧とし，次の条件を仮定する．

「ある $\delta > 0$ をとれば，中心 c，半径 δ の閉円板が D に含まれ，$D - \{c\}$ において γ は $\Gamma_\delta(c)$ と同位．」

そのとき次式が成り立つ：

$$f(c) = \frac{1}{2\pi i}\int_{\gamma} \frac{f(z)}{z-c}\,dz$$

〈証明〉　$D - \{c\}$ 上の関数

$$g(z) = \frac{f(z) - f(c)}{z - c}$$

は正則であるから，前定理より任意の $0 < \varepsilon \leqq \delta$ に対し

P233へ

> **補題2**　多様体 M 上の区分的滑らかな閉弧 γ_0, γ が閉弧として同位のとき，M 上の局所的に原始関数をもつ C^0 級1次微分形式 ω について
> $$\int_{\gamma_0}\omega=\int_{\gamma}\omega.$$

〈証明〉 (1), (2) を満足する連続写像 Φ の像――コンパクトである――を有限個の局所座標系 U_k で覆い，各 U_k 上で ω が原始関数をもつようにする (定理 (9.2))．なお，二つの U_k の交わりは連結であるとしよう．

てきとうな分割

$$a=t_0<t_1<\cdots<t_n=b$$
$$0=\tau_0<\tau_1<\cdots<\tau_m=1$$

をとれば，$\Phi(t_i, \tau_j)=x_{ij}$ と書くとき，ひとつの U_k――これを U_{ij} と書く――が4点

$$x_{i-1,j-1},\ x_{i,j-1};\ x_{i-1,j},\ x_{ij}$$

を含むようにできる．$\surd$　次に区分的滑らかな弧

$$\gamma_{ij}:[t_{i-1}, t_i] \longrightarrow U_{ij}\cap U_{i,j+1}$$

をとって

$$\gamma_{ij}(t_{i-1})=x_{i-1,j},\ \gamma_{ij}(t_i)=x_{ij}$$

とする ($j<m$)．また γ_0, γ の $[t_{i-1}, t_i]$ への制限を γ_{i0}, γ_{im} とし，接合弧

$$\gamma_j=\gamma_{1j}\vee\cdots\vee\gamma_{nj} \qquad (0\leqq j\leqq m)$$

をつくる．$\gamma_m=\gamma$ である．なお γ_{i0} の像$\subset U_{i1}$, γ_{im} の像$\subset U_{im}$ となるように分割がとられているとしよう．

さて U_{ij} 上の ω の原始関数 f_{ij} をとる．そのとき，$U_{n+1,j}=U_{1j}$, $f_{n+1,j}=f_{1j}$ と規約し，$x_{nj}=x_{0j}$ に注意して

P234へ

$$\int_\gamma g(z)\,dz=\int_{\Gamma_\varepsilon(c)} g(z)\,dz.$$

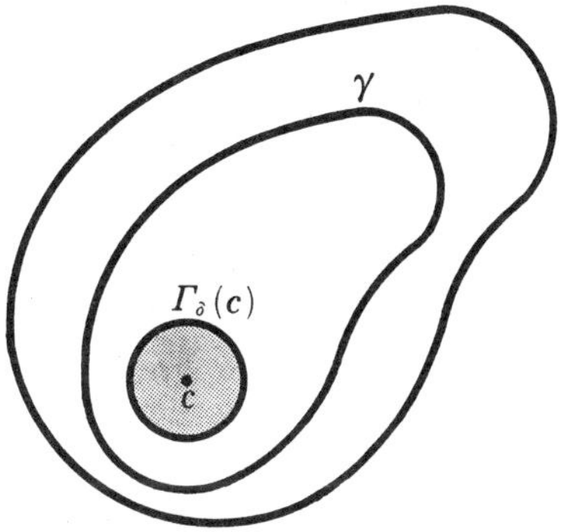

右辺は $\lim_{z\to c} g(z)$ の存在から容易に $\longrightarrow 0\ (\varepsilon\to 0)$ となることを知る．すなわち

$$\int_\gamma \frac{f(z)-f(c)}{z-c}\,dz=0.$$

$$\therefore\quad \int_\gamma \frac{f(z)}{z-c}dz=\int_\gamma \frac{f(c)}{z-c}dz=f(c)\int_{\Gamma_\delta}\frac{dz}{z-c}$$

右辺はすでに計算した通り $2\pi i f(c)$ に等しい． 〈終〉

上の積分公式からいろいろなことがわかる．まず，

系 f を開集合 D 上の正則関数とし，1点 $c\in D$ を中心とする半径 δ の閉円板が D に含まれるならば，複素数列 (a_n) が存在して，

$$f(z)=\sum_{n=0}^{\infty} a_n(z-c)^n \qquad (|z-c|<\delta).$$

〈証明〉 整級数の項別積分可能性を使って示される．詳細は略*．

〈終〉

これから，整級数の項別微分可能性を用いて，正則関数が何回でも複素微分

* たとえば「田村二郎：解析函数（裳華房）55頁」．

P235へ

$$\int_{\gamma_j}\omega=\sum_{i=1}^{n}\int_{\gamma_{ij}}\omega$$

$$=\sum_{i=1}^{n}\left(f_{ij}(x_{ij})-f_{ij}(x_{i-1,j})\right)$$

$$=\sum_{i=1}^{n}\left(f_{ij}(x_{ij})-f_{i+1,j}(x_{ij})\right).$$

$j>0$ ならば γ_{j-1} 上で同じ f_{ij} を用いて同様に

$$\int_{\gamma_{j-1}}\omega=\sum_{i=1}^{n}\left(f_{ij}(x_{i,j-1})-f_{i+1,j}(x_{i,j-1})\right).$$

さて $U_{ij}\cap U_{i+1,j}$ 上で $d(f_{ij}-f_{i+1,j})=0$ であるゆえ，$f_{ij}-f_{j+1,j}$ は一定値をとる．すなわち上の2式の第 i 項は等しい．かくて

$$\int_{\gamma_{j-1}}\omega=\int_{\gamma_j}\omega\qquad(1\leqslant j\leqslant m).$$

$$\therefore\quad\int_{\gamma_0}\omega=\int_{\gamma}\omega.$$

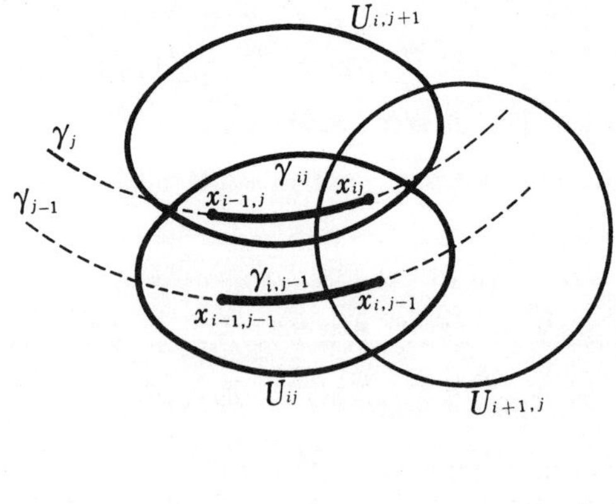

P236へ

可能であり，各回の導関数も正則であることを知る．また，連結開集合 D 上の正則関数 f, g が D 内に集積点をもつ集合上同じ値をとれば $f=g$ となる(**一致の定理**)．更に再び積分公式を用いて，連結開集合 D 上の定数でない正則関数 f の絶対値 $|f|$ は D 内で最大値をとらないことを知る*．(**最大値原理**) その他幾多の著しい性質が上の定理や系から容易に導かれるのである．

問 8　最大値原理を応用して，1次以上の代数方程式 $f(z)=0$ が必ず複素根をもつこと（‘代数学の基本定理’）を示せ．（ヒント）$\lim_{z\to\infty} 1/f(z)=0$.

*「田村二郎：解析函数74頁」

P237へ

第 10 講　外 微 分 法
-ストークスの定理-

10.1　外 積 多 元 環

次の代数学上の概念は既知とする：　―

置換とその符号，行列，

多元環とその生成，(準)同形写像.

集合 U に対し，記法

$$U^p = U \times \cdots\cdots \times U \qquad (p \text{ 個の直積})$$

を用いる．写像

$$f:\ U^p \longrightarrow V$$

を U から V への p 重写像とよぶ．いま，$1, \cdots, p$ の置換全体を $\boldsymbol{S}_p$ とし，$\sigma \in \boldsymbol{S}_p$ に対し

$$(\sigma f)(u_1, \cdots, u_p) = f(u_{\sigma(1)}, \cdots, u_{\sigma(p)})$$

によって p 重写像 σf を定める.

線形空間 U から V への p 重写像 f が各変数について

P238へ

最終講である．第1講で述べたように，Stokesの定理は(多変数）微積分の基本定理ともいうべき内容をもっている．定理は，向きづけの与えられた多様体における微分形式の積分の性質として述べられる．その際‘計量’は不要である．もし計量が与えられ，たとえばユークリッド空間の部分多様体で考えるということなら，ベクトル場の言葉で定理をいいかえることもできる．右側ではその見方で，3次元空間でのGaussの発散定理，面積分に関する古典的なStokesの定理を述べるだろう．ベクトル解析の中心に位置する定理である．なお，これらについては力学的な意味づけや応用を知ることが望ましい．たとえば次の書物をあげよう．

岩堀長慶：ベクトル解析（裳華房）
スミルノフ：高等数学教程，第3・4章（共立出版）
森　　毅：ベクトル解析（国土社）

本書では，‘数学的体系’の中で，なるべく早くStokesの定理までを確立することに主眼をおいた．大学初年級の解析に含めるべきことがらは，勿論他にもあろう．すでに述べたように，体系に吸収されない‘解析らしい’特殊な話題も数多い．しかしながら，それらにはほとんどふれなかった．解析の一本の柱として，これだけは確保したいという骨組だけをとりあげたつもりである．本当の解析はこれから始まる．

行列式の概念はすでに用いて来たが，これは外積多元環の概念から自然に定義されるものである．しかし，こういう見方をとるにしても，あるいは初等線形代数的に扱うにしても，置換とその符号については述べておかなければならない．

自然数 $1, \cdots, p$ の集合を $\boldsymbol{N}_p$ と書く．全単射

$$\sigma: \boldsymbol{N}_p \longrightarrow \boldsymbol{N}_p$$

を p 文字 $1, \cdots, p$ の**置換**といい，その全体を $\boldsymbol{S}_p$ で表わす．$\boldsymbol{S}_p$ では合成の算法

$$(\sigma\circ\tau)(i)=\sigma(\tau(i)) \qquad (i\in \boldsymbol{N}_p)$$

が定まる．合成 $\sigma\circ\tau$ を積ともいい $\sigma\tau$ とも書く．これについて結合法則

(1) $$(\sigma\tau)\rho=\sigma(\tau\rho) \qquad (\sigma, \tau, \rho\in \boldsymbol{S}_p)$$

は明らかである．また恒等置換 $\iota\in \boldsymbol{S}_p$ について

(2) $$\sigma\iota=\iota\sigma=\sigma \qquad (\sigma\in \boldsymbol{S}_p)$$

P239へ

線形のとき，これを **p 重線形写像**という．

$$\sigma f = f \qquad (\sigma \in \boldsymbol{S}_p)$$

であるような f は**対称**,

$$\sigma f = (\mathrm{sgn}\,\sigma) f \qquad (\sigma \in \boldsymbol{S}_p)$$

であるような f は**反対称**といわれる．ただし $\mathrm{sgn}\,\sigma$ は σ の符号を表わす．また条件

「ある $i \neq j$ について $u_i = u_j$ ならば

$$f(u_1, \cdots, u_p) = 0 \quad 」$$

を満足する f は**交代**といわれる．これは反対称と同等である．✓

さて，s 次元の線形空間 U が与えられたとする．これに対して次の性質 (1)-(3) を満足する多元環 Λ を U 上の**外積多元環**という．ただしその乗法を $\wedge$ で表わし，外積とよぶ．

(1)　Λ は U を部分線形空間として含み，U で生成される．

(2)　任意の $u \in U$ について $u \wedge u = 0$.

(3)　Λ は線形空間として 2^s 次元．

このような多元環 Λ は確かに存在する．⇀　ここでは，その構造を調べることによって，それが U に対して本質的に一意的であることを見よう．

(4)　$u_1, \cdots, u_p \in U$, $\sigma \in \boldsymbol{S}_p$ に対し

$$u_{\sigma(1)} \wedge \cdots \wedge u_{\sigma(p)} = (\mathrm{sgn}\,\sigma) u_1 \wedge \cdots \wedge u_p.$$

〈証明〉　$(u_1 + u_2) \wedge (u_1 + u_2) = u_1 \wedge u_1 + u_1 \wedge u_2 + u_2 \wedge u_1 + u_2 \wedge u_2$ より，(2) を用いて次を得る（$p = 2$, $\sigma = (1, 2)$ の場合）：

(4′)　$u_1 \wedge u_2 = -u_2 \wedge u_1$

P240へ

が成り立つ．更に，任意の $\sigma\in\boldsymbol{S}_p$ に対し，その逆置換 $\sigma^{-1}\in\boldsymbol{S}_p$ をとれば

(3) $$\sigma\sigma^{-1}=\sigma^{-1}\sigma=\iota$$

となる．これら3性質のゆえに，$\boldsymbol{S}_p$ は群の構造をもつという．詳しくは，$\boldsymbol{S}_p$ は **$\boldsymbol{p}$ 次対称群**とよばれる．

異なる2数 $i, j\in\boldsymbol{N}_p$ に対し，これらを入れかえ他の数を不変にするような置換は**互換**とよばれ，(i, j) と書かれる．任意の置換は互換いくつかの積として表わされる．第1巻から第 p 巻まである全集が本棚にでたらめに並んでいるとき，2冊ずつ入れかえて巻数順に整理できるということだから，ほとんど明らかだろう．きちんと証明するには，たとえば置換 σ をまずいわゆる‘巡回置換’の積として表わし，更に巡回置換を互換の積として表わすという手順をとればよい．あるいは，次に述べる置換 σ の転倒数 $\nu(\sigma)$ に関する帰納法によってもよい．*

$\sigma\in\boldsymbol{S}_p$ の**転倒数** $\nu(\sigma)$ とは，

$$1\leqslant i<j\leqslant p, \qquad \sigma(i)>\sigma(j)$$

となる対 (i, j) の個数のことである．

置換の**符号** $\mathrm{sgn}=\varepsilon$ は次のように特徴づけられる．

定理　写像 $\varepsilon: \boldsymbol{S}_p \longrightarrow \{\pm 1\}$ で次の性質をもつものは，一意的に存在する：

(1) $\varepsilon(\sigma\tau)=\varepsilon(\sigma)\varepsilon(\tau) \qquad (\sigma, \tau\in\boldsymbol{S}_p)$,

(2) 互換 σ に対して　$\varepsilon(\sigma)=-1$.

〈証明〉　転倒数 $\nu(\sigma)$ を用いて，写像 $\varepsilon: \boldsymbol{S}_p \longrightarrow \{\pm 1\}$ を

$$\varepsilon(\sigma)=(-1)^{\nu(\sigma)}$$

と定義し，(1), (2) を示そう．そのため特殊な p 重写像 $\varDelta: \boldsymbol{R}^p \longrightarrow \boldsymbol{R}$ を次の

* 実は，隣り合う数字の互換，すなわち

$$(1, 2), (2, 3), \cdots\cdots, (p-1, p)$$

の $\nu(\sigma)$ 個の積として σ が表わされ，これより少ない個数では表わせない．たとえば，「山崎圭次郎：基礎代数（岩波書店），116頁」

P241へ

一般にはこれをくり返し用いて p 重線形写像

$$f(u_1, \cdots, u_p)=u_1\wedge\cdots\wedge u_p$$

が交代，したがって反対称．　〈終〉

次に，p 個の U の元の外積

$$u_1\wedge\cdots\wedge u_p \qquad (u_i\in U)$$

の全体で線形空間として生成される Λ の部分空間を Λ^p とかく．ただし $\Lambda^0=\boldsymbol{R}e$（$e$ は単位元）とする．

(5)　Λ^p は $\binom{s}{p}$ 次元で，直和分解

$$\Lambda=\Lambda^0\oplus\Lambda^1\oplus\cdots\oplus\Lambda^s$$

を得る．詳しくは，U の基底 $e_1, \cdots, e_s$ に対し，次の $\binom{s}{p}$ 個が Λ^p の基底を与える：

$$e_{i_1}\wedge\cdots\wedge e_{i_p} \qquad (1\leqq i_1<\cdots<i_p\leqq s)$$

〈証明〉　$u_j=\sum_{i=1}^{s}\lambda_{ij}e_i \qquad (1\leqq j\leqq p)$

に対して　$u_1\wedge\cdots\wedge u_p$

$$=\sum_{i_1,\cdots,i_p=1}^{s}\lambda_{i_1 1}\cdots\lambda_{i_p p}e_{i_1}\wedge\cdots\wedge e_{i_p}.$$

この表示より，(4) を用いて Λ^p が上記 $\binom{s}{p}$ 個で生成されることを知る．また $\Lambda^p=\{0\}$ $(p>s)$．ところで

$$\sum_{p=0}^{s}\binom{s}{p}=2^s$$

であるから，(3) より

$$\Lambda=\Lambda^0+\Lambda^1+\cdots+\Lambda^s$$

は直和となり，上記 $\binom{s}{p}$ 個は線形独立．　〈終〉

Λ を $\Lambda(U)$，Λ^p を $\Lambda^p(U)$ あるいは Λ^pU と書こう．

問1　$u_1, \cdots, u_p\in U$ が線形独立

$$\Longleftrightarrow u_1\wedge\cdots\wedge u_p\neq 0.$$

P242へ

ように定義する：

$$\varDelta(x_1, \cdots, x_p) = \prod_{1 \leqq i < j \leqq p} (x_j - x_i) \qquad \text{(差積)}$$

このとき定義から容易に

$$\sigma\varDelta = \varepsilon(\sigma)\varDelta \qquad (\sigma \in \boldsymbol{S}_p)$$

を知る．よって $\sigma, \tau \in \boldsymbol{S}_p$ について

$$\varepsilon(\sigma\tau)\varDelta = (\sigma\tau)\varDelta = \sigma(\tau\varDelta) = \varepsilon(\sigma)\varepsilon(\tau)\varDelta.$$

ところで $\varDelta \neq 0$ ゆえ (1) を得る．また，$i<j$ として互換 $\sigma=(i, j)$ の転倒数は明らかに

$$\nu(\sigma) = 2(j-i-1)+1 \quad \text{(奇数)}.$$

これより (2) を得る．

最後に ε の一意性は，任意の置換が互換の積に表わせることから，(1), (2) を用いて明らかであろう．〈終〉

符号 $+1$ の置換を**偶置換**，-1 の置換を**奇置換**という．

行列式の初等的定義は次の通りである．$A=(a_{ij})$ を p 次正方行列とすれば，その**行列式**は

$$\det A = \sum_{\sigma \in \boldsymbol{S}_p} (\operatorname{sgn} \sigma) a_{1\sigma(1)} \cdots a_{p\sigma(p)}$$
$$= \sum_{\tau \in \boldsymbol{S}_p} (\operatorname{sgn} \tau) a_{\tau(1)1} \cdots a_{\tau(p)p}$$

上の二つの表現の一致は，$\sigma \longmapsto \tau = \sigma^{-1}$ という対応を考えて $\operatorname{sgn}\sigma = \operatorname{sgn}\tau$ に注意すればわかる．

次に多元環の概念を述べよう．線形空間 E から E 自身への 2 重線形写像——**双線形写像**ともいう——

$$E \times E \longrightarrow E$$

が与えられたとする．これによる (u, v) の像を仮に $u \wedge v$ と書くことにして，条件

P243へ

(6)　有限次元線形空間の間の線形写像

$$\theta : U \longrightarrow V$$

は次の準同形写像に一意的に延長される：

$$\Lambda(\theta) : \Lambda(U) \longrightarrow \Lambda(V)$$

〈証明〉 $e_1, \cdots, e_s$ を U の基底とする．θ の延長である準同形があれば，それにより

$$e_{i_1} \wedge \cdots \wedge e_{i_p} \longmapsto \theta(e_{i_1}) \wedge \cdots \wedge \theta(e_{i_p})$$

となるから一意性は明らか．逆にこの対応で線形写像 $\Lambda(\theta)$ を定め，準同形であること，すなわち

$$\Lambda(\theta)(\omega \wedge \eta) = \Lambda(\theta)(\omega) \wedge \Lambda(\theta)(\eta)$$

を示せばよい．線形性より次の場合に帰着：

$$\omega = e_{i_1} \wedge \cdots \wedge e_{i_p}, \qquad \eta = e_{j_1} \wedge \cdots \wedge e_{j_q}$$

この場合は帰納法による．✓　〈終〉

$\Lambda(\theta)$ は θ の延長なので

$$\Lambda^p\theta : \Lambda^p U \longrightarrow \Lambda^p V$$

をひき起す．とくに $U=V$ のとき1次元空間 $\Lambda^s U$ にひき起す線形写像は‘行列式倍’である：

$$\boxed{\theta(u_1) \wedge \cdots \wedge \theta(u_s) = (\det \theta) u_1 \wedge \cdots \wedge u_s}$$

問2　このことを確かめよ．(この等式から逆に行列式 det を定義することができる．)

10.2　高次微分形式

M を s 次元多様体とする．かんたんのため常に C^∞ 級としよう．1点 $a \in M$ における1次微分全体のつくる s 次元線形空間 $\mathcal{D}_1(a)$ 上の外積多元環 $\Lambda(\mathcal{D}_1(a))$ の元を，一般の微分とよぼう．とくに $\Lambda^p\mathcal{D}_1(a)$—略して $\mathcal{D}_p(a)$—

P244へ

(1) $(u\wedge v)\wedge w=u\wedge(v\wedge w) \qquad (u,v,w\in E)$,

(2) 0 でないある元 $1\in E$ ——**単位元**という——があって

$$u\wedge 1=1\wedge u=u \qquad (u\in E)$$

が成り立つとき，E を**多元環**という.* 対応 $(u,v)\longmapsto u\wedge v$ は乗法とよばれる．一般には記法 $u\wedge v$ の代りに uv と書くことが多い．なお条件 (1), (2) は E の基底からとった u,v,w について確かめればよい．

多元環 E がその部分集合 G で**生成**されるとは，E の任意の元が単位元および G の元 (有限個) の積の線形結合として表わされることである．たとえば文字 $T_1,\cdots,T_n$ の整式全体 $\boldsymbol{R}[T_1,\cdots,T_n]$ は，通常の乗法に関して多元環であるが，これは $G=\{T_1,\cdots,T_n\}$ で生成される．

E,F を多元環とする．線形写像

$$\psi: E\longrightarrow F$$

が乗法を保つ．すなわち条件

(1) $\psi(u\wedge v)=\psi(u)\wedge\psi(v) \qquad (u,v\in E)$

を満足するとき，ψ を（多元環としての）**準同形写像**という．また通常は条件

(2) $\psi(1_E)=1_F \qquad (1_E, 1_F$ は E,F の単位元)

を仮定する．

E を生成する部分集合上で一致する二つの準同形写像は等しい．

全単射であるような準同形写像の逆写像はまた準同形写像であり，このようなものを（多元環としての）**同形写像**という．

多元環を構成するひとつの方法をあげよう．まず集合 $\boldsymbol{A}$ が与えられたとする．そのとき写像**

$$f: \boldsymbol{A}\longrightarrow \boldsymbol{R}$$

の全体 $\boldsymbol{R}^{\boldsymbol{A}}$ は線形空間である．その部分空間として，有限個の $A\in\boldsymbol{A}$ を除いて $f(A)=0$ となる f の全体 $\boldsymbol{R}^{(\boldsymbol{A})}$ を考える．いま各 $A\in\boldsymbol{A}$ に対し

* スカラーの '体' K をとって線形空間を扱うときは，体 K 上の多元環を考えることになる．
** 体 K 上の多元環を考えるときは $\boldsymbol{R}$ の代りに K をとる．

P245へ

の元を，a における **p 次微分**とよぶ．

M の各点 x に微分 $\omega_x \in \Lambda(\mathcal{D}_1(a))$ が対応するとき，これを M 上の一般の微分形式とよぶ．とくに各 ω_x が p 次，すなわち

$$\omega_x \in \mathcal{D}_p(a)$$

であるとき，ω を M 上の **p 次微分形式**という．

問3　$\boldsymbol{R}^3$ における単位球面 M: $x^2+y^2+z^2=1$ を多様体とみる．M 上の1次微分形式 dx, dy, dz の関係，および2次微分形式 $dx\wedge dy$, $dy\wedge dz$, $dz\wedge dx$ の関係を調べよ．

ここで記号を準備する．M 上の局所座標系 (U, ρ) をとり，U 上のベクトル値関数

$$f=(f_1, \cdots, f_t)$$

に対し，

$$\frac{\partial f}{\partial \rho}=\begin{bmatrix} \dfrac{\partial f_1}{\partial \rho_1} & \cdots\cdots & \dfrac{\partial f_1}{\partial \rho_s} \\ & \cdots\cdots\cdots\cdots\cdots & \\ \dfrac{\partial f_t}{\partial \rho_1} & \cdots\cdots & \dfrac{\partial f_t}{\partial \rho_s} \end{bmatrix}$$

とおく．これは対応する $\rho(U)$ 上のベクトル値関数のヤコビ行列に対応する：

$$\frac{\partial f}{\partial \rho}=(f\circ\rho^{-1})'\circ\rho$$

さて p 次微分形式 ω は，(U, ρ) に関し

$$\omega_x=\sum_{j_1<\cdots<j_p} f_{j_1\cdots j_p}(x)(d\rho_{j_1})_x\wedge\cdots\wedge(d\rho_{j_p})_x \quad (x\in U)$$

と一意的に表わされる．こうして

$$f_{j_1\cdots j_p} \qquad (1\leqq j_1<\cdots<j_p\leqq s)$$

という $\begin{pmatrix} s \\ p \end{pmatrix}$ 個の U 上の関数が定まる．他の局所座標系(V, σ) に関して関数

$$g_{i_1\cdots i_p} \qquad (1\leqq i_1<\cdots<i_p\leqq s)$$

P246へ

$$f_A(B)=\begin{cases}1 & (A=B)\\ 0 & (A\neq B)\end{cases}$$

とおいて $f_A\in\boldsymbol{R}^{(\boldsymbol{A})}$ を定め，これを A と同一視して $\boldsymbol{A}\subset\boldsymbol{R}^{(\boldsymbol{A})}$ とみなそう．そのとき $\boldsymbol{A}$ は $\boldsymbol{R}^{(\boldsymbol{A})}$ の基底となる．すなわち，$\boldsymbol{R}^{(\boldsymbol{A})}$ の任意の元は

$$\sum_{A\in\boldsymbol{A}}\lambda_A A \qquad (\lambda_A\in\boldsymbol{R},\ \text{有限個を除き}\ \lambda_A=0)$$

と一意的に表わされる．この意味で，$\boldsymbol{R}^{(\boldsymbol{A})}$ の元を $\boldsymbol{A}$ の元の**形式的線形結合**とよぶ．

さて，集合 $\boldsymbol{A}$ に乗法 $(A,B)\longmapsto AB$ が与えられて結合法則

(1) $$(AB)C=A(BC) \qquad (A,B,C\in\boldsymbol{A})$$

が成り立ち，ある $I\in\boldsymbol{A}$ をとれば

(2) $$AI=IA=A \qquad (A\in\boldsymbol{A})$$

であるとする．更に写像

$$\varepsilon:\ \boldsymbol{A}\times\boldsymbol{A}\longrightarrow\boldsymbol{R}$$

が与えられたとして，次のように $\boldsymbol{R}^{(\boldsymbol{A})}$ の乗法 $\wedge$ を定義しよう：

$$A\wedge B=\varepsilon(A,B)AB \qquad (A,B\in\boldsymbol{A})$$

この乗法は $\boldsymbol{A}$ に与えられた乗法とスカラーだけのずれがあるが，双線形写像

$$\boldsymbol{R}^{(\boldsymbol{A})}\times\boldsymbol{R}^{(\boldsymbol{A})}\longrightarrow\boldsymbol{R}^{(\boldsymbol{A})}$$

に延長して $\boldsymbol{R}^{(\boldsymbol{A})}$ の乗法が定まる．これに関して $\boldsymbol{R}^{(\boldsymbol{A})}$ が多元環になるための条件は次の通り ✓：

(3) $$\varepsilon(A,B)\varepsilon(AB,C)=\varepsilon(A,BC)\varepsilon(B,C)$$

(4) $$\varepsilon(A,I)=\varepsilon(I,A)=1$$

以上の準備の下に，s 次元線形空間 U 上の外積多元環 Λ の存在を示そう．集合 $\boldsymbol{N}_s=\{1,\cdots,s\}$ の部分集合

$$\phi,\ \{i_1,\cdots,i_p\} \qquad (1\leqq i_1<\cdots<i_p\leqq s)$$

の全体を $\boldsymbol{A}$ とする．これは 2^s 個の元を含む．まず，$\boldsymbol{A}$ における乗法を合併の算法

$$(A,B)\longmapsto A\cup B$$

P247へ

が定まるとすれば，$U \cap V$ で関係

$$(1)\quad \boxed{f_{j_1 \cdots j_p} = \sum_{i_1 < \cdots < i_p} g_{i_1 \cdots i_p} \det\left(\frac{\partial \sigma}{\partial \rho}\begin{bmatrix} i_1 \cdots i_p \\ j_1 \cdots j_p \end{bmatrix}\right)}$$

を得る．✓　ただし $\frac{\partial \sigma}{\partial \rho}\begin{bmatrix} i_1 \cdots i_p \\ j_1 \cdots j_p \end{bmatrix}$ は，行列 $\frac{\partial \sigma}{\partial \rho}$ の第 $i_1, \cdots, i_p$ 行，$j_1, \cdots, j_p$ 列から成る p 次小行列を表わす．

上の関係から，$f_{j_1 \cdots j_p}$ 達が点 a で C^r 級かどうかが局所座標系のとり方によらないことがわかる．M の各点で C^r 級なら M 上で C^r 級という．かんたんのため原則として C^∞ 級微分形式のみを考えよう．p 次のもの全体を

$$\mathscr{D}_p(M)$$

とかく．これは線形空間であるばかりでなく乗法 $\wedge$ も自然にひき起こされて多元環になる：

$$(\omega \wedge \eta)_x = \omega_x \wedge \eta_x \qquad (x \in M)$$

なお $\mathscr{D}_0(M)$ は M 上の C^∞ 級関数全体とみなされ，その元との乗法は次の通り：

$$(f\omega)_x = f(x)\omega_x \qquad (x \in M)$$

二つの多様体の間の C^∞ 級写像

$$\varphi : M \longrightarrow N$$

に対して，各点 $x \in M$ における線形写像

$$\varphi_x^* : \mathscr{D}_1(\varphi(x)) \longrightarrow \mathscr{D}_1(x)$$

は多元環準同形

$$\Lambda(\varphi_x^*) : \Lambda(\mathscr{D}_1(\varphi(x))) \longrightarrow \Lambda(\mathscr{D}_1(x))$$

に延長される (10. 1)．その p 次部分への制限

$$\varphi_x^p : \mathscr{D}_p(\varphi(x)) \longrightarrow \mathscr{D}_p(x)$$

は線形写像

P248へ

で定める．上の記法で I としては空集合 ϕ をとればよい．また写像 ε としては次をとる：

$$\varepsilon(A,B)=\prod_{i\in A,\,j\in B}\varepsilon_{ij},\quad ただし\quad \varepsilon_{ij}=\begin{cases}1 & (i<j)\\ 0 & (i=j)\\ -1 & (i>j)\end{cases}$$

このとき容易に次の性質が確かめられよう：

$$A\cap B\neq\phi \ \Rightarrow\ \varepsilon(A,B)=0$$
$$A\cap A'=\phi \ \Rightarrow\ \varepsilon(A\cup A',B)=\varepsilon(A,B)\varepsilon(A',B)$$
$$B\cap B'=\phi \ \Rightarrow\ \varepsilon(A,B\cup B')=\varepsilon(A,B)\varepsilon(A,B')$$

これから上記 (3), (4) は直ちに導かれ，上の手続き通り乗法 $\wedge$ によって $\boldsymbol{R}^{(A)}=\boldsymbol{R}^{A}$ は多元環になる．これは明らかに 2^s 次元である．また，s 個の元

$$\{1\},\ \cdots\cdots,\ \{s\}$$

は $\boldsymbol{R}^{A}$ において線形独立ゆえ，これらを U の基底 $e_1,\cdots,e_s$ と同一視して U を $\boldsymbol{R}^{A}$ の部分線形空間とみなそう．そのとき

$$\{i_1,\cdots,i_p\}=\{i_1\}\cdot\cdots\cdot\{i_p\}=e_{i_1}\wedge\cdots\wedge e_{i_p}\quad(1\leqslant i_1<\cdots<i_p\leqslant s).$$

ゆえに U は $\boldsymbol{R}^{A}$ を生成する．最後に $u=\sum_{i=1}^{s}\lambda_i e_i\in U$ に対し

$$\begin{aligned}u\wedge u&=\sum_{i,j=1}^{s}\lambda_i\lambda_j e_i\wedge e_j\\ &=\sum_{i<j}\lambda_i\lambda_j(\varepsilon_{ij}+\varepsilon_{ji})\{i,j\}=0,\end{aligned}$$

すなわち $\boldsymbol{R}^{A}$ は U 上の外積多元環である．

高次微分の表示例として，$M=\boldsymbol{R}^3$ における標準座標系 (x,y,z) と極座標系 (r,θ,ϕ) の関係を見よう．まず (8.2) (9.2) より

$$\begin{aligned}dx&=\sin\theta\cos\phi\,dr+r\cos\theta\cos\phi\,d\theta-r\sin\theta\sin\phi\,d\phi\\ dy&=\sin\theta\sin\phi\,dr+r\cos\theta\sin\phi\,d\theta+r\sin\theta\cos\phi\,d\phi\\ dz&=\cos\theta\,dr-r\sin\theta\,d\theta\end{aligned}$$

であるから，あとは外積計算を代数的に実行して

P249へ

$$\varphi^p : \mathcal{D}_p(N) \longrightarrow \mathcal{D}_p(M)$$

をひき起す．実際，N, M 上の局所座標系 $(V, \sigma), (U, \rho)$ に関してそれぞれ

$$\omega = \sum_{i_1<\cdots<i_p} g_{i_1\cdots i_p} d\sigma_{i_1}\wedge\cdots\wedge d\sigma_{i_p}$$
$$\varphi^p\omega = \sum_{j_1<\cdots<j_p} f_{j_1\cdots j_p} d\rho_{j_1}\wedge\cdots\wedge d\rho_{j_p}$$

と表わせば，前と同様——一般化である——

$$(2)\qquad f_{j_1\cdots j_p} = \sum_{i_1<\cdots<i_p} (g_{i_1\cdots i_p}\circ\varphi)\, \det\frac{\partial(\sigma\circ\varphi)}{\partial\rho}\begin{bmatrix} i_1\cdots i_p \\ j_1\cdots j_p \end{bmatrix}$$

を得る．これから，ω が C^∞ 級なら $\varphi^p\omega$ も C^∞ 級であることを知る．なお $\varphi^p\omega$ は略して $\varphi^*\omega$ と書くこともある．

10.3　多様体の向きづけと積分

実数 $\lambda\in\boldsymbol{R}$ に対しては

$$\operatorname{sgn}\lambda = \begin{cases} -1 & (\lambda<0) \\ 0 & (\lambda=0) \\ +1 & (\lambda>0) \end{cases}$$

とおく．

一般に，s 次元線形空間 V に対し，1 次元空間 $\Lambda^s V$ からの全射

$$\varepsilon : \Lambda^s V \longrightarrow \{-1, 0, +1\}$$

であって，条件

$$\varepsilon(\lambda\omega) = \operatorname{sgn}(\lambda)\varepsilon(\omega) \qquad (\lambda\in\boldsymbol{R},\ \omega\in\Lambda^s V)$$

を満足するものを，V の**向きづけ**とよぼう．

V の s 個のベクトル $e_1, \cdots, e_s$ が基底であるためには

$$e_1\wedge\cdots\wedge e_s \neq 0$$

P250へ

$$dy\wedge dz=r^2\sin^2\theta\cos\phi\, d\theta\wedge d\phi+r\sin\theta\cos\theta\cos\phi\, d\phi\wedge dr \\ -r\sin\phi\, dr\wedge d\theta$$

$$dz\wedge dx=r^2\sin^2\theta\sin\phi\, d\theta\wedge d\phi+r\sin\theta\cos\theta\sin\phi\, d\phi\wedge dr \\ +r\cos\phi\, dr\wedge d\theta$$

$$dx\wedge dy=r^2\sin\theta\cos\theta\, d\theta\wedge d\phi-r\sin^2\theta\, d\phi\wedge dr$$

$$dx\wedge dy\wedge dz=r^2\sin\theta\, dr\wedge d\theta\wedge d\phi$$

のちに，ストークスの定理 (10.5) において，s 次元多様体のある型の $s-1$ 次元部分多様体――超曲面――を考えることになる．その際，右側で古典的スタイルの諸定理を述べる準備も含めて，少し一般的な考察をしておこう．

s 次元多様体 M の部分集合 N が与えられ，ある $t<s$ について各点 $x\in N$ が次の条件を満足する局所座標系 (U,ρ) に含まれるとしよう：

$$\rho(U\cap N)=\{(x_1,\cdots,x_s)\in\rho(U)\,;\ x_{t+1}=\cdots=x_s=0\}$$

このとき，

$$\tilde{U}=U\cap N,\qquad \tilde{\rho}_i=\rho_i\ \text{の}\ \tilde{U}\ \text{への制限}\quad (1\leqslant i\leqslant t)$$

とおいて，$(\tilde{U},\tilde{\rho})$ が局所座標系になるような N の t 次元多様体の構造が一意的に定まる．こういうものを M の t 次元**正則部分多様体**とよぶ.*

* (4.3) で扱った‘数空間 $\boldsymbol{R}^k$ における s 次元多様体’は，上の意味で‘多様体 $\boldsymbol{R}^k$ の s 次元正則部分多様体’に他ならない.

P251へ

が必要十分であるが，向きづけ ε が与えられたときは，次と同等である：

$$\varepsilon(e_1\wedge\cdots\wedge e_s)=\pm 1$$

更にこの値の $+1, -1$ で場合を分け，それぞれ $e_1, \cdots, e_s$ が**正**，**負の基底**であるという．

V の任意の基底に対し，それを正または負の基底とする向きづけ ε が，それぞれ一意的に定まる．✓　すなわち向きづけはちょうど二通りある．

次に s 次元多様体 M の向きづけを定義しよう．各点 $x\in M$ において，1次微分の空間 $\mathscr{D}_1(x)$ の向きづけ ε_x が与えられ，次の条件が成り立つとする：

「任意の局所座標系 (U, ρ) に対し，U 上の関数

$$\varepsilon_\rho:\ x\longmapsto \varepsilon_x((d\rho_1)_x\wedge\cdots\wedge(d\rho_s)_x)$$

は連続である.」

ここで ε_ρ の値は ± 1 だから，その連続性は局所的一定を意味する．U が連結なら U 上一定であるから，その値を同じ記号 ε_ρ で示す．これが $+1, -1$ であるにしたがい，ρ を正，負の局所座標系という．さて系 $\varepsilon=(\varepsilon_x)_{x\in M}$ は M の**向きづけ**とよばれる．

一般には向きづけが存在するとは限らない．しかし，たとえば大局的にひとつの座標系 (U, ρ) がとれれば，各点 x で $\mathscr{D}_1(x)$ の基底

$$(d\rho_1)_x, \cdots\cdots, (d\rho_s)_x$$

を正または負と指定すればよい．

さて，向きづけ ε の与えられた s 次元多様体 M の上で積分を考えよう．まず二つの局所座標系 (U, ρ), (V, σ) に対し，$U\cap V$ 上で次の関係式に注意する：

P252へ

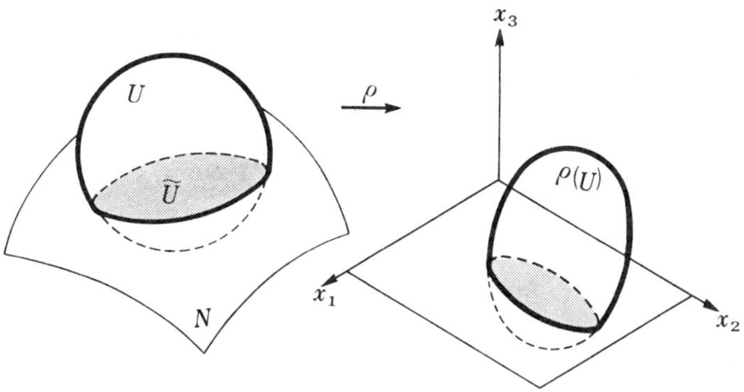

関数の芽 (9.1) についていえば，埋め込み写像 $\iota : N \longrightarrow M$ について

$$\iota_a^*(\mathcal{C}^{(\infty)}_{\iota(a)}) = \mathcal{C}^{(\infty)}_a \qquad (a \in N).$$

このことが，N の構造を特徴づける．しかも，これから

$$\iota^* : \mathcal{D}_1(\iota(a)) \longrightarrow \mathcal{D}_1(a)$$

が全射になる．よってその転置写像

$$\iota_* : T(a) \longrightarrow T(\iota(a))$$

は単射である．

以下簡単のため $M = \boldsymbol{R}^s$ とし，標準基底 $\dfrac{\partial}{\partial x_i}$ $(1 \leqslant i \leqslant s)$ を用いて，M の各点での接空間 $T(x ; \boldsymbol{R}^s)$ を $\boldsymbol{R}^s$ と同一視しよう．そのとき t 次元正則部分多様体 N の接空間は，ι_* によって $\boldsymbol{R}^s$ の t 次元部分線形空間とみなされる．いま，とくに $t = s-1$ すなわち N が超曲面である場合を考えよう．のちに (10.5) では，ある開集合 D の境界 $\partial D = \bar{D} - D$ を N として採用するだろう．

さて，$M = \boldsymbol{R}^s$ に標準的な向きづけ ε を考え，超曲面 N には，それと独立にひとつの向きづけ $\tilde{\varepsilon}$ が与えられたとしよう．(10.5) で述べる $N = \partial D$ の場合には内側・外側の区別があるため，ε が‘ひき起こす’向きづけ $\tilde{\varepsilon}$ が考えられる．しかし一般の N にはそのような標準的な向きづけはない．ここでは，むしろ逆に $\tilde{\varepsilon}$ を与えた上で，それを用いて N の (表面での) 内側・外側——裏・表——を定義しよう．

各点 $a \in N$ に対し，それを含む $\boldsymbol{R}^s$ の局所座標系 (U, ρ) で

P253へ

(1)　$$\varepsilon_\sigma/\varepsilon_\rho=\mathrm{sgn}\left(\det\frac{\partial\sigma}{\partial\rho}\right)$$

問4　これを (10.2) (1) から導け.

いまM上に s 次微分形式 $\omega\in\mathcal{D}_s(M)$ が与えられたとする. そのとき, 任意の局所座標系 (U,ρ) に関して

$$\omega_x=f(x)(d\rho_1)_x\wedge\cdots\wedge(d\rho_s)_x$$

と表示して, $\rho(U)\subset\boldsymbol{R}^s$ 上の関数

$$\delta_\rho=(\varepsilon_\rho f)\circ\rho^{-1}=(\varepsilon_\rho f)^\rho$$

を定めよう. 系 $\delta=(\delta_\rho)$ は (8.4) の意味で密度であり, その台がコンパクトなら積分が考えられる. 念のため詳しく述べよう.

まず ω の台とは集合

$$\{x\in M;\ \omega_x\neq 0\}$$

の閉包のことである. もしこれがひとつの局所座標系 (U,ρ) に含まれるときは,

$$\int_M\omega=\int_{\rho(U)}(\varepsilon_\rho f)^\rho$$

と定める. この定義は (U,ρ) のとり方によらない. 実際別の (V,σ) に関して

$$\omega_x=g(x)(d\sigma_1)_x\wedge\cdots\wedge(d\sigma_s)_x$$

とすれば, (10.2) (1) より

(2)　$$f=g\det\left(\frac{\partial\sigma}{\partial\rho}\right),$$

となる. したがって (1), (2) より

$$\varepsilon_\rho f=\varepsilon_\sigma g\left|\det\frac{\partial\sigma}{\partial\rho}\right|$$

P254へ

$$\rho(U\cap N)=\{(y_1,\cdots,y_s)\in\rho(U)\,;\ y_s=0\}$$
$$\tilde{\varepsilon}_{\tilde{\rho}}=(-1)^s\varepsilon_\rho$$

となるものがとれることは明らかだろう．そこで $y_s>0$ に対応する側を N の‘内側’と定めるのである．これは局所的な概念だが，局所座標系のとり方によらない．✓

なお，点 $a\in N$ において，接空間 $T(a\,;N)\subset T(a\,;M)$ に垂直で長さ 1 の二つのベクトルの中，外側に向いた方を N の **(外)法単位ベクトル**とよび $\boldsymbol{n}(a)$ で表わす．

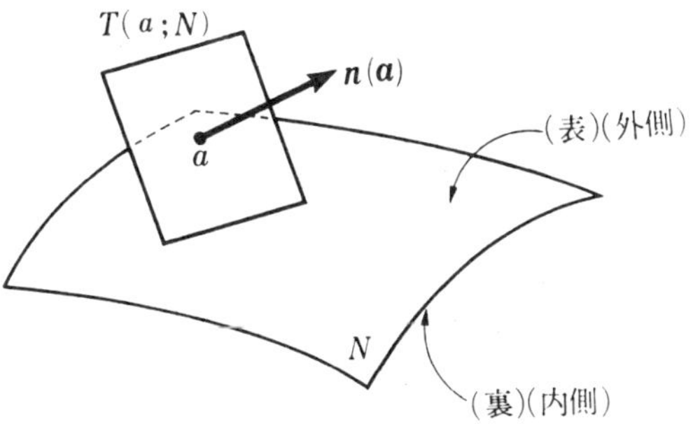

次に積分概念にうつる．左では C^∞ 級としているが，C^0 で差支えない．また (8.3) で述べた‘関数の積分’との関係を明らかにしておこう．(8.3) では M が $\boldsymbol{R}^n$ の s 次元正則部分多様体であるため，‘計量’をもっているので，向きづけは不要であった．しかし左の定義との関係を見るため，Mは向きづけ ε をもつとしよう．そして特定の微分形式

$$\omega=\varepsilon_\rho D_{\rho^{-1}}d\rho_1\wedge\cdots\wedge d\rho_s$$

を考える．ただし (U,ρ) を局所座標系として，正則パラメータ表示 $g=\rho^{-1}$ に対して D_g は (8.3) のように定める．これが (U,ρ) のとり方によらず，ω が矛盾なく M 全体で確定する．実際，(8.3) の (4)，(10.3) の (1)，(2) を比較されたい．✓ これが，いわゆる**体積要素**である．$s=2$ なら**面積要素**，$s=1$ なら**線要素**ともよばれる．なおこれを dM と書くこともあるが，この記法は全

P255へ

を得る．そこで変数変換公式 (8.2) より

$$\int_{\rho(U)}(\varepsilon_\rho f)^\rho=\int_{\sigma(V)}(\varepsilon_\sigma g)^\sigma.$$

一般の場合は，ω の台 F をコンパクトとして，それを覆う有限個の局所座標系 (U_i, ρ_i) $(1\leqslant i\leqslant m)$ をえらぶ．そしてこれに関する C^∞ 級の 1 の分割 $(p_i)_{1\leqslant i\leqslant m}$ をとる．数空間の場合は (7.3) で述べたが，これは容易に一般化される*．そのとき

$$\omega=\sum_{i=1}^m p_i\omega$$

となり各 $p_i\omega$ の台は U_i に含まれるので

$$\int_M\omega=\sum_{i=1}^m\int_M p_i\omega$$

によって ω の M 上の積分が定義される．これは (p_i) のとり方によらない．実際，1 の分割を細分して，台がひとつの局所座標系に含まれる場合の積分の線形性を用いればよい．✓

積分の線形性は一般に成り立つ：

$$\int_M(\alpha\omega+\beta\eta)=\alpha\int_M\omega+\beta\int_M\eta$$

ただし $\omega,\eta\in\mathcal{D}_s(M)$ の台はコンパクトとする．

* M は可算個の局所座標系で覆われると仮定する．

P256へ

く形式的なもので，なにかの外微分になっているというわけではない．単なる記号である．

注意 体積要素 dM は，上のように $\boldsymbol{R}^n$ の一部分としての‘計量’に基づいて定義された．リーマン空間でも同様である．しかし，一般の（向きづけ ε をもつ）‘抽象’多様体 M には，こういう標準的なものはない．一般には，$\varepsilon_x(\omega_x)=+1(x\in M)$ となる s 次微分形式 ω を体積要素とよぶこともある．ただしそういうものは一意的でない．

さて，体積要素 dM を用いて，任意の $\varphi\in\mathcal{K}(M)$ に対し

$$\int_M\varphi=\int_M\varphi dM$$

が成り立つ．ただし，左辺は (8.3) で述べた‘関数 φ の積分’，右辺は左で述べた‘微分形式 φdM の積分’である．これは，両者の定義を比較して直ちに知られる．

このあたりで，左で扱っている

「向きづけられた s 次元多様体上の s 次微分形式の積分」

と，いわゆる

「s 次元特異多様体上の s 次微分形式の積分」

との関係を述べておこう．一般の場合は同様だから，とくに $s=1$ とする．そのとき後者は，前講で扱った滑らかな弧

$$\gamma:[a,b]\longrightarrow M$$

の上での M 上の1次微分形式 ω の積分 $\int_\gamma\omega$ のことである．条件

$$\gamma'(t)\neq 0 \qquad (a<t<b)$$

の下で，像 $\gamma(]a,b[)$ は局所的に M の1次元正則部分多様体になる (4.6)．大局的にもちょっと付帯条件があればよい．そして局所的には逆も成り立つ (4.4)．そこで簡単のため，γ の $]a,b[$ への制限が M の1次元正則部分多様体の‘大局的’な正則パラメータ表示になっているとしよう．そのとき，$\gamma^{-1}=\rho$ が N の大局的座標系ゆえ，N は自然な向きづけをもつ．そして容易に等式

P257へ

10.4 外微分法

多様体 M 上の微分形式に対する**外微分法**

$$d_p\colon \mathscr{D}_p(M) \longrightarrow \mathscr{D}_{p+1}(M) \qquad (p=0,1,2,\cdots)$$

を定義しよう．それは，線形性と次の条件で特徴づけられる．

(0)　$d_0 f = df \qquad (f \in \mathscr{D}_0(M))$

(1)　$$\boxed{d_{p+q}(\omega\wedge\eta) = d_p(\omega)\wedge\eta + (-1)^p\omega\wedge d_q(\eta)}$$

$$(\omega\in\mathscr{D}_p(M),\quad \eta\in\mathscr{D}_q(M))$$

(2′)　$d_1(d_0 f) = 0 \qquad (f\in\mathscr{D}_0(M))$*

このような d_p $(p=0,1,2,\cdots)$ をまとめてひとつの d で表わす．これは (0) より前回の $d=d_0$ の延長である．このような d の一意的存在を示そう．

まず M が数空間 $\boldsymbol{R}^s$ の開集合の場合，標準座標系 $(x_1,\cdots,x_s)$ を用いて $\omega\in\mathscr{D}_p(M)$ が

$$\omega = \sum_{i_1,\cdots,i_p} f_{i_1\cdots i_p}\,dx_{i_1}\wedge\cdots\wedge dx_{i_p}$$

と表わされれば，d の存在を仮定して

(3)　$$d\omega = \sum_{i_1,\cdots,i_p} df_{i_1\cdots i_p}\wedge dx_{i_1}\wedge\cdots\wedge dx_{i_p}$$

でなければならない．**　✓　すなわち一意的．

次に $i_1<\cdots<i_p$ として ω の表示を一意的にした上で，上式により $d\omega$ を定義してみよう．そのとき (0) は当然として，条件 (1), (2′) を示せばよい．

---

* この性質は (2) に拡張される．(後述)

** ω の表示は $i_1<\cdots<i_p$ とすれば一意的だが，ここではすべての組 $i_1,\cdots,i_p$ にわたる和でよい．

P258へ

$$\int_N \iota^*\omega = \int_\gamma \omega$$

を得る．ただし $\iota: N \longrightarrow M$ を自然な埋め込み，$N=\gamma(]a,b[)$ とする．

前講で，関数 f から1次微分形式 df を構成した．この対応 $f \longmapsto df$ は線形写像

$$d: \mathscr{D}_0(M) \longrightarrow \mathscr{D}_1(M)$$

を定める．この講では (10.2) において高次微分形式を導入し，p 次のもの全体を $\mathscr{D}_p(M)$ と書いた．そこで d をとくに d_0 と書いて，それを一般の線形写像

$$d_p: \mathscr{D}_p(M) \longrightarrow \mathscr{D}_{p+1}(M)$$

に延長しようというのである．

一応形式的に眺めよう．ただし簡単のため数空間で考え，標準座標関数を $x_1, \cdots, x_s$ とする．d_0 のもつ性質 (9.1)

$$d_0(fg)=(d_0f)g+f(d_0g)$$

を高次の形に変えて保存したい．まず $f\in\mathscr{D}_0(M)$，$\omega\in\mathscr{D}_1(M)$ について同様な形

$$d_1(f\omega)=(d_0f)\wedge\omega+f(d_1\omega)$$

が成り立つとしてみよう．そのとき条件 (2′) の特別な場合

$$d_1(dx_i)=0$$

を仮定して，一般の $\omega=\sum_i f_i dx_i \in\mathscr{D}_1(M)$ に対し

$$d_1\omega=\sum_i df_i\wedge dx_i=\sum_{i<j}\left(\frac{\partial f_j}{\partial x_i}-\frac{\partial f_i}{\partial x_j}\right)dx_i\wedge dx_j$$

となる．とくに $f\in\mathscr{D}_0(M)$ の外微分 $d_0f=\omega$ に対しては

$$d_1(d_0f)=\sum_{i<j}\left(\frac{\partial^2 f}{\partial x_i\partial x_j}-\frac{\partial^2 f}{\partial x_j\partial x_i}\right)dx_i\wedge dx_j,$$

すなわち条件 (2′) は，2階偏微分法が変数の順序によらないことを意味している．

P259へ

$\omega=f\in\mathcal{D}_0(M)$ に対しては

$$d(df)=d\left(\sum_i \frac{\partial f}{\partial x_i}dx_i\right)$$

$$=\sum_i d\left(\frac{\partial f}{\partial x_i}\right)\wedge dx_i$$

$$=\sum_{i,j}\frac{\partial^2 f}{\partial x_i \partial x_j}dx_j\wedge dx_i=0. \quad \checkmark$$

すなわち (2′) が成り立つ．また (1) を示すのに，その両辺が ω,η について線形ゆえ

$$\omega=f dx_{i_1}\wedge\cdots\wedge dx_{i_p}$$

$$\eta=g dx_{j_1}\wedge\cdots\wedge dx_{j_q}$$

としてよい．そのとき，定義より

$$d(\omega\wedge\eta)=d(fg dx_{i_1}\wedge\cdots\wedge dx_{i_p}\wedge dx_{j_1}\wedge\cdots\wedge dx_{j_q})$$
$$=d(fg)\wedge dx_{i_1}\wedge\cdots\wedge dx_{i_p}\wedge dx_{j_1}\wedge\cdots\wedge dx_{j_q})$$
$$d\omega\wedge\eta=(df\wedge dx_{i_1}\wedge\cdots\wedge dx_{i_p})\wedge(g dx_{j_1}\wedge\cdots\wedge dx_{j_q})$$
$$(-1)^p\omega\wedge d\eta=(-1)^p(f dx_{i_1}\wedge\cdots\wedge dx_{i_p})$$
$$\wedge(dg\wedge dx_{j_1}\wedge\cdots\wedge dx_{j_q})$$
$$=f dg\wedge dx_{i_1}\wedge\cdots\wedge dx_{i_p}\wedge dx_{j_1}\wedge\cdots\wedge dx_{j_q}.$$

ところで $d(fg)=g df+f dg$ ゆえ，(1) が成り立つ．

一般の多様体では，局所座標系内での考察に帰着させればよい．

なお (3) により，(2′) は直ちに次の形に拡張される．ω は任意である．

(2)　$$\boxed{d(d\omega)=0}$$

P260へ

なお上の計算から，第 9 講の定理 (9.2) は外微分法によって書きかえることができる．そしてそれは高次の場合に拡張される：

定理　数空間の星形開集合 X 上の p 次微分形式 ω について ($p>0$),

$$d\omega=0 \iff \text{ある微分形式 } \eta \text{ について } d\eta=\omega.$$

証明も，第 9 講のものを少し一般化すれば同様に行く．この事実は通常 **Poincaré の補題**とよばれる．

注意　$p>0$ に対し，

$$Z^p(M)=\{\omega\in\mathcal{D}_p(M)\,;\ d\omega=0\}$$
$$B^p(M)=\{d\eta\,;\ \eta\in\mathcal{D}_{p-1}(M)\}$$

とおくと，$dd=0$ より，$Z^p(M)\supset B^p(M)$ であり，共にアーベル群である．商群

$$H^p(M)=Z^p(M)/B^p(M)$$

を多様体 M の p 次 **de Rham コホモロジー群**とよぶ．上の定理は次を意味している：

$$H^p(\boldsymbol{R}^s)=0 \qquad (p>0)$$

一般にはこうならない．実は，ちょっとした条件（パラコンパクト性）の下で，$H^p(M)$ が M の位相のみに依存することが知られる．

低次の場合に，d の形式的意味をもう少し具体的に見よう．簡単のため 3 次元数空間 $\boldsymbol{R}^3$ で考え，標準座標関数を x, y, z で表わす．これに基づいて，1 次微分形式は

$$dx,\quad dy,\quad dz$$

の関数係数の線形結合として一意的に表わされる．また，ベクトル場は，同様に

$$\frac{\partial}{\partial x},\ \frac{\partial}{\partial y},\ \frac{\partial}{\partial z}$$

の関数係数の線形結合として一意的に表わされる．こうして，1 次微分形式とベクトル場の対応

$$\omega=Pdx+Qdy+Rdz \longleftrightarrow X=P\frac{\partial}{\partial x}+Q\frac{\partial}{\partial y}+R\frac{\partial}{\partial z}$$

を得る．後者は単に $X=(P, Q, R)$ とかこう．

すでに述べたように，$f\in\mathcal{D}_0(M)$ の勾配ベクトル場は

P261へ

二つの多様体の間の C^∞ 級写像

$$\varphi : M \longrightarrow N$$

に対しては次が成り立つ.

(4) $\quad d(\varphi^p\omega)=\varphi^{p+1}(d\omega) \qquad (\omega\in\mathcal{D}_p(N))$

実際, $\omega\in\mathcal{D}_0(N)$ に対しては前回に示した通り. よって (3) を用いて直ちに知られよう. √

問 5 $\boldsymbol{R}^n$ の開集合上の 1 次微分形式 $\boldsymbol{\omega}$ のある 0 にならない関数倍が閉であるならば, $\boldsymbol{\omega}\wedge d\boldsymbol{\omega}=0$.

10.5 ストークスの定理

s 次元多様体 M の中に開集合 D が与えられたとき, その境界

$$\partial D=\bar{D}-D$$

を考える. もし各点 $x\in\partial D$ に対し, それを含み次の条件を満足する局所座標系 (U,ρ) が存在するならば, D は**正則境界をもつ**ということにしよう.

(1) $\quad \rho(U\cap D)=\{(x_1,\cdots,x_s)\in\rho(U);\ x_s>0\}$

このとき, 次の仕方で ∂D は $s-1$ 次元多様体になる: 上のような (U,ρ) に対し, ∂D における開集合

$$\tilde{U}=U\cap\partial D$$

から $\boldsymbol{R}^{s-1}$ の開集合への同相写像

$$\tilde{\rho} : \tilde{U} \longrightarrow \tilde{\rho}(\tilde{U})\subset\boldsymbol{R}^{s-1}$$

を次のように定める.

$$\rho_i=\rho_i|\tilde{U} \qquad (1\leqq i\leqq s-1)$$

そうすれば, ∂D 上の多様体構造——位相と C^∞ 級関数——は, 上に作られたすべての $(\tilde{U},\tilde{\rho})$ が局所座標系に

P262へ

$$\operatorname{grad} f=\left(\frac{\partial f}{\partial x},\ \frac{\partial f}{\partial y},\ \frac{\partial f}{\partial z}\right)$$

と定められたが，これは微分形式でいえば外微分

$$df=\frac{\partial f}{\partial x}dx+\frac{\partial f}{\partial y}dy+\frac{\partial f}{\partial z}dz$$

に対応している．

いまベクトル場 $X=(P, Q, R)$ に 1 次微分形式 $\omega\in\mathcal{D}_1(M)$ が対応しているとき，外微分 $d\omega\in\mathcal{D}_2(M)$ は定義より

$$\left(\frac{\partial R}{\partial y}-\frac{\partial Q}{\partial z}\right)dy\wedge dz+\left(\frac{\partial P}{\partial z}-\frac{\partial R}{\partial x}\right)dz\wedge dx+\left(\frac{\partial Q}{\partial x}-\frac{\partial P}{\partial y}\right)dx\wedge dy$$

となる．ところで $\boldsymbol{R}^3$ では，その向きづけを考慮に入れて，標準的な同形対応

$$*:\ \mathcal{D}_2(\boldsymbol{R}^3)\ \rightleftarrows\ \mathcal{D}_1(\boldsymbol{R}^3)$$

が次の対応で与えられる：

$$*(dy\wedge dz)=dx,\quad *(dz\wedge dx)=dy,\quad *(dx\wedge dy)=dz$$

この記法を用いて，$d\omega\in\mathcal{D}_2(\boldsymbol{R}^3)$ に対応する $*d\omega\in\mathcal{D}_1(\boldsymbol{R}^3)$ は，ベクトル場

$$\operatorname{rot}(P, Q, R)=\left(\frac{\partial R}{\partial y}-\frac{\partial Q}{\partial z},\ \frac{\partial P}{\partial z}-\frac{\partial R}{\partial x},\ \frac{\partial Q}{\partial x}-\frac{\partial P}{\partial y}\right)$$

に対応する．これを $X=(P, Q, R)$ の**回転** (rotation) または**巡環** (curl) とよぶ．

また，$*\omega\in\mathcal{D}_2(\boldsymbol{R}^3)$ の外微分 $d(*\omega)\in\mathcal{D}_3(\boldsymbol{R}^3)$ は

$$d(*\omega)=\left(\frac{\partial P}{\partial x}+\frac{\partial Q}{\partial y}+\frac{\partial R}{\partial z}\right)dx\wedge dy\wedge dz$$

となる．このただひとつの係数関数——スカラー場——は，$X(P, Q, R)$ の**発散** (divergence) とよばれる：

$$\operatorname{div}(P, Q, R)=\frac{\partial P}{\partial x}+\frac{\partial Q}{\partial y}+\frac{\partial R}{\partial z}$$

以上の構成により，性質 $dd=0$, $**=id$ の反映として次の等式が得られる：

P263へ

なるという条件の下で一意的に定まる．これは容易に認められよう．詳しくかけば次の通り．

$$\mathrm{top}\,\partial D=\{U\cap\partial D\,;\ U\in\mathrm{top}\,M\},$$

$$C^\infty(V)=\{f\in\boldsymbol{R}^V\,;\ f_x\in\iota_x^*(C^{(\infty)}_{\varphi(x)}),\ x\in V\},$$

$$(V\in\mathrm{top}\,\partial D).$$

ただし $\iota:\partial D\longrightarrow M$ は自然な埋め込み写像とする．

さて，更に M には向きづけ ε が与えられているとしよう．そのとき上の記号で常に

$$\tilde{\varepsilon}(d\tilde{\rho}_1\wedge\cdots\wedge d\tilde{\rho}_{s-1})=(-1)^s\varepsilon(d\rho_1\wedge\cdots\wedge d\rho_s)$$

であるような ∂D の向きづけ $\tilde{\varepsilon}$ が一意的に定まる．（ε は $\tilde{\varepsilon}$ をひき起こすという．）

〈証明〉 (1) を満足する別の (V,σ) をとれば

$$d\sigma_1\wedge\cdots\wedge d\sigma_s=\left(\det\frac{\partial\sigma}{\partial\rho}\right)d\rho_1\wedge\cdots\wedge d\rho_s$$

$$d\tilde{\sigma}_1\wedge\cdots\wedge d\tilde{\sigma}_{s-1}=\left(\det\frac{\partial\tilde{\sigma}}{\partial\tilde{\rho}}\right)d\tilde{\rho}_1\wedge\cdots\wedge d\tilde{\rho}_{s-1}$$

であるが，$\tilde{U}\cap\tilde{V}$ 上で

$$\frac{\partial\sigma_s}{\partial\rho_1}=\cdots=\frac{\partial\sigma_s}{\partial\rho_{s-1}}=0,\quad \frac{\partial\sigma_s}{\partial\rho_s}>0$$

に注意して

$$\mathrm{sgn}\left(\det\frac{\partial\sigma}{\partial\rho}\right)=\mathrm{sgn}\left(\det\frac{\partial\tilde{\sigma}}{\partial\tilde{\rho}}\right)$$

を得るからである．　〈終〉

P264へ

$$\boxed{\mathrm{rot}(\mathrm{grad}\, f)=0, \qquad \mathrm{div}(\mathrm{rot}\, X)=0}$$

ストークス (Stokes) の定理をとくに数平面 $M=\boldsymbol{R}^2$ で考えたものを**グリーン** (Green) **の定理**という. x, y を標準座標関数とみれば, 1次微分形式は

$$\omega=Pdx+Qdy$$

と書かれ, その外微分は

$$d\omega=\left(\frac{\partial Q}{\partial x}-\frac{\partial P}{\partial y}\right)dx\wedge dy.$$

いま開集合 $D\subset\boldsymbol{R}^2$ が(準)正則境界 ∂D をもつとして, $\boldsymbol{R}^2$ の標準的向きづけ ε——$\varepsilon(dx\wedge dy)=1$ である——からひき起された ∂D の向きづけ $\tilde{\varepsilon}$ を考えよう. 局所座標系 ρ の定める ∂D の局所座標系 $\tilde{\rho}$ (1次元) について

$$\tilde{\varepsilon}(d\tilde{\rho})=(-1)^2\varepsilon(d\rho_1\wedge d\rho_2),$$

すなわち ρ が正の向きをもつとき $\tilde{\rho}$ も正の向きである. 直観的にいえば, $\boldsymbol{R}^2$ の向きづけ ε を通常のように (図参照) 定め, $\tilde{\rho}$ の正の向きに ∂D を進むとき, D を左に見ることになる:

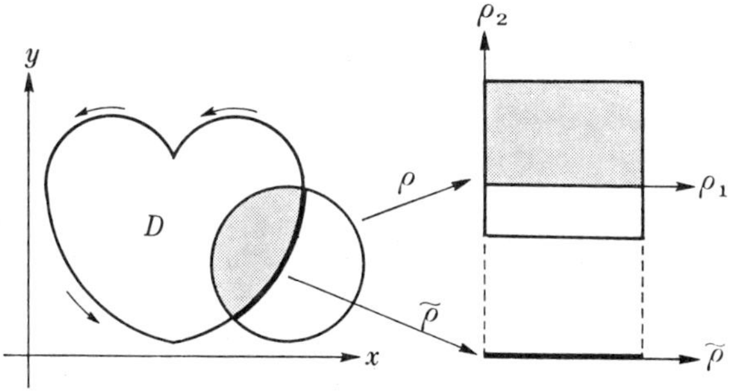

簡単のため, ∂D が向きづけをこめて (区分的に) 滑らかな弧 γ で表わされるとしよう. そのときグリーンの定理は次の形をとる:

$$\boxed{\int_\gamma Pdx+Qdy=\iint_D\left(\frac{\partial Q}{\partial x}-\frac{\partial P}{\partial y}\right)dxdy}$$

P265へ

定理　(ストークス) 向きづけられた s 次元多様体 M において，正則境界 ∂D をもつ開集合 D とコンパクト台をもつ M 上の $s-1$ 次の微分形式 ω が与えられれば，

$$\int_{\partial D}\iota^*\omega=\int_D d\omega$$

が成り立つ．ただし，$\iota\colon \partial D \longrightarrow M$ は自然な埋め込み写像，∂D の向きづけは M の向きづけが引き起こすものをとる．

〈証明〉 M は条件 (1) または，次の何れかの条件を満足する局所座標系 (U,ρ) のいくつかで覆われる．

(2)　　$U\subset D$

(3)　　$U\subset M-\bar{D}$

ω のコンパクトな台 F は，それらの有限個で覆われるので，それに関する C^∞ 級の 1 の分割 (p_i) をとろう．そのとき

$$\omega=\sum_i p_i\omega$$

と表わせば，各項は台がひとつの U に含まれる．ところで定理の等式の両辺は ω に関して線形であるから，はじめから F がひとつの (U,ρ) に含まれるとしてよい．なお U は連結としてよく，ε_ρ は定数 ±1 となる．

さて (3) の場合は両辺共明らかに 0, (2) の場合は左辺が 0 である．いま ω を次のように表示する．

$$\omega=\sum_{j=1}^{s} f_j d\rho_1\wedge\cdots\wedge\widehat{d\rho_j}\wedge\cdots\wedge d\rho_s$$

(へ はその下の因子がないことを示す.)

P266へ

問6 D の面積は次式で与えられる.

$$\frac{1}{2}\int_{\gamma}(xdy-ydx)$$

次にストークスの定理を数空間 $M=\boldsymbol{R}^3$ で考えよう. それを, **ガウス** (Gauss) または**オストログラッキー** (Остроградский) **の定理**という. x, y, z を座標関数として, 2次微分形式

$$\omega=Pdy\wedge dz+Qdz\wedge dx+Rdx\wedge dy$$

の外微分は

$$d\omega=\left(\frac{\partial P}{\partial x}+\frac{\partial Q}{\partial y}+\frac{\partial P}{\partial z}\right)dx\wedge dy\wedge dz$$

である. この係数関数は, 前述の記法で $*\omega$ に対応するベクトル場 $X=(P, Q, R)$ の発散 div X に他ならない. したがって, 定理の等式の右辺は '関数の積分' の形では $\iiint_D \mathrm{div}\,X$ となる.

定理の等式の左辺も '関数の積分' の形に書きかえよう. 開集合 $D\subset\boldsymbol{R}^3$ は (準)正則境界 ∂D をもつとし, 標準的な $\boldsymbol{R}^3$ の向きづけ ε——$\varepsilon(dx\wedge dy\wedge dz)=1$ である——からひき起こされた ∂D の向きづけ $\tilde{\varepsilon}$ を考える. 境界点における局所座標系 ρ の定める ∂D の局所座標系 $\tilde{\rho}=(\tilde{\rho}_1, \tilde{\rho}_2)$ について

$$\tilde{\varepsilon}(d\tilde{\rho}_1\wedge d\tilde{\rho}_2)=(-1)^3\varepsilon(d\rho_1\wedge d\rho_2\wedge d\rho_3),$$

すなわち ρ が正の向きのとき $\tilde{\rho}$ は負の向きである. 直観的にいえば, $\boldsymbol{R}^3$ の向きづけ ε を通常のように ——右手系—— に定めるとき, '外側' から眺めて第1, 2座標軸が正の向きを与える:

さて, ∂D 上の2次微分形式 $\iota^*\omega$ は, 局所的に

$$\iota^*\omega=\left[P\frac{\partial(y, z)}{\partial(\rho_1, \rho_2)}+Q\frac{\partial(z, x)}{\partial(\rho_1, \rho_2)}+R\frac{\partial(x, y)}{\partial(\rho_1, \rho_2)}\right]d\tilde{\rho}_1\wedge d\tilde{\rho}_2.$$

他方 $\partial D=N$ 上の面積要素は

$$\begin{aligned}dN&=\tilde{\varepsilon}_{\tilde{\rho}}D_{\tilde{\rho}}^{-1}d\tilde{\rho}_1\wedge d\tilde{\rho}_2\\&=\tilde{\varepsilon}_{\tilde{\rho}}\sqrt{\left(\frac{\partial(y, z)}{\partial(\rho_1, \rho_2)}\right)^2+\left(\frac{\partial(z, x)}{\partial(\rho_1, \rho_2)}\right)^2+\left(\frac{\partial(x, y)}{\partial(\rho_1, \rho_2)}\right)^2}\,d\tilde{\rho}_1\wedge d\tilde{\rho}_2.\end{aligned}$$

$$\therefore\quad \iota^*\omega=(Pn_x+Qn_y+Rn_z)dN$$

P267へ

そのとき $\iota^* d\rho_s=0$ に注意して

$$\iota^*\omega=(f_s\circ\iota)\,d\tilde{\rho}_1\wedge\cdots\wedge d\tilde{\rho}_{s-1}.$$

よって (1) の場合は

i) $\displaystyle\int_{\partial D}\iota^*\omega=\tilde{\varepsilon}_{\tilde{\rho}}\int_{\tilde{\rho}(\tilde{U})}(f_s\circ\iota)^{\tilde{\rho}}dx_1\cdots dx_{s-1}$

他方，定義 (10.4) より

$$d\omega=\left(\sum_{j=1}^{s}(-1)^{j-1}\frac{\partial f_j}{\partial\rho_j}\right)d\rho_1\wedge\cdots\wedge d\rho_s$$

であるから (1), (2) 何れの場合も

ii) $\displaystyle\int_D d\omega=\varepsilon_\rho\sum_{j=1}^{s}(-1)^{j-1}\int_{\rho(U\cap D)}\frac{\partial f_j{}^\rho}{\partial x_j}dx_1\cdots dx_s.$

ただし (2) の場合は $U\cap D=U$.

さて，$f_j{}^\rho$, $(f_s\circ\iota)^{\tilde{\rho}}$ はそれぞれ $\rho(U)$, $\tilde{\rho}(\tilde{U})$ の外で値 0 として C^∞ 級である．それらを記号 ‾ をつけて示す．

(2) の場合，右辺＝0 が次からわかる．

ii) の第 j 項の積分

$$=\int_{\boldsymbol{R}^s}\frac{\partial\bar{f}_j{}^\rho}{\partial x_j}dx_1\cdots dx_s=0.$$

問 7　これをフビニの定理から導け．

(1) の場合，

$$\text{i)}=\tilde{\varepsilon}_{\tilde{\rho}}\int_{\boldsymbol{R}^{s-1}}\overline{(f_s\circ\iota)}^{\tilde{\rho}}dx_1\cdots dx_{s-1}$$

$$\text{ii)}=\varepsilon_\rho\sum_{j=1}^{s}(-1)^{j-1}\int_{\boldsymbol{R}^{s-1}\times\boldsymbol{R}_+}\frac{\partial\bar{f}_j{}^\rho}{\partial x_j}dx_1\cdots dx_s{}^*$$

$$=\varepsilon_\rho(-1)^{s-1}\int_{\boldsymbol{R}^{s-1}}(-1)\bar{f}_s{}^\rho(x_1,\cdots,x_{s-1},0)\,dx_1\cdots dx_{s-1}$$

問 8　これをフビニの定理から導け．

---

* $\boldsymbol{R}_+$ は正の実数全体を表わす．

P268へ

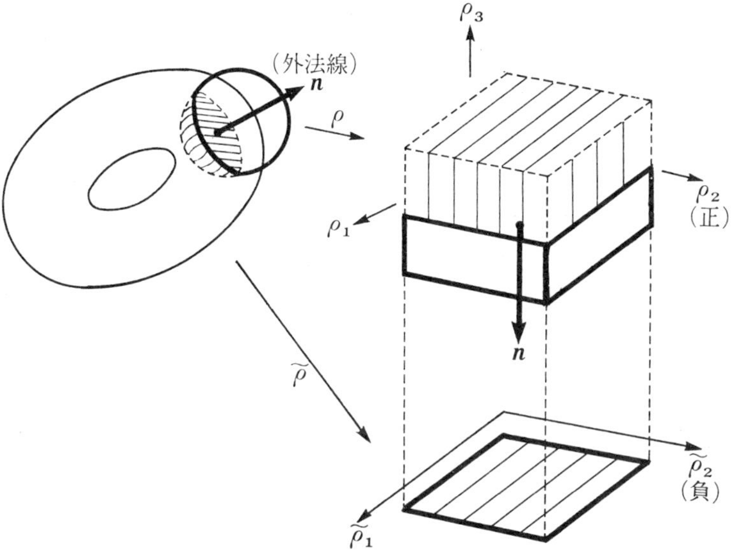

ただし,

$$n_x = \varepsilon_{\tilde{\rho}} \frac{\partial(y, z)}{\partial(\rho_1, \rho_2)} \Big/ \sqrt{(\text{上記の平方和})},$$

$$n_y = \cdots\cdots, \qquad n_z = \cdots\cdots \quad (\text{同様}).$$

ここで (n_x, n_y, n_z) は勿論長さ1だが, ∂D への接空間を張る二つのベクトル

$$\left(\frac{\partial x}{\partial \rho_1}, \frac{\partial y}{\partial \rho_1}, \frac{\partial z}{\partial \rho_1}\right), \quad \left(\frac{\partial x}{\partial \rho_2}, \frac{\partial y}{\partial \rho_2}, \frac{\partial z}{\partial \rho_2}\right)$$

に垂直で‘外側’を向いているゆえ, 外法単位ベクトル $\boldsymbol{n}$ を与える. かくてガウスの定理は次の形をとる:

$$\boxed{\iint_{\partial D} \langle X, \boldsymbol{n} \rangle = \iiint_D \operatorname{div} X}$$

この形を**発散定理**とよぶこともある.*

* 多次元への一般化については, たとえば
「Loomis-Sternberg : Advanced Calculus.」
「山崎圭次郎:解析学概論 II 10.4 (共立出版)」

P269へ

ところで $\tilde{\varepsilon}_{\tilde{\rho}}=(-1)^s\varepsilon_\rho$, かつ

$$(\overline{f_s\circ\iota})^{\tilde{\rho}}(x_1,\cdots,x_{s-1})=\bar{f}_s{}^\rho(x_1,\cdots,x_{s-1},0)$$

であるから，i)＝ii) となる． 〈終〉

上の定理において，Dが‘正則境界をもつ’という条件は，実用上もっと弱めることが望ましい．いま，任意の $x\in\partial D$ に対して，それを含み，ある $1\leqslant t\leqslant s$ について次の条件を満足する局所座標系 (U,ρ) が存在するならば，D は**準正則境界をもつ**という．

$(1)_t$ $\rho(U\cap D)$

$$=\{(x_1,\cdots,x_s)\in\rho(U)\,;\ x_j>0\quad(t\leqslant j\leqslant s)\}$$

そのとき条件 $(1)=(1)_s$ の成り立つ局所座標系のとれる点 $x\in\partial D$ の全体——それを仮に $\check{\partial}D$ と書く——は ∂D の開集合であり，前と同様に $s-1$ 次元の向きづけられた多様体になる．そして定理は，∂D を $\check{\partial}D$ でおきかえて成立する．証明は，上記で $\int_{\boldsymbol{R}^{s-1}\times\boldsymbol{R}_+}$ の形の積分計算が $\int_{\boldsymbol{R}^{t-1}\times\boldsymbol{R}_+{}^{s-t+1}}$ に変わる以外本質的な困難はない．

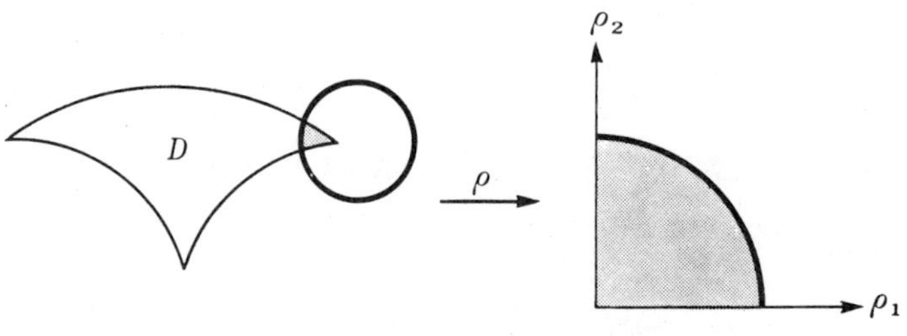

最後に，D 自身が‘曲った’場合，すなわち数空間 $\boldsymbol{R}^3$ の向きづけられた曲面 M 上の開集合であって，(準)正則境界をもつ場合を見よう．このときが本来の**ストークス** (Stokes) **の定理**である．

$\boldsymbol{R}^3$ 上の 1 次微分形式

$$\omega = Pdx + Qdy + Rdz$$

を埋め込み写像 $\iota_1 : \partial D \longrightarrow M,\ \iota_2 : M \longrightarrow \boldsymbol{R}^3$ によって引き戻して，

$$\int_{\partial D} \iota_1{}^* \iota_2{}^* \omega = \int_D d(\iota_2{}^* \omega) = \int_D \iota_2{}^* d\omega$$

が成り立つ．これを上と同様にベクトル解析的表現に書きかえれば

$$\boxed{\int_\gamma \langle X, \boldsymbol{t} \rangle = \iint_D \langle \mathrm{rot}\ X, \boldsymbol{n} \rangle}$$

となる．ただし，X は ω に対応する $\boldsymbol{R}^3$ のベクトル場とし，γ は ∂D を表示しひき起こされた向きづけに適合する弧，$\boldsymbol{t}$ はその接単位ベクトルとする．$\boldsymbol{n}$ は上と同様な曲面 D の外法単位ベクトルである．右辺については，ガウスの定理の計算で ω の代りに $d\omega$ をとれば，$*d\omega$ が $\mathrm{rot}\ X$ に対応するからよい．左辺についても同様な（より簡単な）計算である．これについては読者に委ねよう．

問 の 解 答

1

問1 定理より，$1/\varepsilon$ は自然数全体の上界であり得ない．よって $1/\varepsilon<n$ となる自然数 n がある．このとき $1/n<\varepsilon$ である．

問2 （2行下にある記号 $\| \|_1$, $\| \|_\infty$ を用いる．）(1)，(2) は明らかである．$a=(\alpha_1, \cdots, \alpha_s)$ に対して，$\|\lambda a\|_1=|\lambda\alpha_1|+\cdots+|\lambda\alpha_s|=|\lambda|(|\alpha_1|+\cdots+|\alpha_s|)=\lambda\|a\|_1$, $\|\lambda a\|_\infty=\sup\{|\lambda\alpha_1|, \cdots, |\lambda\alpha_s|\}=\sup\{|\lambda||\alpha_1|, \cdots, |\lambda||\alpha_s|\}=|\lambda| \sup\{|\alpha_1|, \cdots, |\alpha_s|\}=|\lambda|\|a\|_\infty$. 次に $b=(\beta_1, \cdots, \beta_s)$ として，$\|a+b\|_1=|\alpha_1+\beta_1|+\cdots+|\alpha_s+\beta_s|\leqslant|\alpha_1|+|\beta_1|+\cdots+|\alpha_s|+|\beta_s|=\|a\|_1+\|b\|_1$, $\|a+b\|_\infty=\sup\{|\alpha_1+\beta_1|, \cdots, |\alpha_s+\beta_s|\}\leqslant\sup\{|\alpha_1|+|\beta_1|, \cdots, |\alpha_s|+|\beta_s|\}\leqslant\sup\{|\alpha_1|, \cdots, |\alpha_s|\}+\sup\{|\beta_1|, \cdots, |\beta_s|\}=\|a\|_\infty+\|b\|_\infty$.

問3 点 a の ε 近傍 $B_\varepsilon(a)$ がその任意の点 b の近傍であることを示せばよい．これは(1.3.4)の証明で述べられている．すなわち $\delta=\varepsilon-\|b-a\|$ とおくとき $x\in B_\delta(b)\Rightarrow\|x-b\|<\delta\Rightarrow\|x-a\|\leqslant\|x-b\|+\|b-a\|<\varepsilon\Rightarrow x\in B_\varepsilon(a)$． したがって $B_\delta(b)\subset B_\varepsilon(a)$．これは $B_\varepsilon(a)$ が b の近傍であることを意味する．

問4 点 a を中心とする半径 ε の閉球 S をとり，S の任意の触点 b が S に属することを示せばよい．もし $b\notin S$ ならば $\|b-a\|>\varepsilon$ であるから，b の $\delta=\|b-a\|-\varepsilon$ 近傍 $B_\delta(b)$ を考える．$x\in B_\delta(b)\Rightarrow\|x-b\|<\delta\Rightarrow\|x-a\|\geqslant\|b-a\|-\|x-b\|>\varepsilon\Rightarrow x\notin S$． したがって $B_\delta(b)\cap S=\phi$． これは b が S の触点でないことを意味する． よって $b\in S$.

問5 まず $\bar{S}$ は閉集合である． 実際，$\bar{S}$ の任意の触点 x が $\bar{S}$ に属せばよい．x の任意の近傍 U に対し，(1.3.4) の性質をもつ x の近傍 V をとる．V は $\bar{S}$ と交わるので共通点 y をとれば，V の性質から U が y の近傍である．y は S の触点だから U が S と交わる． かくして x は S の触点， すなわち $\bar{S}$ に属する． 次に任意の閉集合 $C\supset S$ に対し，S の触点が C の触点でもあるゆえ C に属する．すなわち $C\supset\bar{S}$.

問6 $\bar{S}-S^\circ$ の触点 x をとる．x は閉集合 $\bar{S}$ の触点でもあるから $x\in\bar{S}$． もし $x\in S^\circ$ とすれば， 開集合 S° が x の近傍で $\bar{S}-S^\circ$ と交わらないゆえ触点という仮定に反するので，$x\notin S^\circ$． かくして $x\in\bar{S}-S^\circ$． これは $\bar{S}-S^\circ$ が閉集合であることを意味する．(注意) 次に扱う開集合と閉集合の双対性を用いれば，$\bar{S}-S^\circ$ は二つの閉集合 $\bar{S}$, $(S^\circ)^c$ の共通部分として閉集合であることが直ちにわかる．

問7 仮定より $f(X)\subset]-\infty,c]=S$． よって $\lim_{x\to a}f(x)\in\bar{S}$． ところで S は閉集合であるから $\lim_{x\to a}f(x)\in S$． $\therefore$ $\lim_{x\to a}f(x)\leqslant c$． 不等号の向きが逆のときは，閉集合 $[c, +$

∞[を考えればよい.

問8　b の任意の近傍 V に対し, a のある近傍 U をとれば, $x \in U \cap X \Rightarrow f(x) \in V$ である. この U に対し, α のある近傍 Ω をとれば, $t \in \Omega \cap T \Rightarrow \varphi(t) \in U$ である. このとき勿論 $x = \varphi(t) \in U \cap X$ ゆえ, $f(x) = (f \circ \varphi)(t) \in V$ が成り立つ. すなわち $\lim_{t \to \alpha} (f \circ \varphi)(t) = b$.

問9　b の任意の近傍 V は, ある ε 近傍を含む. ここで (1.1) の定理1系により, $1/n_0 < \varepsilon$ となる自然 n_0 がある. そのとき $n_0 \leqslant n \Rightarrow \|b_n - b\| < 1/n \leqslant 1/n_0 < \varepsilon \Rightarrow b_n \in V$. $\therefore \lim_{n \to \infty} b_n = b$.

問10　右ページ.

2

問1　$S = \bigcup_{\lambda} S_\lambda$ の開集合 U, V をとって $S = U \cup V$, $U \cap V = \phi$ であるとする. (S_λ) の共通点がたとえば U に属するとすれば, $U \cap S_\lambda \neq \phi$. ところで $S_\lambda = (U \cap S_\lambda) \cup (V \cap S_\lambda)$, $(U \cap S_\lambda) \cap (V \cap S_\lambda) = \phi$ は S_λ の開集合による分割であるから, S_λ の連結性より $V \cap S_\lambda = \phi$ でなければならない. $\therefore V = \phi$. これは S の連結性を意味する.

問2　S が連結でなければ, S の空でない開集合 U, V があって, $S = U \cup V$, $U \cap V = \phi$. このとき $T = U$ は S, ϕ の何れとも異なり開集合かつ閉集合である. 逆に, このような T があれば, T, $S - T$ は空でない開集合で, 合併が S, 共通部分が ϕ であるから, S は連結でない.

問3　直方体は区間の直積であり, 区間は凸であるから, 一般に凸集合 A_1, A_2, $\cdots$ の直積 $A_1 \times A_2 \times \cdots$ が凸であればよい. 2点 $(a_1, a_2, \cdots)$, $(b_1, b_2, \cdots) \in A_1 \times A_2 \times \cdots$ を両端とする線分上の点は

$$\lambda(a_1, a_2, \cdots) + \mu(b_1, b_2, \cdots), \ (\lambda, \mu \geqslant 0 ; \lambda + \mu = 1)$$

と表わされる. その第 i 成分は $\lambda a_i + \mu b_i$ であるから $\in A_i$ かくて, 上の線分は $A_1 \times A_2 \times \cdots$ に含まれる.

問4　対応 $x \longmapsto (x, f(x))$ の定める写像 $I \longrightarrow \boldsymbol{R}^2$ は連続であるゆえ, 連結集合 I の像は連結である. これは f のグラフに他ならない.

問5　$s \geqslant 2$ に関する帰納法による. $s = 2$ (円周)の場合は明らかである. 記号 $S^k(r) = \{(x_1, \cdots, x_k) \in R^k ; x_1{}^2 + \cdots + x_k{}^2 = r^2\}$ を用いよう. 任意の点 $(a_1, \cdots, a_s) \in S^s(r)$ に対し, $r' = \sqrt{a_{s-1}{}^2 + a_s{}^2}$ とおき, $S^2(r')$ において点 (a_{s-1}, a_s) を点 $(r', 0)$ に結ぶ弧 f をとる. 次に, $S^{s-1}(r)$ において点 $(a_1, \cdots, a_{s-2}, r')$ を点 $(r, 0, \cdots, 0)$ に結ぶ弧 g をとる. そして $S^s(r)$ における二つの弧

$$\bar{f}(t) = (a_1, \cdots, a_{s-2}, f(t)), \ \bar{g}(t) = (g(t), 0)$$

をつなげれば, 点 $(a_1, \cdots, a_s)$ が点 $(r, 0, \cdots, 0)$ に結ばれる.

問6　コンパクト集合 $S_1, \cdots, S_n$ の合併 S の任意の開被覆 $(U_\lambda)_{\lambda\in\Lambda}$ をとる．$(U_\lambda\cap S_i)_{\lambda\in\Lambda}$ が S_i の開被覆なので，そのコンパクト性より，Λ の有限部分集合 Λ_i をとって $(U_\lambda\cap S_i)_{\lambda\in\Lambda_i}$ が S_i を覆う．そこで $\Lambda_0=\Lambda_1\cup\cdots\cup\Lambda_n$ とおけば，これは Λ の有限部分集合であり，$(U_\lambda)_{\lambda\in\Lambda_0}$ は S を覆う．したがって S はコンパクトである．

問7　各点 $x\in S$ に対し，x の開近傍 $U(x)$ と a の開近傍 V_x をとって，$U(x)\cap V_x=\phi$ であるようにする．開集合系 $(U(x))_{x\in S}$ はコンパクト集合 S を覆うから，有限個 $U(x_1), \cdots, U(x_n)$ が S を覆う．そこで $U=U(x_1)\cup\cdots\cup U(x_n)$，$V=V_{x_1}\cap\cdots\cap V_{x_n}$ とおけばよい．

問8　連続関数による区間の像は連結であるゆえ再び区間である．ところで有限閉区間はコンパクトだから，連続関数は最大値と最小値をとる．よって像はこれらの値を両端とする有限閉区間である．

3

問1　線形関数 $\varphi(\xi_1, \cdots, \xi_n)=\lambda_1\xi_1+\cdots+\lambda_n\xi_n$ について，$f(x)-f(a)=\varphi(x-a)$ が成り立つから，f は $x=a$ で微分可能であり，$D_jf(a)=\lambda_j$.

問2　漸近関係 $\boldsymbol{f}(x)=\boldsymbol{f}(a)+(d\boldsymbol{f})_a(x-a)+\boldsymbol{o}(x-a)$ より，$\lim_{x\to a}\boldsymbol{f}(x)=\boldsymbol{f}(a)$.

問3　$x\in\boldsymbol{R}^n$ を固定し，$f(tx)=t^kf(x)$ の両辺を t の関数として微分すれば，$\sum_{j=1}^{n}D_jf(tx)x_j=kt^{k-1}f(x)$．ここで $t=1$ とすればよい．

問4　$a\in U$ を固定し，集合 $V=\{x\in U;\ \boldsymbol{f}(x)=\boldsymbol{f}(a)\}$ が U における開集合かつ閉集合であることを示せば，U の連結性から $V=U$ となり，$\boldsymbol{f}$ は定値となる．V は1点 $\{\boldsymbol{f}(a)\}$ の $\boldsymbol{f}$ による逆像ゆえ，$\boldsymbol{f}$ の連続性(問2)より V は閉集合．V の1点 b を中心とする星形近傍 W を U 内にとれば，任意の $c\in W$ に対し，定理より $\|\boldsymbol{f}(c)-\boldsymbol{f}(b)\|\leqslant\sup\|(d\boldsymbol{f})_x\|\|c-b\|$．しかるに仮定より $(d\boldsymbol{f})_x=0$ ゆえ，$\boldsymbol{f}(c)-\boldsymbol{f}(b)=0$ $(c\in W)$．これは $W\subset V$ を意味し，V は開集合である．

問5　$\dfrac{\partial f}{\partial r}=\dfrac{\partial f}{\partial x}\cos\theta+\dfrac{\partial f}{\partial y}\sin\theta$，$\dfrac{\partial f}{\partial\theta}=\dfrac{\partial f}{\partial x}(-r\sin\theta)+\dfrac{\partial f}{\partial y}(r\cos\theta)$ より，$\dfrac{\partial f}{\partial x}=\cos\theta\dfrac{\partial f}{\partial r}-\dfrac{\sin\theta}{r}\dfrac{\partial f}{\partial\theta}$，$\dfrac{\partial f}{\partial y}=\sin\theta\dfrac{\partial f}{\partial r}+\dfrac{\cos\theta}{r}\dfrac{\partial f}{\partial\theta}$ を得る．これを $\dfrac{\partial f}{\partial x}$，$\dfrac{\partial f}{\partial y}$ に適用して $\dfrac{\partial^2 f}{\partial x^2}$，$\dfrac{\partial^2 f}{\partial y^2}$ を求めて加え，$\Delta f=\dfrac{\partial^2 f}{\partial r^2}+\dfrac{1}{r}\dfrac{\partial f}{\partial r}+\dfrac{1}{r^2}\dfrac{\partial^2 f}{\partial\theta^2}$ ．

問6　定理2の証明において，$|R_2(x)|\leqslant\dfrac{m}{4}|x-a|^2$ となるように $\delta>0$ をとれば，$f(x)\geqslant f(a)+\dfrac{m}{4}\|x-a\|^2$ $(\|x-a\|<\delta)$ となる．これより，$x\neq a$ に対し，$f(x)>f(a)$ を知る．

問 7　i) $x=y=a$ のとき，極小値 $-a^3$.　ii) $x=y=0$ のとき，極小値 0；$a>b$ ならば $x=\pm 1$, $y=0$ のとき極大値 a/e, $b>a$ ならば $x=0$, $y=\pm 1$ のとき極大値 b/e；$a=b$ ならば $x^2+y^2=1$ となるすべての点で極大値 $1/e$.

4

問 1　合成関数 $F^{-1}\circ F$, $F\circ F^{-1}$ がそれぞれ恒等写像であるから，微分を考え $(dF^{-1})_{F(a)}\circ(dF)_a=\boldsymbol{R}^n$ の恒等写像，$(dF)_a\circ(dF^{-1})_{F(a)}=\boldsymbol{R}^m$ の恒等写像．この 2 式より，$(dF)_a:\boldsymbol{R}^n\to\boldsymbol{R}^m$ が全単射，したがって線形同形であることを知る．よって $\dim\boldsymbol{R}^n=\dim\boldsymbol{R}^m$ (次元)．$\therefore$ $n=m$.

問 2　それぞれ次式の成り立つ点.

i)
$$\det F'(r,\ \theta)=\begin{vmatrix}\cos\theta & -r\sin\theta\\ \sin\theta & r\cos\theta\end{vmatrix}=r\neq 0$$

ii)
$$\det G'(r,\ \theta,\ \phi)=\begin{vmatrix}\sin\theta\cos\phi & r\cos\theta\cos\phi & -r\sin\theta\sin\phi\\ \sin\theta\sin\phi & r\cos\theta\sin\phi & r\sin\theta\cos\phi\\ \cos\theta & -r\sin\theta & 0\end{vmatrix}=r^2\sin\theta\neq 0$$

問 3　$f(x_1,\ \cdots,\ x_k)=x_1{}^2+\cdots+x_k{}^2-1$ のヤコビ行列は $(2x_1,\ \cdots,\ 2x_k)$，その階数は点 $c\in S^{k-1}$ で 1 である．したがって $(df)_c:\boldsymbol{R}^k\to\boldsymbol{R}$ が全射ゆえ，定理より S^{k-1} は $k-1$ 次元多様体である．

問 4　関係 $x^3+y^3+z^3=0$, $x^2+y^2+z^2-1=0$ によって，y, z を x の関数とみなせば，両式を x で微分して，

$$3x^2+3y^2\frac{dy}{dx}+3z^2\frac{dz}{dx}=0,\qquad 2x+2y\frac{dy}{dx}+2z\frac{dz}{dx}=0$$

これを $\dfrac{dy}{dx}$, $\dfrac{dz}{dx}$ に関する連立 1 次方程式として解いて，$\dfrac{dz}{dx}=\dfrac{x(x-y)}{z(y-z)}$.

問 5　$j(x)=(x,\ 0)$ とおいて線形写像 $j:\boldsymbol{R}^s\to\boldsymbol{R}^{s+t}$ を定めれば，$g=F^{-1}\circ j$. $\therefore$ $(dg)_x=(dF^{-1})_{(x,0)}\circ(dj)_x=(dF^{-1})_{(x,0)}\circ j$.　ここで $(dF^{-1})_{(x,0)}$ は全単射，j は単射であるから，$(dg)_x$ は単射である．

問 6　条件 $x^2-y^2-2z+1=0$ の下で $x^2+y^2+z^2$ の最小値は存在し，それは極小値である．そのとき，ある λ について

$$2x=\lambda\cdot 2x,\quad 2y=\lambda(-2y),\quad 2z=\lambda(-2).$$

上の 4 式より，$x=y=0$, $z=\dfrac{1}{2}$. よって最小値は $\dfrac{1}{4}$，最短距離は $\dfrac{1}{2}$.

問 7　g は C^∞ 級，$g'(x_1,x_2)=\begin{pmatrix}\cos x_2 & -x_1\sin x_2\\ \sin x_2 & x_1\cos x_2\\ 0 & c\end{pmatrix}$ の階数は常に 2 である．よって定理の条件の前半が満足される．後半も容易に確かめられる．

5

問 1　(a_n) が α に収束するとする．任意の $\varepsilon>0$ に対し，ある n_0 をとれば，$n_0\leqslant n \Rightarrow \|a_n-\alpha\|\leqslant\varepsilon/2$． よって $n_0\leqslant p,\ q$ に対し，

$$\|a_p-a_q\|=\|(a_p-\alpha)+(\alpha-a_q)\|\leqslant\|a_p-\alpha\|+\|a_q-\alpha\|\leqslant\varepsilon/2+\varepsilon/2=\varepsilon.$$

問 2　$s_n=a_0+\cdots+a_n$ とおくとき，級数 $\sum a_n$ の収束は，列 (s_n) の収束を意味する．これについてのコーシー条件は，任意の $\varepsilon>0$ に対し，ある n_0 をとれば $n_0\leqslant p<q\Rightarrow \|s_q-s_p\|\leqslant\varepsilon$ と書ける．ところで $s_q-s_p=\sum_{n=p+1}^{q}a_n$ であるから定理 3 を得る．次に，$\sum\|a_n\|$ の収束を仮定する．任意の $\varepsilon>0$ に対し，ある n_0 をとれば $n_0\leqslant p<q\Rightarrow \left|\sum_{n=p+1}^{q}\|a_n\|\right|\leqslant\varepsilon.$

ところで，$\|\ \|$ の性質から $\left\|\sum_{n=p+1}^{q}a_n\right\|\leqslant\sum_{n=p+1}^{q}\|a_n\|=\left|\sum_{n=p+1}^{q}\|a_n\|\right|$． したがって，級数 $\sum a_n$ に関するコーシー条件を得る．よって系が成り立つ．

問 3　$u,\ v$ を共に不動点とすれば，$\|u-v\|=\|T(u)-T(v)\|\leqslant K\|u-v\|$ ここで $0\leqslant K<1$ であるから，$\|u-v\|=0$ を得る．よって $u=v$．

問 4　$|f_n(x)-f(x)|\leqslant\varepsilon(x\in X)$ と $\|f_n-f\|_\infty\leqslant\varepsilon$ は同等であるから，(f_n) の一様収束条件は，「任意の $\varepsilon>0$ に対し，ある n_0 をとれば $n_0\leqslant n\Rightarrow\|f_n-f\|_\infty\leqslant\varepsilon$」と同等である．

問 5　任意の $\varepsilon>0$ に対し，I のある有限部分集合 λ_0 をとれば，これと共通元をもたない I の任意の有限部分集合 λ について $\|\sum_{i\in\lambda}a_i\|\leqslant\varepsilon$．

問 6　有限閉区間 $\lambda\subset\mu$ に対し，$\mu-\lambda$ は一つまたは二つの有限区間の合併である．それらに両端を含めて有限閉区間 ν または $\nu_1,\ \nu_2$ をつくれば，$\int_\mu f-\int_\lambda f=\int_\nu f$ または $\int_{\nu_1}f+\int_{\nu_2}f$． したがって条件は次の形に書ける：任意の $\varepsilon>0$ に対し，I のある有限部分区間 λ_0 をとれば，これと共通点をもたない I の任意の有限閉部分区間 ν について $\left|\int_\nu f\right|\leqslant\varepsilon$．

問 7　l が変格積分であることは，「任意の $\varepsilon>0$ に対し，ある有限閉区間 $\lambda_0\subset I$ があって，$\lambda_0\subset\lambda\subset I$ となる任意の有限閉区間 λ に対し，$\left|\int_\lambda f-l\right|\leqslant\varepsilon$」が成り立つことである．いま $\lambda_0=[x_0,\ y_0]$，$\lambda=[x,\ y]$ と書くことにより，このことは次のように書き直せる．「任意の $\varepsilon>0$ に対し，ある $a\leqslant x_0\leqslant y_0\leqslant b$（ただし $x_0,\ y_0\in I$）があって，$a\leqslant x\leqslant x_0,\ y_0\leqslant y\leqslant b$（ただし $x,\ y\in I$）となる任意の $x,\ y$ に対し $\left|\int_x^y f(t)dt-l\right|\leqslant\varepsilon$」 これは，変域 $\{(x,\ y);\ a\leqslant x\leqslant y\leqslant b,\ x,\ y\in I\}$ において $\lim_{(x,y)\to(a,b)}\int_x^y f(t)dt=l$ であることを意味する．変域は $\{(x,\ y);\ a<x<y<b\}$ に制限しても，同等である．

6

問1　右ページ.

問2　$\varphi, \psi \in \tilde{\mathcal{S}}$ が $\varphi_n, \psi_n \in \mathcal{S}$ の一様収束極限とすれば, $\alpha\varphi+\beta\psi$ が $\alpha\varphi_n+\beta\psi_n \in \mathcal{S}$ の一様収束極限であり $\in \tilde{\mathcal{S}}$, $\int(\alpha\varphi+\beta\psi)=\lim\int(\alpha\varphi_n+\beta\psi_n)=\alpha\lim\int\varphi_n+\beta\lim\int\psi_n=\alpha\int\varphi+\beta\int\psi$. $|\varphi|$ は $|\varphi_n| \in \mathcal{S}$ の一様収束極限であり $\in \tilde{\mathcal{S}}$, $\left|\int\varphi\right|=\left|\lim\int\varphi_n\right| \leqslant \lim\int|\varphi_n|=\int|\varphi|$. $\rho \in \tilde{\mathcal{S}}^{s+t}$ が $\rho_n \in \mathcal{S}^{s+t}$ の一様収束極限ならば, $\rho(x, \cdot)$ が $\rho_n(x, \cdot) \in \mathcal{S}^t$ の一様収束極限であり $\in \tilde{\mathcal{S}}^t$, $\int\rho(\cdot, y)dy=\lim\int\rho_n(\cdot, y)dy$ (一様収束). $\therefore$ $\int\rho(\cdot, y)dy \in \tilde{\mathcal{S}}^s$. $\int\rho=\lim\int\rho_n=\lim\int\left(\int\rho_n(x, y)dy\right)dx=\int\left(\lim\int\rho_n(x, y)dy\right)dx=\int\left(\int\lim\rho_n(x, y)dy\right)dx=\int\left(\int\rho(x, y)dy\right)dx$.

問3　$\varphi \geqslant 0$ より $|\varphi|=\varphi$. よって $\int\varphi=\int|\varphi| \geqslant \left|\int\varphi\right| \geqslant 0$. $\varphi \leqslant \psi$ のとき $\psi-\varphi \geqslant 0$ ゆえ, $\int\psi-\int\varphi=\int(\psi-\varphi) \geqslant 0$. $\therefore$ $\int\varphi \leqslant \int\psi$.

問4　$\int_a^b\int_c^d(x-y)^2dx\,dy=\int_a^b\left(\int_c^d(x-y)^2dy\right)dx=\int_a^b-\frac{1}{3}\{(x-d)^3-(x-c)^3\}dx=\frac{1}{12}\{(a-d)^4+(b-c)^4-(a-c)^4-(b-d)^4\}$.

問5　右ページ.

問6　$v(A)=0$ ならば, 任意の $\varepsilon>0$ に対し, $\bar{A} \subset B$, $v(B)<\varepsilon$ となる有限開直方体 B をとる. $\varphi(x)=1$ $(x \in A)$, $0 \leqslant \varphi \leqslant 1$, φ の台 $\subset B$ となる $\varphi \in \mathcal{K}$ の存在は明らかであろう. (7.3) 参照. このとき $\chi_A \leqslant \varphi$, $\int\varphi \leqslant \varepsilon$. かくて, A は零集合である. 逆に $v(A)>0$ ならば, $v(C)>0$ となる有限閉直方体 $C \subset A$ がある. 仮に C が零集合として, 定義条件をみたす (φ_n) をとれば; 開集合列 $\{x; \varphi_n(x)>\frac{1}{2}\}$ が C を覆うので, 有限個したがってあるひとつが C を覆う. よって, 任意の $\varepsilon>0$ に対し, ある $0 \leqslant \varphi \in \mathcal{K}$ をとれば. $\frac{1}{2}\chi_C \leqslant \varphi$, $\int\varphi \leqslant \varepsilon$. このとき, $\frac{1}{2}v(C) \leqslant \varepsilon$. ε は任意だから $v(C)>0$ に反する.

7

問1　Z が零集合 $\Longleftrightarrow$ $\chi_Z \doteqdot 0 \Rightarrow \chi_Z \in \mathcal{L}$, $\int\chi_Z=0$ は明らか, 逆は系2による.

問2　一般に,「$t=a$ の近傍で定義された連続関数 f が $t=a$ 以外で微分可能で

$\lim_{t\to a} f'(t)=l$ が存在すれば，$f'(a)$ は存在して $=l$」．　実際，3.3の定理2の系より

$$|f(t)-f(a)-l(t-a)|\leqq \sup_{a\leqq x\leqq t}|f'(x)-l||t-a|.$$

これより $\lim_{t\to a}\left(\frac{f(t)-f(a)}{t-a}-l\right)=0$ を得るからである．さて，有理関数 $\sigma_n(t)$ が存在して $\rho^{(n)}(t)=\sigma_n(t)e^{-\frac{1}{t}}(t\neq 0)$ が成り立つことは容易に認められる．この形から $\lim_{t\to 0}\rho^{(n)}(t)=0$ ゆえ，上の命題を適用して，(帰納法により) $\rho^{(n)}(0)$ が存在して $=0$ であることを知る．

問3　開集合 $B=\bigcup_\lambda U_\lambda$ に対し，補題2の証明における $B_n(a)(a\in B_{\boldsymbol{Q}})$ を考える．これらのうちある U_λ に含まれるもの全体は可算個であり，$D_0, D_1, \cdots$ と通し番号で表わせる．なお各 n に，$D_n\subset U_{\lambda_n}$ となる $\lambda_n\in\Lambda$ を対応させよう．このとき，$\bigcup_n D_n\subset\bigcup_n U_{\lambda_n}\subset B$ であるから，$\bigcup_n D_n=B$ を示せばよい．任意の $x\in B$ に対し，$x\in U_\lambda$ となる λ をとり，ある $m>0$ をとって $B_m(x)\subset U_\lambda$ とする．$B_{2m}(x)$ 内に $a\in B_{\boldsymbol{Q}}$ が存在し，$x\in B_{2m}(a)\subset B_m(x)\subset U_\lambda$．よって $B_{2m}(a)$ はある D_n に等しく，$x\in D_n$ を得る．

問4　開集合 U をとる．点 a が $\notin U$ ならば $\chi_U(x)>\chi_U(a)-\varepsilon(=-\varepsilon)$ がすべての点 x について成り立つ．$a\in U$ ならば，$\chi_U(x)>\chi_U(a)-\varepsilon(=1-\varepsilon)$ が点 $x\in U$ について成り立つ．閉集合についても同様．

問5　積分$=\iint_{\substack{x+y<1\\ x>0,\ y>0}}\left(xy\int_0^{1-x-y}z\,dz\right)dx\,dy=\iint_{\substack{x+y<1\\ x>0,\ y>0}}xy\frac{(1-x-y)^2}{2}dx\,dy=$ $\int_0^1\left(\frac{x}{2}\int_0^{1-x}y(1-x-y)^2dy\right)dx=\int_0^1\frac{1}{24}x(1-x)^4dx=\frac{1}{720}.$

問6　f が連続ゆえ，$\boldsymbol{R}^2$ への延長 $\bar{f}$ は可測である．任意の x に対し，$\bar{f}(x,\cdot)$ は可積分で $\int_{-\infty}^{+\infty}\bar{f}(x,y)dy=\int_0^1 y^{\sqrt{|x|}-1}dy=\frac{1}{\sqrt{|x|}}(x\in]-1,1[)$，$0(x\notin]-1,1[)$．これは x の関数として可積分である．かくて f は可積分で，

$$\iint_{]-1,1[\times]0,1[}f(x,y)dx\,dy=\int_{\boldsymbol{R}^2}\bar{f}(x,y)dx\,dy=\int_{-1}^1\frac{dx}{\sqrt{|x|}}=4.$$

8

問1　(n) を仮定するとき，F_{n+1} は f の代りに F_1 を用いたものゆえ

$$F_{n+1}(x)=\int_a^x\frac{F_1(t)}{(n-1)!}(x-t)^{n-1}dt=\int_a^x\left(\int_a^t f(s)ds\frac{(x-t)^{n-1}}{(n-1)!}\right)dt.$$

ここで (1) ⇒ (2) の計算と同様に，フビニの定理から

$$=\int_a^x\left(\int_s^x f(s)\frac{(x-t)^{n-1}}{(n-1)!}dt\right)ds=\int_a^x f(s)\frac{(x-s)^n}{n!}ds.$$

注意　上の計算は等式の構造に密着しているが，部分積分法を用いて証明することもできる．

問2　$x+y=u,\ x-y=v$ とおいて，変換 $(x, y)=\xi(u, v)=\left(\frac{u+v}{2}, \frac{u-v}{2}\right)$ を作る．
$\det \xi'(u, v)=-\frac{1}{2}$ ゆえ

$$\iint_X (x^2-y^2)\,du\,dy=\int_0^1\int_0^1 \frac{1}{2}uv\,du\,dv=\frac{1}{2}\int_0^1 u\,dx\int_0^1 v\,du=\frac{1}{8}.$$

問3　極座標変換 $(x, y)=\xi(r, \theta)$ によって，対応する (r, θ) 平面の開集合は次式で定められる：

$$0<r<\sin 2\theta, \quad 0<\theta<\frac{\pi}{2}$$

よって (x, y) 平面上の面積は

$$\int_0^{\frac{\pi}{2}}\left(\int_0^{\sin 2\theta} r\,dr\right)d\theta=\int_0^{\frac{\pi}{2}}\frac{1}{2}\sin^2 2\theta\,d\theta=\frac{\pi}{8}.$$

問4　変換 $x=u^2$ により，

$$\Gamma(s)=\int_0^\infty e^{-x}x^{s-1}dx=\int_0^\infty 2e^{-u^2}u^{2s-1}du.$$

$$\therefore\ \Gamma(p)\Gamma(q)=\int_0^\infty\int_0^\infty 2e^{-u^2}u^{2p-1}\cdot 2e^{-v^2}v^{2q-1}dudv$$

ここで極座標変換により

$$=\int_0^\infty 2e^{-r^2}r^{2(p+q)-1}dr\int_0^{\frac{\pi}{2}}2\cos^{2p-1}\phi\ \sin^{2q-1}\phi d\phi.$$

第一因子は $\Gamma(p+q)$ に等しい．他方変換 $x=\cos^2\phi$ により

$$\int_0^1 x^{p-1}(1-x)^{q-1}dx=-\int_0^{\frac{\pi}{2}}\cos^{2p-2}\phi\ \sin^{2q-2}\phi\cdot 2\cos\phi(-\sin\phi)d\phi$$

$$=\int_0^{\frac{\pi}{2}}2\cos^{2p-1}\phi\ \sin^{2q-1}\phi d\phi \quad \text{（上の第二因子）}.$$

問5　極座標 (r, θ, ϕ) に関しては，不等式

$$0<r<3, \quad 0<\theta<\frac{\pi}{4}, \quad 0<\phi<2\pi$$

で定められる開集合が対応する（零集合無視）．よって体積は

$$\int_0^3\int_0^{\frac{\pi}{4}}\int_0^{2\pi}r^2\sin\theta\,drd\theta d\phi=9(2-\sqrt{2})\pi.$$

問6　$\displaystyle\int_0^{2\pi}\sqrt{a^2(1-\cos t)^2+a^2\sin^2 t}\,dt=a\int_0^{2\pi}\sqrt{2-2\cos t}\,dt=a\int_0^{2\pi}2\sin\frac{t}{2}dt=8a.$

問7　$\dfrac{dx}{d\theta}=(g(\theta)\cos\theta)'=g'(\theta)\cos\theta-g(\theta)\sin\theta,\ \dfrac{dy}{d\theta}=(g(\theta)\sin\theta)'=g'(\theta)\sin\theta$ $+g(\theta)\cos\theta$. よって長さは

$$\int_\alpha^\beta\sqrt{\left(\frac{dx}{d\theta}\right)^2+\left(\frac{dy}{d\theta}\right)^2}d\theta=\int_\alpha^\beta\sqrt{g(\theta)^2+g'(\theta)^2}\,d\theta.$$

問8　超曲面のパラメータ表示が

$$g(x_1,\cdots,x_n)=(x_1,\cdots,x_n,F(x_1,\cdots,x_n))$$

によって与えられ,

$$D_g(x_1,\cdots,x_n)=\sqrt{\det\left(\delta_{ij}+\frac{\partial F}{\partial x_i}\frac{\partial F}{\partial x_j}\right)}=\sqrt{\sum_{i=1}^n\left(\frac{\partial F}{\partial x_i}\right)^2+1}.$$

問9　1)　面積 S は $z>0$ の部分の2倍であり，その部分は，(x,y) 平面の開集合

$$x^2+y^2<ax$$

における関数 $z=\sqrt{a^2-x^2-y^2}$ のグラフである．よって

$$S=2\iint_{x^2+y^2<ax}\sqrt{\left(\frac{\partial z}{\partial x}\right)^2+\left(\frac{\partial z}{\partial y}\right)^2+1}\ dxdy=2a\iint_{x^2+y^2<ax}\frac{dxdy}{\sqrt{a^2-x^2-y^2}}$$

極座標に変換して

$$=2a\int_{-\frac{\pi}{2}}^{\frac{\pi}{2}}\left(\int_0^{a\cos\theta}\frac{rdr}{\sqrt{a^2-r^2}}\right)d\theta=2a\int_{-\frac{\pi}{2}}^{\frac{\pi}{2}}a(1-|\sin\theta|)\,d\theta=2(\pi-2)a^2.$$

2)　変換 $g(\theta,z)=(x,y,z)=\left(\dfrac{a}{2}(1+\cos\theta),\ \dfrac{a}{2}\sin\theta,\ z\right)$ により，曲面は零集合を無視して次のようにパラメータ表示される．

$$g:\quad x=\frac{a}{2}(1+\cos\theta),\quad y=\frac{a}{2}\sin\theta,\quad z=z$$

ただし，(θ,z) は次の開集合を動く：

$$0<\theta<2\pi,\quad z^2<\frac{a^2}{2}(1-\cos\theta)$$

ところで

$$D_g=\sqrt{\det\begin{pmatrix}-\frac{a}{2}\sin\theta & \frac{a}{2}\cos\theta & 0\\ 0 & 0 & 1\end{pmatrix}\begin{pmatrix}-\frac{a}{2}\sin\theta & 0\\ \frac{a}{2}\cos\theta & 0\\ 0 & 1\end{pmatrix}}=\frac{a}{2}.$$

よって曲面積は

$$\frac{a}{2}\int_0^{2\pi}\int_{-a\sqrt{\frac{1-\cos\theta}{2}}}^{a\sqrt{\frac{1-\cos\theta}{2}}}d\theta dz=a^2\int_0^{2\pi}\sqrt{\frac{1-\cos\theta}{2}}\,d\theta=4a^2.$$

問10　まず $\boldsymbol{R}^3$ における多様体として実現する．$a>b>0$ とし，方程式

$$(\sqrt{x^2+y^2}-a)^2+z^2-b^2=0$$

の定める集合 M を考える，左辺の表わす3変数関数 f は M を含む開集合上 C^∞ 級であり，$\dfrac{\partial f}{\partial x}$，$\dfrac{\partial f}{\partial y}$，$\dfrac{\partial f}{\partial z}$ のどれかが0でないゆえ $(df)_{(x,y,z)}$ が全射．よって M は C^∞ 級多様体である(4.3)．

抽象多様体としてならば，もっと簡単である．数平面 $\boldsymbol{R}^2$ において関係

$$x_1-y_1,\ x_2-y_2\in\boldsymbol{Z}$$

にある2点 (x_1, x_2)，(y_1, y_2) を同一視して，集合 M を考える．標準的な全射 $p:\boldsymbol{R}^2\to M$ をとり，M の位相は p による逆像が開集合であるものを開集合として定め，その上の関数が C^∞ 級であることは p との合成が C^∞ 級であることとして定める．

9

問1　$\dfrac{\partial(fg)}{\partial\rho_j}(a)=\dfrac{\partial f}{\partial\rho_j}(a)g(a)+f(a)\dfrac{\partial g}{\partial\rho_j}(a)$ であるゆえ，fg と $f\cdot g(a)+f(a)\cdot g$ は a において同じ微分を定める．

問2　$\Phi=\sigma\circ\varphi\circ\rho^{-1}$ とおき，$f^\sigma\circ\Phi$ に合成関数の微分法を適用すれば $D_j(f^\sigma\circ\Phi)=\sum_i(D_if^\sigma\circ\Phi)D_j\Phi_i$．ところで $(f^\sigma\circ\Phi)\circ\rho=f\circ\varphi$，$\Phi_i\circ\rho=\sigma_i\circ\varphi$ であるから，上式より，a において $\dfrac{\partial}{\partial\rho_j}(f\circ\varphi)=\sum_i\left(\dfrac{\partial f}{\partial\sigma_i}\circ\varphi\right)\dfrac{\partial(\sigma_i\circ\varphi)}{\partial\rho_j}$．これより与えられた等式を得る．

問3　$xyz\left(\dfrac{dx}{yz}+\dfrac{dy}{zx}+\dfrac{dz}{xy}\right)=xdx+ydy+zdz=\dfrac{1}{2}d(x^2+y^2+z^2)$．よって，積分多様体は $x^2+y^2+z^2=c$ (定数) で与えられる．

問4　1)　$\dfrac{\partial f}{\partial x}=yz$，$\dfrac{\partial f}{\partial y}=zx$，$\dfrac{\partial f}{\partial z}=xy$ とおくとき，第1式より $f=xyz+g(y, z)$，第2式に代入し，$\dfrac{\partial g}{\partial y}=0$．$\therefore$ $g(y, z)=h(z)$ これらを第3式に代入し $h'(z)=0$．かくて $f=xyz+c$ (定数)．このとき，確かに $df=yzdx+zxdy+xydz$．

2)　$\dfrac{\partial(y^2+z^2)}{\partial y}=2y$，$\dfrac{\partial(z^2+x^2)}{\partial x}=2x$ が異なるから，与えられた微分形式は完全でない．

問5　S が点 z_0 に関して星形であるとし，$\gamma:[a, b]\to S$ を閉弧とする．$\Phi(t, \tau)=\tau\gamma(t)+(1-\tau)z_0$ $(a\leqslant t\leqslant b,\ 0\leqslant\tau\leqslant 1)$ は連続であり，$\gamma_0(t)=z_0$ として (1), (2) を満足する．すなわち，γ は一点に収縮可能，

問6

$$\int_\gamma\frac{1}{xyz}\left(\frac{dx}{x}+\frac{dy}{y}+\frac{dz}{z}\right)=\int_\gamma d\left(-\frac{1}{xyz}\right)=-\frac{1}{2\cdot2\cdot2}+\frac{1}{1\cdot1\cdot1}=\frac{7}{8}.$$

問7　(0,0) を中心とする半径1の円弧 $\Gamma:\theta\longmapsto(\cos\theta,\ \sin\theta)$ の上の積分が

$$\int_\Gamma\omega=\int_0^{2\pi}\{\sin\theta(\cos\theta)'-\cos\theta(\sin\theta)'\}\,d\theta=-2\pi\neq 0.$$

よって補題1より，ω は原始関数をもたない．

注意　$d\omega=0$ ゆえ，局所的には原始関数をもつ．

問8　$f(z)=a_0+a_1z+\cdots+a_nz^n$ $(n\geqq 1,\ a_n\neq 0)$ が決して0にならないと仮定してみる．$1/f(z)=\dfrac{1}{z^n}\Big/\left(\dfrac{a_0}{z^n}+\cdots+\dfrac{a_{n-1}}{z}+a_n\right)$ において，分子 $\to 0$，分母 $\to a_n\neq 0$ $(z\to\infty)$ ゆえ $\lim_{z\to\infty}|1/f(z)|=0$．したがって連続関数 $|1/f(z)|$ は有限な点で最大値に達する．しかし $1/f(z)$ は正則ゆえ，最大値原理に反する．

10

問1　$u_1,\cdots,u_p$ が線形独立ならば，これらが基底の一部にとれるから，$u_1\wedge\cdots\wedge u_p$ は $\Lambda^p(U)$ の基底の一員として勿論 $\neq 0$．もし線形独立でなければそのうちの一つ，たとえば u_p が他の線形結合として $u_p=\lambda_1u_1+\cdots+\lambda_{p-1}u_{p-1}$ と表わされる．そのとき $u_1\wedge\cdots\wedge u_p=\sum_{i=1}^{p-1}\lambda_iu_1\wedge\cdots\wedge u_{p-1}\wedge u_i=0$．

問2　U の基底 $e_1,\cdots,e_s$ に関して θ を表わす行列を (a_{ij}) とする：$\theta(e_j)=\sum_{i=1}^{s}a_{ij}e_i$ $(1\leqq j\leqq s)$．そのとき，$\theta(e_1)\wedge\cdots\wedge\theta(e_s)=\sum_{i_1}a_{i_11}e_{i_1}\wedge\cdots\wedge\sum_{i_s}a_{i_ss}e_{i_s}=\sum_{i_1,\cdots,i_s}a_{i_11}\cdots a_{i_ss}\ e_{i_1}\wedge\cdots\wedge e_{i_s}$．ここで，$i_1,\cdots,i_s$ が $1,\cdots,s$ の順列である項だけが残る．これを置換 $\sigma\in\boldsymbol{S}_p$ によって表示する：

$$\begin{aligned}\sum_{\sigma\in S_p}a_{\sigma(1)1}\cdots a_{\sigma(s)s}e_{\sigma(1)}\wedge\cdots\wedge e_{\sigma(s)}&=(\sum_{\sigma\in S_p}\mathrm{sgn}\ \sigma\ a_{\sigma(1)1}\cdots a_{\sigma(s)s})e_1\wedge\cdots\wedge e_s\\&=(\det\theta)e_1\wedge\cdots\wedge e_s.\end{aligned}$$

問3　x,y,z が座標関数を M に制限したものとすれば，関係 $x^2+y^2+z^2=1$ より，その微分を考えて $xdx+ydy+zdz=0$．$z\neq 0$ であるところで $dz=-\dfrac{x}{z}dx-\dfrac{y}{z}dy$．よって $dy\wedge dz=\dfrac{x}{z}dx\wedge dy$，$dz\wedge dx=\dfrac{y}{z}dx\wedge dy$．

問4　$(d\sigma_1)_x\wedge\cdots\wedge(d\sigma_s)_x=\det\dfrac{\partial\sigma}{\partial\rho}(d\rho_1)_x\wedge\cdots\wedge(d\rho_s)_x$ より，両辺における ε_x の値を比較して $\varepsilon_\sigma=\mathrm{sgn}\left(\det\dfrac{\partial\sigma}{\partial\rho}\right)\varepsilon_\rho$ を得る．

問5　いたるところ0でない関数 f に対し，$d(f\omega)=0$ とする．このとき，$df\wedge\omega+fd\omega=0$．$\omega$ を左から乗じて $\pm df\wedge\omega\wedge\omega+f\omega\wedge d\omega=0$．第1項は $=0$ ゆえ $f\omega\wedge d\omega=0$．$\therefore\ \omega\wedge d\omega=0$．

問6　$P=-y$, $Q=x$ に対して,

$$\frac{\partial Q}{\partial x}-\frac{\partial P}{\partial y}=2.\quad よって\quad \frac{1}{2}\int_{\Gamma}(xdy-ydx)=\iint_{D}dxdy=D\ の面積.$$

問7　$\bar{f}_j{}^{\rho}$ は C^{∞} 級で台がコンパクトである．よって $\int_{\boldsymbol{R}^s}\frac{\partial \bar{f}_j{}^{\rho}}{\partial x_j}dx_1\cdots dx_s=\int_{a_1}^{b_1}\cdots$ $\int_{a_s}^{b_s}\frac{\partial \bar{f}_j{}^{\rho}}{\partial x_j}dx_1\cdots dx_s$ (a_i は十分小さく，b_i は十分大きくとる)． 第 j 変数に関する積分は $\int_{a_j}^{b_j}\frac{\partial \bar{f}_j{}^{\rho}}{\partial x_j}dx_j=[\bar{f}_j{}^{\rho}(x_j)]_{a_j}^{b_j}=0$. よってフビニの定理より s 次元積分も 0 となる．

問8　$j\neq s$ に対して $\int_{\boldsymbol{R}^{s-1}\times\boldsymbol{R}_+}\frac{\partial \bar{f}_j{}^{\rho}}{\partial x_j}dx_1\cdots dx_s=0$ は問 7 と同様である．$j=s$ に対し，

$$\int_{\boldsymbol{R}^{s-1}\times\boldsymbol{R}_+}\frac{\partial \bar{f}_s{}^{\rho}}{\partial x_s}dx_1\cdots dx_s=\int_{\boldsymbol{R}^{s-1}}\left(\int_0^{\infty}\frac{\partial \bar{f}_s{}^{\rho}}{\partial x_s}dx_s\right)dx_1\cdots dx_{s-1}\ (フビニの定理)$$

$$=\int_{\boldsymbol{R}^{s-1}}[\bar{f}_s{}^{\rho}(x_1,\ \cdots,\ x_{s-1},\ y)]_{y=0}^{y=b}dx_1\cdots dx_{s-1}\ (b\ は十分大きくとる)$$

$$=\int_{\boldsymbol{R}^{s-1}}(-1)\bar{f}_s{}^{\rho}(x_1,\cdots,x_{s-1},0)dx_1\cdots dx_{s-1}.$$

参 考 書

本書で参照したもののいくつかを大体年代順に並べる．重要なものを網羅しているわけではない．

Смирнов, А.В.И., Курс Высшей Математики, II, 1937
(和訳：高等数学教程 3-4，共立出版)．
高木貞治，解析概論，岩波書店，1938.
Dieudonné, J., Foundations of Modern Analysis, Academic Press, 1960
(和訳：現代解析の基礎，東京図書)．
岩堀長慶，ベクトル解析，裳華房，1960.
Cartan, H., Théorie élémentaire des fonctions analytiques d'une ou plusieurs variables complexes, Hermann, 1961
(和訳：複素函数論，岩波書店)．
田村二郎，解析函数，裳華房，1962.
Шилов, Г.Е.-Гуревиу, Б.Л., Интеграл, Мера и Производная, 1964
(和訳：積分・測度・導関数，東京図書)．
Spivak, M., Calculus on Manifolds, Benjamin, 1965
(和訳：多変数解析学，東京図書)．
Bourbaki, N., Integration, Hermann, 1965
(和訳：数学原論，積分，東京図書)．
森　毅，ベクトル解析，国土社，1966.
——，現代数学とブルバキ，東京図書，1967.
山崎圭次郎，解析学概論 I，II，共立出版，1967-71.
Schwartz, L., Cours d'analyse, Hermann, 1967
(和訳：解析学1-7，東京図書)．
Cartan, H., Formes différentielles, Hermann, 1967.
Loomis, L. H.-Sternberg, S., Advanced Calculus, Addison-Wesley, 1968.
Lang, S., Analysis I, II, Addison-Wesley, 1968-9.

索　引

（著者紹介）

山　﨑　圭　次　郎

1932年　1月		東京生まれ
1953年　3月		東京大学理学部数学科卒
現　　在		東京大学名誉教授，理学博士
主要著書		解析学概論 I，II（共立出版）
		環と加群（岩波書店）
		基礎代数（岩波書店）

教本・講義の対照による
現　代　微　積　分

検印省略

1972年3月20日　初版1刷発行
2006年7月16日　復刊1刷発行

著　者　山﨑圭次郎
発行者　富田　　栄
発行所　株式会社 現代数学社
〒606-8425　京都市左京区鹿ケ谷西寺ノ前町1番地
TEL&FAX 075-751-0727
http://www.gensu.co.jp/

印刷・製本　株式会社 合同印刷

ISBN4-7687-0363-1

落丁・乱丁はお取替えいたします.